Deepen Your Mind

推薦序

2017 年之前我就開始關注區塊鏈技術，並啟動了該領域的投資調研，幾乎看遍了華東地區的所有區塊鏈專案，那時的區塊鏈產業很不成熟：從事技術研發的人敬畏它，在「深宮大院」裡亂玩演算法，在電腦的烏托邦裡邀遊；擅長市場行銷的人利用它，尤其是投機分子，用各種奇葩但卻非常通俗易懂的方式解讀它，反倒成了第一批「區塊鏈技術科普人員」；專業的投資機構者都很困惑，因為專業所以規矩多，比如符合規範性、邏輯嚴密性等，即使在今天看來很划算的買賣在當年也實在是無法推演出可靠的盈利模式和自圓其說的估值模型。而我恰恰遊走在這三類人的邊緣──技術出身但不算研發專家、市場老兵但不算行銷大咖、一直做投資但也遠非知名投資人，我的身份標籤不突出，也就沒什麼心理負擔，於是就看研報、談專案、交朋友，在這個過程中我投資了本書的作者，決策只用了 30 分鐘，我把這個看作緣分。

區塊鏈本質上是一種穩固和安全的分散式狀態機，典型的技術組成包括點對點通訊、密碼學、共識演算法、資料庫技術和虛擬機器。這也組成了區塊鏈必不可少的 5 項核心能力。一般來說，隱私保護就是「只有群裡的人才能看到群內資訊」，共同維護就是「每個人都同時參與維護這個群」，分散式儲存就是「群聊天記錄，每個群成員的手機裡都有一個備份」，密碼學就是「群裡面只說一種方言，其他地方的人看不懂」，局部去中心就是「群主可以有權把群成員踢掉」，共識演算法可以類比為「群成員簽到後自動回覆問候語的機制」，點對點通訊就是「雖然我們在一個群裡，但我們仍然可以私聊」。打這些比方，我是想說明：區塊鏈很像是一個社區（群），只不過有些社區是應用層面的，而有些社區是基礎設施層面的，但都是關係和網路。最小的關係網絡是人與人，大一點就是公司與公司，再大一點是產業與產業，甚至還有國家與國家，這些「前台」的背後是資料與資料、資訊與資訊、機器與機器之間的關係、結構和協作機制。

我之所以願意在 30 分鐘內砸下數百萬支援「無退技術社區」：一方面是因為社區創始人馬駿先生很多年前就是知名技術社區的大咖，他的理念、心胸與區塊鏈的哲學思想不謀而合；另一方面是因為「無退技術社區」這個名字也很打動我，對！就是這個名字。任何一個人，一旦進入網路（從出生那一刻開始）就失去了可退之路，因為在呱呱墜地的那一秒鐘後，很多人的身份就變了，情感連接、關係連接、利益連接瞬間產生，離散的點成為互相干擾的點，所有的「單點」決策都變成了「網路投票決策」，除非從底層把資料庫「歸零」，但有這樣的機制嗎？所以「無退」既是無法退，也是退不出來，人生不可取消、不可逆，我們只有不斷前行才能「最佳化網路」。

本書把區塊鏈技術深入淺出地進行了解讀，對那些希望進入產業、了解關鍵技術以及這些技術應用方法的讀者來説有很大幫助。如果遇到不清楚的細節還可以關注作者發起設立的「無退技術社區」，裡面有大量成熟的應用以及更多視覺化的解讀，相信讀者讀後會頗有收穫。

另外我也要感謝馬駿先生在產業發展、技術研發上不斷地給我建議和幫助，區塊鏈是伸向未來的一隻手，我相信世界會更平、天空會更高、路會更遠，到了要真正退出的那一刻，我們的靈魂會更純粹、更潔淨。

方天葉
上海技術交易所副總裁

目錄

05 探索智慧合約

06 Solidity 語言基礎

07 Solidity 進階

10 以太坊錢包開發

區塊鏈概要

1.1 區塊鏈誕生之前

我們通常把比特幣的發明看成是區塊鏈誕生的標誌。但區塊鏈就像很多技術一樣,並不是憑空出現的,通常都會有一些淵源。

1991 年,比特幣發明出來的 17 年前,斯圖爾特.哈伯(Stuart Haber)和 W. 史考特.斯托內塔(W. Scott Stornetta)就提出了區塊鏈的前身。他們創造性地把一系列區塊連結起來,最終保證了電子文件的時間戳記不可篡改。一年之後,他們升級了這套系統,往其中加入 Merkle 雜湊樹。得益於此,他們系統的效率大大提升,可以在一個區塊中放入一組文件。

連結在一起的區塊、防篡改特性、Merkle 雜湊樹,這些最終都成為區塊鏈的重要組成部分。

1.2 區塊鏈的誕生標示——比特幣

2008 年 10 月 31 日，一名叫中本聰（Satoshi Nakamoto）的使用者在密碼學的郵件群組中發了一個連結，連結指向一篇叫作《比特幣：點對點的電子現金系統》(*Bitcoin: A Peer-to-Peer Electronic Cash System*)的論文。

論文中指出，比特幣使用一組連結在一起的資料區塊儲存轉帳資訊。而這個儲存技術就是我們熟知的區塊鏈。之後的區塊鏈系統都是在此基礎上根據需要進一步改善而來。從這個角度出發，我們可以說比特幣是區塊鏈誕生的標示。

有意思的是，在比特幣誕生之後的一段時間內，比特幣是區塊鏈的唯一應用，以至於很長一段時間內，人們把比特幣和區塊鏈視為等同，甚至到現在也有很多人誤把比特幣的一些屬性加在區塊鏈上。

1.3 比特幣之後的區塊鏈

1.3.1 比特幣與區塊鏈的分離

比特幣誕生的幾年後，人們開始意識到區塊鏈本身的潛力，於是形成一股力量，開始把區塊鏈從比特幣中分離出來。最終區塊鏈被定義為一種去中心化的分散式帳本技術，主要用來記錄交易資訊，其交易記錄具備不可篡改性，並且不需要額外的第三方機構來證明記錄的正確性。所以，在很多交易場合，區塊鏈都具有巨大的前景。

需要注意的是，這裡所說的交易可以視為一種廣義的交易，並不僅是簡單的貨幣交換。正是以這種認識為基礎，整個業界都對區塊鏈報以極大的熱情，大量的投資和研發工作因此展開。在健康、保險、供應鏈、投票等領域都開始出現區塊鏈的身影。到 2017 年，全世界有 15% 的銀行都開始或多或少地使用區塊鏈。

1.3.2　智慧合約

2014 年，一名叫維塔利克・布特林（Vitalik Buterin）的年輕人發明了以太坊，並在其中創造性地發明了智慧合約，智慧合約被認為是比特幣之後的又一重大發明。

在以太坊被發明出來前，區塊鏈上可進行交易的一般都是像比特幣這樣的加密貨幣，然後在交易的附言階段附帶上一些資訊。而以太坊擴大了交易的邊界，它讓交易發生的同時可以執行一段程式。這也就表示交易本身具備了邏輯，畢竟現實中的很多交易都會伴隨著邏輯，比如分期付款或多方參與的借貸。像保險合約的執行也是有事前約定的條件，這些合約條件都沒辦法單純地依靠比特幣這樣的轉帳記錄達成。而當交易可以附帶一份程式的時候，情況就完全不同了，我們可以透過程式寫出這些合約的執行條件，在條件滿足的時候才執行真正的加密貨幣轉帳。甚至，交易可以完全不產生貨幣轉帳，而是用程式來描述一份數位資產。總之，當區塊鏈中可以儲存程式，它的想像空間就是無限的。

智慧合約是區塊鏈的又一里程碑事件，在智慧合約發明出來之後，區塊鏈已經完全從比特幣中分離出來。時至今日，智慧合約之後發明出來的新技術，像閃電網路、側鏈這些都是根據具體應用場景所作出的一些最佳化。

在未來可能發生更大的變化之前，區塊鏈的主要歷史就到此結束。分散式、防篡改、交易、智慧合約成為現今所有區塊鏈的基礎特點。

1.4 分散式系統

在講區塊鏈之前，我們先看一下區塊鏈的產生背景。在電腦領域，有一類非常經典的問題是關於多台電腦如何同時運行同一個任務。我們通常把解決這類問題的系統稱為「分散式系統」。分散式系統如今已經越來越重要，根本原因是我們要處理的問題越來越複雜，如果單純只靠一台電腦，哪怕這台電腦有最頂尖的設定通常也不夠。另外一個原因就是我們要處理的問題所覆蓋的地域越來越廣，現在服務全世界已經不是什麼特別遠大的理想，而是比較常見的需求。而不同的地域有不同的網路環境，如果只把服務放在單一某個地方，那麼在某些地區就很容易遇到服務品質下降的問題，這時我們就需要把服務放在不同的地域來滿足需求。

在這些情況下，最終都是多台電腦同時做一個任務的問題。而如何極佳地同步多台電腦之間的狀態是一個非常棘手的問題。

CAP 理論

分散式系統的狀態同步是一個很有難度的問題，其中誕生了非常重要的 CAP 理論。CAP 理論指出，在分散式儲存系統中，有三個主要的指標，而這三個指標在某一時刻不可能同時滿足，它們分別是一致性、可用性和分區容忍性。

（1）一致性（Consistency）：當你向系統發出讀取資料的請求時，你一定只會讀取到最後寫入的結果。

（2）可用性（Availability）：當你向系統發出讀寫請求時，你一定能得到結果。（注意這個結果不一定需要滿足一致性，也就是你發起讀取請求的時候，可能會讀到過期的資料。）

（3）分區容忍性（Partition tolerance）：分散式系統中的多台電腦透過網路相連，如果某些電腦之間遺失訊息或訊息的發送發生延遲，整個系統需要能夠繼續正常運行。

考慮到我們解決的是分散式系統問題，所以分區容忍性是一個需要滿足的特性，那麼當分散式系統中的訊息傳遞出現問題的時候，我們有兩個選擇：

（1）暫停接下來的操作，等待各電腦節點間的資料同步完成。這樣就削弱了可用性，保證了一致性。

（2）繼續正常提供服務，這時候存取不同的節點就可能得到不同的資料。這樣就削弱了一致性，但保持了可用性。

接下來，我們用大家常用的自動提款機來舉一個例子。每台自動提款機可以看成分散式系統中的節點。我們假設，某一時刻，某台自動提款機和銀行總部的網路連接斷開，這就是發生了分區錯誤。對自動提款機的設計者來說，有兩種選擇：一種選擇是讓自動提款機繼續工作，因為畢竟自動提款機中是有現金的，所以理論上能夠繼續提款。這時候就是滿足了可用性，代價就是使用者的帳戶無法及時同步，可能會出現超額提款的情況，也就是犧牲了一致性。另一種選擇就是讓自動提款機暫停工作，直到網路恢復。這就是犧牲了可用性，而保證了一致性。

日常生活中，我們通常都會認為第二種方案更加可取，但其實第一種方案在某些國家也是存在的。不過為了預防太惡劣的情況，實際的設計是如果自動提款機斷線，那麼取款就只能是小額取款。這種設計方案就是滿足部分可用性，同時也犧牲一致性。

值得提出的是，CAP 理論容易會被誤讀為一致性、可用性、分區容忍性只能是單純的滿足和不滿足兩種狀態，實際上應該是指滿足的程度如何。就好比自動提款機的例子，我們可以把它設計成同時犧牲一部分可用性以及一部分一致性。

另外需要注意的是，我們說不滿足一致性，並不是說永遠不一致。當出現故障的節點恢復之後，仍然可以繼續同步到最新的資料。所以最終所有節點還是能保持一致，這就是最終一致性。

區塊鏈從技術的角度看其實就是一種分散式系統的解決方案。通常的設計都是以滿足分區容忍性為前提，然後滿足極高的可用性，犧牲資料的一致性。

1.5 什麼是區塊鏈

區塊鏈最常見的定義是：去中心化、分散式、公開的數位帳本，主要用於記錄交易資訊。與傳統方案不同的是，區塊鏈的交易記錄儲存在很多不同的電腦上。而任意一個參與記錄的電腦都很難修改交易記錄，如果想要修改某一筆交易資訊，那就需要修改之後的所有交易資訊。正所謂「牽一髮而動全身」，任何微小的修改都會擴散到區塊鏈的所有後續記錄上，而這在實際操作中幾乎不可能實現。這樣的結果就是，所有參與的電腦都可以獨立地驗證交易或發起交易，同時這樣做的成本還很低。因此，區塊鏈不需要任何獨立機構單獨維護，卻具備不可篡改的特性。正是這種特性，讓區塊鏈具備了巨大的潛力。

我們通常把區塊鏈儲存交易記錄的部分稱為「區塊鏈資料庫」。區塊鏈資料庫和傳統資料庫也具有巨大的差別，它是儲存於點對點的分散式網路之中，和 BT 下載等分散式下載技術有相似之處。這也表示沒有任何一家機構擁有區塊鏈資料庫，相反，是參與到網路中的所有電腦共同擁有資料。

區塊鏈中儲存的資訊非常簡單，主要就是表示從一個地址到另一個地址的轉帳資訊。而轉帳的內容被標注為不可重複，這也就表示，和傳統銀行帳戶一樣，當你發起轉帳之後，轉帳物的擁有權就發生了永久性的轉移。但由於區塊鏈本質上是一堆二進位資料，所以轉帳的資料並不侷限在金錢的範圍。比如你完全可以把對某個網站的操作許可權進行轉移，當轉移過後，操作許可權就和新的交易地址唯一綁定，而舊的交易地址也就失去了許可權。從這個角度出發，我們可以認為區塊鏈其實是一個價值切換式網路。任何有價值的東西都可以透過區塊鏈來完成擁有權的轉移。

1.6 代幣是什麼

需要注意的是，由於區塊鏈記錄的是轉帳資訊，自然就會出現轉帳物的概念。如果任意定義這個轉帳物，那麼區塊鏈和傳統的儲存技術也就沒什麼太大的區別。因此，大部分區塊鏈都會定義通用轉帳物，而其他的數位資產可以透過某種規則映射到這個通用轉帳物上。隨著時間的演進，大家就開始使用代幣（token）來表示這個通用轉帳物。

代幣是區塊鏈裡的關鍵概念，但是考慮到一些特殊的情況，也有可能出現無幣區塊鏈，所以代幣並不是區塊鏈的必要屬性。

1.7 什麼是區塊

區塊是區塊鏈中的資料儲存單元。每一個區塊中儲存了一組交易資訊以及這些交易資訊的雜湊資料。這些交易資訊的雜湊資料編碼為默克爾樹（Merkle 雜湊樹）儲存。

每一個區塊還會儲存前一個區塊的雜湊資訊，因此區塊就能夠透過雜湊資訊連結起來，形成區塊鏈。透過前一個區塊的雜湊資訊去定位，我們就可以不斷地往前追溯，直到找到創世區塊（區塊鏈啟動的時候產生的第一個區塊）。由於對區塊中交易資料的微小修改都會導致區塊自己的雜湊資訊改變，所以如果篡改了任何一筆記錄，就表示此區塊的內容發生了改變，那麼此區塊的雜湊資訊也就改變了。由於下一個區塊的內容會保存當前區塊的雜湊資訊，那就是説篡改者需要同時修改下一個區塊的內容，這同樣會導致再下一個區塊的雜湊資訊改變，依此類推，篡改者需要修改後續的所有區塊。

1.7.1 區塊是怎麼產生的

每個區塊由參與其中的電腦節點獨立生成。由於是分散式網路，所以就會有不同的區塊在同一時間被生產出來。區塊鏈資料庫中的區塊透過雜湊資訊相連組成了一條以雜湊資訊為基礎的歷史鏈。不同的區塊在同一時間產生，系統中就出現了多筆歷史鏈。區塊鏈會提供一套演算法來對每一條歷史鏈進行評分，以此來留下分數更高的鏈，同時淘汰分數低的鏈。

隨著時間的演進，區塊鏈的每一個獨立節點都在生產自己的區塊，同時接收其他節點傳遞過來的區塊。所以節點本地總是會有多筆歷史鏈。這時候，節點就需要在本地生產的區塊和接收到的區塊中進行選擇，如果接收到的區塊組成的歷史鏈優於自己本地的，那麼就會銷毀自己剛剛生成的區塊，然後以更優的歷史鏈為基礎，再生成新的區塊並廣播給網路中其他的節點。

由於區塊生成一直在各個節點中不停地發生，所以從任何一個節點上得到的歷史鏈都無法保證是最佳的。但是由於區塊鏈總是把新的區塊不停地加到舊的歷史鏈上，每一次增加都會增加這條鏈的分數。這也就表示，隨著時間的演進，某一個區塊後邊總是會跟上很多新的區塊，當它被廣播出去之後，該區塊也更可能被更多的機器所辨識，並以此為基礎建構本地的新鏈，所以雖然這個區塊後邊跟隨的新區塊在不同的歷史鏈上可能不一樣，但是就這個區塊來説，這個區塊被所有節點都認為是有效的可能性會越來越高。到一定的程度之後，我們就可以認為這是一個不可修改的區塊。這也是我們經常聽到當區塊達到一定高度，我們就信任這筆交易的原因。

1.7.2 區塊生成時間

區塊生成時間是指區塊鏈系統中生成一個新的區塊所需的平均時間。當一個區塊生成時間走完，最新的區塊進入可驗證的狀態。區塊生成時間越短，交易完成的速度也會越快。但是由於區塊的生成涉及資料打包以及處理軟分叉的評分系統，這都需要一定的時間負擔。而不同的評分系統會有不同的時間負擔，同時如果對安全性、穩定性各方面的要求越高，那麼生成一個區塊的時間自然也會越慢。所以區塊生成時間在不同的區塊鏈中的差別會非常大。比如以太坊的區塊生成時間在 10～15 秒，而比特幣是 10 分鐘。

1.8 區塊鏈的硬分叉

區塊鏈就和傳統的程式一樣，隨著時間的演進，軟體的設計本身也會發生改變，甚至是在軟體中出現嚴重的漏洞，如果在傳統軟體中就會產生升級的操作。而升級後是否向下相容就會對整個軟體造成完全不同的影響。區塊鏈也是一樣，區塊的資料格式、生成區塊的演算法以及對區塊鏈進行評分的演算法都可能會升級。如果這種升級向下不相容，就會出現兩套演算法在同時運行的情況。運行舊軟體的電腦節點會繼續用舊的協定來繼續建構區塊，而運行新軟體的節點就會用新的協定去建構新的區塊。通常升級會從某一個固定的區塊開始，所以從這個固定的區塊開始，就會分叉出兩條完全不同的鏈。兩者再也沒有互相融合的可能。這就是區塊鏈的硬分叉。

和傳統軟體升級不一樣的是，硬分叉的代價很大，因為節點是否升級所牽扯的面很廣，其中除了技術的原因，還有很多利益糾葛，比如有的節點的硬體就是專門為舊的協定設計，無法極佳地轉換新的協定，那麼這些節點升級新協定的可能性就很小，甚至這種升級根本就不可能實現。

更進一步，不同的人對區塊鏈的想法不一樣，不同的工作群組有可能列出完全不同的升級協定，而這些協定都可能被一定數量的節點所接受，結果就是同一個區塊鏈隨著時間的演進，可能會發生很多次硬分叉。舉例來說，比特幣就被分叉過很多次，在交易市場上，很多和比特幣的名字很類似的幣，其實就是硬分叉導致的。以太坊也在某一次 DAO 駭客事件後進行回覆，有的節點不接受這次回覆，結果就是分叉出以太坊和經典以太坊兩條鏈。

要解決硬分叉問題，在技術上並沒有什麼好的辦法。不過隨著時間的演進，不同的鏈在進行公平的競爭，最終總會有一些更好的被留下來，其他一些則被慢慢淘汰。所以，硬分叉到底是不是一個嚴重的問題，更多的就要看觀察角度了。

1.9 區塊鏈的去中心化

區塊鏈資料庫本質上儲存在區塊鏈所有的電腦節點上，這是一種經典的點對點網路系統，也就是去中心化的由來。透過去中心化，區塊鏈避免了很多中心化系統的風險。

傳統的中心化系統中，如果由於人為的攻擊或其他不可抗力的原因，導致伺服器發生了故障，那麼整個系統也就徹底癱瘓。在去中心化的區塊鏈系統中，我們可以認為每一個節點都是一個功能完備的系統，除非整個區塊鏈網路中的大部分節點都發生故障，不然區塊鏈始終能正常運行，從這個角度看，去中心化的區塊鏈系統極佳地避免了單點故障。

由於每一個區塊鏈節點都儲存有一份區塊鏈資料的備份，沒有一個所謂權威的資料備份，這也就表示從資料的角度來看，每一個節點的地位都是對等的，大家不用特別信任某一個節點。每個節點做的事情都一樣，接受別的節點的資料，比較本地資料，生成新的資料，然後廣播出去。區塊鏈的各種演算法會協調這些步驟，最終不斷地記錄合法的資料，如果系統中有惡意節點，隨著時間的演進，由於它們的資料在評分系統中會越來越低，所以它們產生的惡意資料會自動被清除出去。

但是現實通常會更微妙，隨著區塊鏈系統的發展，很可能會伴隨著去中心化的削弱。因為區塊鏈系統的運行需要一定的運算資源，而這個資源有可能會越來越大，以至於普通的節點無法負擔，那麼大型資源節點最終就會佔據越來越大的優勢，最終區塊鏈系統可能會被有限的大型資源節點接管。在比特幣的發展中，我們就能看到大型礦池的出現。

1.10 區塊鏈的主要種類

1.10.1 公鏈（public blockchain）

公鏈是一種公開透明的區塊鏈。作為使用者，任何人都能夠在公鏈上發起轉帳操作，也可以無條件地查詢整條鏈上的交易資訊。同時，只要有對應的硬體，任何人都可以根據協定連線區塊鏈，然後成為區塊鏈中的節點。公鏈通常都開放原始程式碼，作為開發者，可以瀏覽整個公鏈的實現方式，也可以對公鏈的實現提出自己的建議，甚至可以給公鏈提交程式，當然，程式是否被接受需要透過公鏈開發團隊的審核。

公鏈是完全去中心化的，也就是說沒有單一的人或組織擁有公鏈。在「交易」和「查詢」這兩個最基礎的區塊鏈操作上，所有人都是平等的，不會說誰有優先權。

這種人人平等的特性使公鏈具有全球性，既然所有人都擁有公鏈，那表示也就沒有機構能夠關閉一條公鏈。

為了獎勵參與整個區塊鏈運作的工作節點，公鏈都會有一定的經濟刺激機制，一般透過代幣（token）來實現。參與工作的節點如果完成了一個區塊的創建，通常會收到一定的代幣獎勵。

公鏈中的工作節點通常都是匿名的，因此參與公鏈運作本身會受到匿名性的保護。

做得常見並且成功的公鏈包括比特幣、以太坊等。

1.10.2 私鏈（private blockchain）

私鏈，有時候也稱為許可鏈（permissioned blockchain）。和公鏈相比，私鏈有以下不同點：

（1）作為使用者，必須得到私鏈擁有者的許可才能夠發起轉帳和查詢操作；
（2）作為節點，也需要許可才能加入私鏈網路；
（3）更為中心化。

需要注意的是，私鏈的程式也可能是開放原始碼的。不同的組織用同樣的程式架設自己的私鏈，彼此雖然共用程式，但鏈中的節點以及鏈上的記錄互相獨立。

私鏈對很多企業來說是首選。因為對企業來說，企業內部的各種資訊並不能公開，這和公鏈天生的透明性正好互相衝突。

私鏈的擁有者對私鏈有最高的許可權，其許可權遠遠高於其他參與方。比如，擁有者能隨時關停私鏈，也可以在需要的時候進行分叉以此實現記錄回覆等操作。

最後，在私鏈中，由於控制方唯一，所以完全可以做到只用區塊鏈來記錄資料而不對參與的節點進行代幣獎勵。因此，代幣在私鏈中並不是必需項。當區塊鏈中沒有代幣也就成了無幣區塊鏈。無幣區塊鏈通常會在私鏈中出現。

1.10.3 聯盟鏈（consortium blockchain）

聯盟鏈是從私鏈中分出來的概念，聯盟鏈由多個組織共同擁有，而非像私鏈一樣，只是由唯一的組織擁有。但是從其他屬性來看，聯盟鏈和私鏈幾乎一樣，所以也可以認為聯盟鏈是一種特殊的私鏈。

從價值上看，聯盟鏈可以讓不同的組織之間共用資料，能極佳地提升商業行為的效率。同時，因為有多個參與方，各參與方之間互相博弈，讓私鏈那種可以任意修改的情況好了很多，所以又具備了一定的公鏈優勢。

但是從另一個角度來說，也可以說聯盟鏈沒有私鏈那麼可控，也沒有公鏈那麼開放，所以反而有自己的困境。最大的困境來源是傳統的中心化系統，各商業組織之間有很多既有的方法來交換資料，這些都是聯盟鏈最大的競爭對手。而由於聯盟鏈的折中特性，與已有技術相比，很多時候並沒有特別大的優勢。

1.11 加密貨幣

加密貨幣應該算是區塊鏈最為人所熟知的應用，也是目前最為成熟的應用。除了少數的例外，大部分的加密貨幣底層都是使用區塊鏈技術，更準確地說是使用區塊鏈技術來儲存交易資料。其中以比特幣網路和以太坊網路最為有名。

早期的加密貨幣正如其名，主要是突出了加密的特點。一般來說都會使用公、私密金鑰這類的加密技術來加密交易資料，其中包括支付雙方的身份、支付的內容等。最終以此來保證交易的安全性以及匿名性。但這些早期貨幣都沒有擺脫中心化的問題。使用者還是需要在某個服務商那裡統一註冊自己的帳戶，理論上只要透過服務商的註冊系統，那麼就有可能破壞加密貨幣的安全性。

隨著比特幣的發佈，加密貨幣終於迎來了技術性的突破。比特幣底層所使用的區塊鏈技術，讓加密貨幣第一次擺脫了中心化的問題。自此以後，加密貨幣不再依賴於任何機構，自己就可以在全世界的網路中運行。很快，成千上萬的加密貨幣出現，而使用區塊鏈技術的加密貨幣則成為主流的選擇。

隨著加密貨幣的發展，現在大家對加密貨幣已經形成一定的共識，不再只要是網路上的金錢系統就能稱其為加密貨幣系統。加密貨幣的研究人員揚‧蘭斯基（Jan Lansky）在自己的論文《加密貨幣的可能實現方法》（*Possible State Approaches to Cryptocurrencies*）中認為加密貨幣系統需要滿足以下 6 個條件。

（1）系統的運行不需要任何的中心化機構，分散式共識負責維護系統的狀態。
（2）從系統中可以查詢到任何一枚加密貨幣以及對應的擁有者。
（3）新的加密貨幣的生成由系統決定，當加密貨幣生成以後，系統負責定義新加密貨幣的初始狀態，同時系統定義了以何種方式確定新加密貨幣的擁有權。
（4）只需要透過密碼學演算法就可以驗證加密貨幣的擁有權。
（5）只有在加密貨幣的擁有權發生轉移的時候才能產生交易。只有在某人證明了對加密貨幣的擁有權的時候才能進行交易。
（6）如果兩個不同的擁有權轉移指令同時發生，系統最多只能接受其中一個指令。

可以看出，區塊鏈能夠極佳地滿足這 6 點要求，所以在加密貨幣的實現上，區塊鏈成為一種主流的選擇。

1.12 智慧合約（smart contract）

1.12.1 什麼是智慧合約

智慧合約是一種電子化的合約，表現為電腦協定的形式。從功能上看，智慧合約可以在沒有第三方干預的情況下執行合約，並可以隨時追蹤合約的執行情況。此外，合約本身可以做到絕對無法取消。智慧合約的目標是提供比傳統合約更好的安全性。另一方面，在傳統的合約執行過程中，需要律師、法院等各種各樣的第三方介入，本身的成本非常高。而智慧合約著眼於自動執行，以此來減少執行合約的成本。

隨著大部分的加密貨幣都實現了智慧合約，現在智慧合約的主流實現方式都是以區塊鏈技術為基礎。所以很多時候我們說智慧合約，都是特指透過區塊鏈實現的智慧合約。

需要注意的是，雖然智慧合約中的「合約」二字取材自現實中的合約，但並不是說所有的智慧合約必須與現實中存在的合約一一對應。由於智慧合約本質上是一組電腦協定，所以智慧合約完全可以實現一種現實世界中不存在的協定。

1.12.2 智慧合約的實現方式

透過區塊鏈實現的智慧合約中，智慧合約的去中心化屬性透過區塊鏈中的分散式一致性演算法來保證。分散式一致性演算法就成了智慧合約的主要組成部分。除此之外，為了描述智慧合約，就需要一種特定的描述語言來支援，這種描述語言一般就是一種特別設計的程式語言。

比特幣提供了一種圖靈不完備[1]的指令碼語言。透過這種指令碼語言可以實現有限的智慧合約，主要包括支持多重簽名的帳戶、第三方託管服務、跨鏈交易等。主流語境中人們通常不認為比特幣實現了智慧合約，但是從這門指令碼語言的成果來看，我們可以認為比特幣支援了一定程度上的智慧合約。

智慧合約最有名的實現成果應該是以太坊。以太坊提供了一門幾乎圖靈完備的程式語言。結果就是理論上開發者可以在以太坊的智慧合約上編寫任意複雜的邏輯，甚至可以實現自己能想到的任何程式。得益於此，以太坊上出現了形形色色的應用，甚至因此出現 DApp 這種新的程式類別。

1.13 區塊鏈應用

1.13.1 金融服務

不可否認，目前區塊鏈最大、最成功的應用是加密貨幣。而由於加密貨幣天生接近金融的特性，所以區塊鏈在金融服務中也開始逐漸扮演越來越重要的角色。

具體到產業中，首先是銀行業。由於銀行對記帳具有天生的需求，而區塊鏈的分散式帳本技術是一種全新的技術，所以有不少銀行都在研究區塊鏈技術。區塊鏈技術在某些方面能極佳地提高銀行業的效率。

1　圖靈完備是一個電腦學概念，具備圖靈完備的語言理論上可以完成一切可計算問題的程式設計。圖靈不完備則表示這門程式語言缺乏一定的基礎結構，不能完成所有的程式設計任務。

舉例來說，在跨境支付中，區塊鏈對現有技術是一種很好的補充。跨境支付業務由於涉及不同的國家，不同的國家有不同的政策法規，結果就是跨境支付的環境十分複雜多樣，而為了滿足這些多樣化的環境，就需要各種各樣的系統來配合運行。其中一些問題已經解決得很好，還有一些問題則沒有很好的方案。在某些環境下，區塊鏈是一個非常好的解決方案。

舉例來說，在網路連接是一種奢侈服務的地區，使用傳統的銀行記帳業務是非常困難的，大多時候會退化到傳統的紙筆記帳。而在這種環境下，區塊鏈可以有很好的用途，畢竟區塊鏈的分區容忍性非常高，理論上完全可以在沒有連網的情況下正常執行，然後在固定的時間連上主網，接著同步資料即可。雖然傳統的解決方案也完全可以做到這一點，但是區塊鏈從設計之初就決定了它可以完美轉換這種環境，所以在這種情況下，區塊鏈是一個非常好的技術選擇。

2019 年，Facebook（臉書）宣佈了自己的區塊鏈支付方案 Libra（現改名為 Diem）。這是一個非常有創意的計畫。雖然我們很難斷言其最終是否成功，畢竟在金融領域，除了技術，還有政治、社會等各方面的因素需要考量。但是只從技術的角度看的話，它確實是把區塊鏈用在了一個非常合適的地方。

1.13.2 遊戲

2017 年 11 月，以太貓（CryptoKitties）在以太坊上線。以太貓是一個十分簡單的遊戲，使用者可以透過以太幣購買虛擬的以太貓，然後繁育下一代，同時也可以出售自己擁有的以太貓。

以太貓和傳統遊戲不同的是，以太貓的擁有權完全在使用者手裡。每一個以太貓就是一個以太坊上的數字，而這個數字和一個以太坊的地址綁定。擁有這個地址的使用者就完全擁有這隻以太貓，沒有任何人、任何機構能夠改變這個擁有權。這和傳統的遊戲非常不一樣，傳統的遊戲資料是儲存在遊戲公司的伺服器上，遊戲公司能夠任意修改這些資料。從這個角度說，傳統遊戲中的角色、裝備等其實都是由遊戲公司所有。

另一個特點，由於以太貓是運行在以太坊上的智慧合約，那麼即使是開發公司也無法取消這個合約，也就是說，哪怕以太貓的開發公司倒閉了，使用者所擁有的以太貓仍然可以極佳地保留在使用者手裡。這和傳統遊戲也完全不一樣，傳統遊戲公司如果倒閉了，玩家通常都會永遠地失去遊戲中的角色和裝備。

更進一步，由於使用者完全擁有以太貓，所以另一個公司可以根據使用者擁有的以太貓來開發新的遊戲。這就等於可以把一個遊戲中的資產轉移到另一個遊戲中。這在傳統遊戲中也是極為少見。

從這個角度來看，區塊鏈在管理遊戲資產方面有非常大的意義。它讓玩家真的擁有了自己的遊戲資產。

1.13.3 數位資產

我們可以看到區塊鏈在管理遊戲資產時的優勢，而這種優勢完全可以擴充到數位資產的範圍。比如積分、會員等常見的數位資產，完全可以透過區塊鏈來進行管理。

還有就是我們經常聽說的「發幣」。這種發幣和區塊鏈本身附帶的代幣具有本質區別。它和以太貓類似，是透過智慧合約的方式生成的一組數位資產。透過智慧合約編寫程式，我們可以規定某個幣的總量以及幣的轉帳、收取甚至銷毀等操作，進而實現更複雜的金融手段。具體可以查看本書 ERC20 相關的章節。

1.13.4 供應鏈管理

供應鏈是一個非常複雜的話題。一家企業在運行的過程中，供應鏈的管理必然是佔據了極大的部分。由於有多方的參與，其中產品的移交、資料的記錄甚至上下游的金融往來都變成了複雜的問題。

供應鏈有三個方面非常重要，區塊鏈在其中可以扮演很好的角色。

（1）資金的往來，區塊鏈天生適合記帳。
（2）產品各種單據的記錄，可以透過區塊鏈來進行數位化記錄。
（3）物流，可以透過與物聯網裝置的結合來實現追蹤管理。

當然，所有的部分都可以用其他的技術來實現，但是區塊鏈的優勢在於，這個系統不屬於任何一方，並且能夠自動運行。就好像大家擁有了一個共有資料庫，參與其中的各方可以根據自己的需要開發自己的應用。而資料的不可篡改等特性也可以給各方的相互信任提供一層技術保證。

1.13.5 其他

區塊鏈還能用於某些合約的自動簽署，比如租房合約這種制式合約就可以直接透過區塊鏈技術儲存，然後自動執行一系列的簽署、支付等服務。

保險領域也可以使用區塊鏈來實現一些新的業務。比如小額保險、個人對個人的保險等。

之後是共用經濟，由於共用經濟參與的個體許多，而很多的交易的額度都很小，這時候透過一個中心化的公司來維護，維護成本很可能高於利潤，導致商業模式無法正常運行。但是使用區塊鏈就可以極大地減少成本，各方可以直接透過區塊鏈來完成交易。

總之，區塊鏈的去中心化、防篡改等特性，讓很多以前很難實現或實現起來成本過高的商業模式成為可能。

1.14 比特幣的歷史

1.14.1 比特幣前傳

1983 年，大衛・查姆（David Chaum）和史蒂芬・布蘭德斯（Stefan Brands）開發了 ecash 協定，以 ecash 協定為基礎，不少人發明了電子現金系統。

1997 年，亞當・巴克（Adam Back）開發了 hashcash 協定，主要是為了解決垃圾郵件氾濫的問題，其中用到的技術就是後來被比特幣使用的工作量證明演算法（proof-of-work）。

1998 年，戴偉（Wei Dai）發明了 b-money，尼克・薩博（Nick Szabo）發明了 bit gold。兩者被認為是最早的分散式加密貨幣。

這一切可以被認為是比特幣的前身，它們都或多或少地影響了比特幣的設計。

1.14.2 比特幣面世

2008 年 8 月 18 日，有人註冊了 bitcoin.org 的域名地址。2008 年 10 月 31 日，密碼學（cryptography）郵寄清單中收到了一個叫中本聰的人發出的連結，連結指向了一篇論文（圖 1-1 為這篇論文的部分截圖），標題為《比特幣：點對點的電子現金系統》（*Bitcoin: A Peer-to-Peer Electronic Cash System*）。

論文中詳細介紹了如何使用點對點技術創建一種電子交易系統，以及如何使這種交易系統可以在不依賴第三方背書的環境下工作。

2009 年 1 月 3 日，中本聰挖出了比特幣的創世區塊，標誌著比特幣網路正式上線。中本聰在挖出創世區塊的過程中獲得了 50 個比特幣的礦工獎勵，同時他在創世區塊中留下了這句話：

The Times 03/Jan/2009 Chancellor on brink of second bailout for banks. （2009 年 1 月 3 日，財政大臣正處於實施第二輪銀行緊急援助的邊緣）

Bitcoin: A Peer-to-Peer Electronic Cash System

Satoshi Nakamoto
satoshin@gmx.com
www.bitcoin.org

Abstract. A purely peer-to-peer version of electronic cash would allow online payments to be sent directly from one party to another without going through a financial institution. Digital signatures provide part of the solution, but the main benefits are lost if a trusted third party is still required to prevent double-spending.

圖 1-1　比特幣論文截圖

這句話是英國《泰晤士報》當天的頭版文章標題。透過對頭版頭條的引用證明了比特幣的實際上線時間。

2009 年 1 月 9 日，知名程式託管網站 SourceForge 上發佈了第一個開放原始碼版本的比特幣用戶端。

2009 年 1 月 9 日，作為比特幣的早期支持者和貢獻者的程式設計師哈爾·芬尼（Hal Finney）下載了比特幣用戶端，2009 年 1 月 12 日，哈爾·芬尼（Hal Finney）收到了中本聰的 10 枚比特幣的轉帳，這是比特幣歷史上的第一次轉帳。

2010 年 5 月 22 日，程式設計師拉斯洛·漢耶茲（Laszlo Hanyecz）用 10000 枚比特幣購買了 Papa John's 的兩份披薩。這是有記錄的第一次在現實中發生的比特幣交易行為。

據估計，中本聰在比特幣早期一共挖出 100 萬枚比特幣。2010 年之後，中本聰銷聲匿跡，時至今日也沒有人知道他的真正身份。在消失前，他把比特幣的開發權交給了加文·安德列森（Gavin Andresen）。後來加文·安德列森成為比特幣基金會的首席開發者。

2010 年 8 月 6 日，比特幣協定中的重大缺陷被發現。8 月 15 日，缺陷爆發，超過 1840 億枚比特幣被創造出來，並發送到兩個地址。幾小時內，問題被修復，比特幣主網進行了硬分叉，消除了這筆交易。這是時至今日，比特幣歷史上唯一的一次重大安全隱憂事故。

1.14.3 比特幣發展中的主要事件

2011 年，大量以比特幣原始程式碼為基礎的替代幣出現。

2011 年 1 月，電子前端基金會（Electronic Frontier Foundation）開始接受比特幣，但由於缺乏有法律依據的先例，同年 6 月，它又停止接受比特幣。

2011 年 6 月，維基解密（WikiLeaks）開始接受比特幣。

2012 年 9 月，比特幣基金會成立，旨在透過開放原始碼的協定來加速比特幣在全世界的增長。

2012 年 10 月，總部位於美國的比特幣支付公司 BitPay 發佈報告稱已經有超過 1000 個商業組織接受比特幣作為支付服務。

2013 年 6 月 23 日，M-Pesa 和比特幣連結的專案在肯雅啟動。M-Pesa 是非洲知名的行動支付專案。

2013 年 10 月 29 日，加拿大的兩家公司（Robocoin 和 Bitcoiniacs）發佈了世界上的第一個比特幣 ATM，允許使用者在咖啡館裡直接購買和出售比特幣。

2014 年 1 月，比特幣主網速率超過 10 petahash/ 秒，6 月，主網速率超過 100 petahash/ 秒。

2014 年尼古拉斯·姆羅斯（Nicholas Mross）執導的紀錄片《比特幣的崛起》（*The Rise and Rise of Bitcoin*）上映，紀錄片採訪了在比特幣增長過程中扮演重要角色的公司和個人。紀錄片獲得了同年蘇黎世電影節的最佳紀錄片提名。

2015 年 2 月，接受比特幣的商業組織超過十萬家。

2015 年 10 月，Unicode 組織收到一份提議，建議把比特幣的標示（₿）加入 Unicode 字元集。

2016 年 1 月，主網速率超過 1 exahash/ 秒。

2016 年 3 月，日本內閣認為像比特幣這樣的虛擬現金具備跟真實世界貨幣一樣的功能。

2016 年 9 月，全球內的比特幣 ATM 數量比 18 個月前翻了一倍，達到 771 台。

2016 年，比特幣激起了學術界更大的興趣，當年一共有 3580 篇學術文章被收錄。作為比較，2009 年有 83 篇，2012 年有 424 篇。

2017 年，比特幣獲得了更多的法律上的支持，日本透過立法，接受比特幣為合法的支付工具。

2017 年 6 月，比特幣標示（₿）正式加入 Unicode 字元集。

2019 年 9 月，紐約證交所的擁有者洲際交易所開始交易比特幣期貨。

1.15 比特幣的設計取捨

1.15.1 區塊鏈

比特幣使用的是區塊鏈中的公鏈技術，其中儲存了每一筆比特幣的轉帳記錄，可以視為一個公開的帳本。要參與到比特幣網路中的每一個節點，需要運行專門的比特幣用戶端，從而成為比特幣區塊鏈中的節點。
每個節點都可以儲存比特幣帳本的一份獨立拷貝。

當比特幣網路中發生了轉帳（使用者 1 轉帳 n 枚比特幣給使用者 2），每
個網路節點收到轉帳記錄，都可以驗證這一筆轉帳，然後加入到自己本
地備份的帳本記錄中，之後再把帳本廣播給網路中的其他節點，最終實
現轉帳記錄被廣播給網路中的所有節點。在比特幣中，轉帳記錄並不是
每筆轉帳記錄都立即同步，而是每隔十分鐘，一組記錄被打包在一起廣
播。一組打包的記錄正好就是區塊鏈中的區塊。

1.15.2 共識演算法

正如前面所說，比特幣網路中的所有節點都會接收到一組轉帳記錄（一
個區塊），然後把這個區塊更新到本地的帳本記錄中。這裡就有一個問
題，由於各節點處於分散式網路中，有可能不同的節點收到不同的記
錄，如果節點都隨意增加記錄，那麼整個比特幣網路中的記錄就無法保
持一致。為了保持記錄的一致，那麼必須確認哪個區塊被優先寫入，也
就是需要以某一個節點的操作為準。但如果人為規定以某個節點為準，
就表示這個節點比其他節點更權威，相當於變成了一個中心節點，那麼
去中心化的優勢就蕩然無存。區塊鏈的分散式共識演算法就是設計用來
解決這個問題。共識演算法能夠讓區塊鏈中的節點認同某一個節點的記
錄，同時這個認同並不是固定某一個節點，而是區塊鏈中的所有節點都
有可能獲得這個權利。

比特幣使用的共識演算法叫作 PoW 共識機制，全稱是 Proof of Word，
中文翻譯為「工作量證明」。PoW 機制是 1997 年由亞當·巴克（Adam
Back）發明的，主要是為了解決垃圾郵件氾濫的問題。主要想法是郵件
接收者不是任意接受別人的郵件，在一次有效的郵件發送接收過程中，
發送者需要計算一個難題，然後把這個難題的答案同時發送給接收者，
接受者先驗證這個答案是否有效，有效的話才接收郵件。

可以看出，PoW 中最重要的就是計算一個難題。這個難題需要具有一個特點，那就是計算出這個難題的答案比較困難，而驗證這個難題卻比較簡單。因為如果驗證和計算一樣複雜的話，那發送方和接收方的成本就是一致的。從經濟上來說，成本一致也就很難實現防止惡意攻擊的目的。

關於計算困難但驗證容易的問題，我們可以舉一個現實中的例子。比如 323 由哪兩個數（要求每個數都大於 1）相乘得到？這個問題的計算就比較複雜，必須一個數字一個數字地去試，相反，驗證這個問題很簡單，直接把對方給的兩個數字相乘，然後看結果是不是 323 就可以，一次乘法就出結果。（註：答案是 19 和 17，並且答案唯一。）

比特幣就使用了這種機制，所有節點要記錄一個新的區塊，需要計算一個非常複雜的問題，先算出答案的節點就獲得了記錄新區塊的權力，其他節點都會使用這個節點的記錄。雖然理論上也有可能其他的節點在同一時間計算出答案，但在實際運行中，這個機率可以小到忽略不計，事實上比特幣運行這麼多年，證明了這個機制是非常穩定安全的。

1.15.3 比特幣中的交易

我們每個人的銀行帳戶都有一個帳戶餘額的概念，可以直接知道帳戶中有多少錢。發生轉帳的時候，轉出則導致帳戶餘額變少，轉入則導致帳戶餘額變多。比特幣網路和傳統的銀行記帳不太一樣，比特幣的每一筆交易記錄的是轉帳數量，具體來說，是從一個或多個帳戶轉帳到一個或多個帳戶。比特幣的區塊鏈資料庫中儲存的就是這樣的一筆一筆的轉帳記錄。如果需要知道一個帳戶的餘額，那麼就把所有轉入這個帳戶的比特幣數量減去所有轉出的比特幣數量即可。

在比特幣轉帳的時候，有一個傳統的銀行帳戶餘額系統沒有出現過的問題。由於一個帳戶裡沒有餘額，所以一個帳戶發起轉帳的時候，區塊鏈資料中只記錄有這個帳戶的轉入記錄。我們沒辦法像傳統銀行一樣，直接一個餘額扣掉轉出數量即可。這時候我們只能説要把這個帳戶中的某幾筆轉入記錄一起轉出去。這就遇到一個問題，幾個轉入記錄的數量不會正好等於轉出數量，通常都是多於轉出數量。比特幣解決這個問題的辦法非常巧妙，由於比特幣支持一筆轉帳中轉給多個帳戶，所以可以在轉出帳戶中加上自己的這個地址，把多餘的部分再轉回來。等於自己給自己發起了一筆轉帳。

舉個例子，A 帳戶歷史上一共收到過三筆轉帳，分別是 2 枚、2 枚、3 枚比特幣。這時候帳戶 A 需要轉帳給 B 帳戶 6 枚比特幣。處理方法就是以這三筆轉帳記錄為依據，生成一個新的轉帳記錄，這個轉帳記錄中有兩筆資訊，一筆是給 B 帳戶 6 枚比特幣，一筆是給 A 帳戶也就是是自己 1 枚比特幣。

由於轉帳記錄不是簡單的一對一，所以比特幣的轉帳記錄使用了一個類似 Foth 程式語言的指令碼語言，可以寫簡單的邏輯。Foth 語言是查理斯‧H. 摩爾（Charles H. Moore）在 1970 年發明的，比特幣在這裡借用了這種語言的語法。

1.15.4 比特幣的供應模式

到現在為止，我們講的都是比特幣網路如何處理轉帳等操作。但我們還需要知道比特幣最初從哪裡來。傳統的金融系統是由各國的中央銀行發幣。如果比特幣也是由一個機構來發出的話，那麼就和它去中心化的想法相悖。答案非常巧妙，比特幣其實是憑空產生的。

前面已提到，比特幣網路中每一個節點都可以把新的區塊加到比特幣的區塊鏈資料庫中，然後透過共識演算法來決定以誰為主。這就可以視為一種爭奪記帳權的概念。在某個節點打包區塊加入到區塊鏈資料庫中的時候，它可以額外生成一個轉帳記錄，就是給自己的帳戶憑空轉一定數量的比特幣作為獎勵，比特幣就這樣憑空產生出來。

解決了比特幣產生的問題，我們又面臨比特幣數量膨脹的問題，如果節點可以給自己轉任意數量的比特幣，那比特幣豈不是可以源源不斷地產生？這裡的解決方案是透過程式驗證的想法。前面我們提到，網路中的節點會收到其他節點的區塊記錄，在收到記錄之後都會做一次合法性驗證，只有透過驗證才會加到本地的記錄中，如果記錄非法，節點就會拒絕接收。而這個合法性驗證已經被寫到了比特幣的用戶端中，所以也就等於固化了比特幣的生成協定。

具體來說，最初在生成區塊的時候，可以給自己轉帳 50 個比特幣。之後每大約 4 年減半（具體說，是每隔 210000 個區塊減半，由於每個區塊的生成時間大概是 10 分鐘，所以大致是 4 年的時間）。最終，獎勵會變為 0，到時候比特幣的總量非常接近 2100 萬枚。這就是大家一直說的比特幣總量是確定的由來。

1.15.5 去中心化與中心化

從比特幣的特點上來看，比特幣是去中心化的，主要特點如下：

- 比特幣不需要任何權威機構的背書。
- 比特幣是點對點網路，沒有中心化的伺服器存在。
- 比特幣的帳本資料儲存在區塊鏈中，而區塊鏈本身儲存在千千萬萬的節點中，沒有一個中心化的存放裝置。
- 比特幣帳本資料針對所有人公開，任何人都可以把它儲存到自己的機器中。
- 比特幣網路沒有管理員，比特幣網路中的所有節點共同管理比特幣網路，維持比特幣網路的運行。
- 任何人都可以成為比特幣網路的節點，從而具備和別人同等的管理權。
- 比特幣網路中任何節點都是同等地位，它們都可能獲得下一個區塊的記帳權。

- 由於比特幣可能由任意節點憑空產生,所以比特幣的供應也是去中心化的。
- 和傳統銀行不同,任何人都可以生成任意數量的比特幣帳戶,不需要任何中心化機構的審核。
- 任何人都可以在比特幣網路中發起轉帳,不需要任何中心化機構的審核。

但是,在現實中,比特幣也有一些中心化的傾向,由於獎勵機制是憑空生成的比特幣,所以比特幣網路中的節點爭奪記帳權的欲望通常比較強大,結果造成了大量的節點聯合起來,共同去爭奪記帳權。當聯盟中的任意節點獲得記帳權,就會把得到的比特幣和聯盟中的其他節點分享。因此,這種聯盟造成了比特幣網路節點某種程度上的中心化。這種聯盟就是我們經常聽說的比特幣礦場。

1.15.6 可替換性

可替換性是指同單位的物品是否能被同等對待。比如一塊錢和另一個一塊錢是一模一樣的,都可以用在同樣的地方,從使用上看,就是這兩個一塊錢可以任意替換而不影響結果。我們大致可以認為比特幣具有可替換性,因為在大部分的使用場景下,不同的比特幣可以被同等對待。

但是也有研究指出,比特幣並沒有和傳統貨幣一樣的可替換性,原因在於交易歷史。由於比特幣的區塊鏈資料庫中儲存著所有比特幣的交易歷史,所以我們可以追蹤任意一枚比特幣的交易歷史。這也就表示每枚比特幣都被指定了獨一無二的交易歷史資料。這時候就會出現一些特殊的場景,比如某個收藏家只收藏沒有發生過交易的比特幣,並且願意為此付出更高的價格,這就讓比特幣不具備可替換性。

當然,大部分時候我們並不關心交易歷史,所以整體來說比特幣還是具備基本的可替換性,但是我們也需要知道,在一些特殊環境下,不同的比特幣會有完全不同的表現。

密碼學基礎

2.1 密碼學發展歷史

2.1.1 密碼學發展的三個階段

密碼學的發展,經歷了主要的三個階段:第一階段指 1949 年之前,當時的密碼學主要表現為滿足少數人的特殊用途為主;第二階段指 1949—1975 年,在這個階段,密碼學逐漸發展成為一門獨立的學科;第三階段一般指 1975 年之後,密碼學的新方向──公開金鑰密碼學獲得了長足的發展與進步。這三個階段,如果按照密碼學的發展處理程序來分,可以分為「古典密碼」、「對稱金鑰密碼」和「公開金鑰密碼」三個階段。不同時期,人們對資訊的儲存、處理、傳輸和運算能力是不同的。資訊的利用方式也不同,對應使用的密碼技術也不相同,密碼學的發展經歷了從藝術到科學的發展過程,其中的協定和演算法設計、分析以及加解密應用,皆發展成為獨立的藝術和學問,同時也發展成為一門高度綜合的學科,涵蓋了數學、統計、網路、電腦等學科內容。那麼,在開始介紹區塊鏈中的密碼學之前,先讓我們來簡單回顧一下這三個階段。

1.「古典密碼」階段

這個階段的密碼學還不是科學，而是一門小眾的藝術。這個階段出現了一些密碼演算法和加密工具。在這個階段中，密碼演算法的基本手段——置換排列網路（Substitution-Permutation Network）出現了，它主要是針對字元進行加密；同一階段，簡單的密碼分析手段也出現了。

舉例來說，這個階段出現過「Scytale 密碼」：據説西元前 5 世紀古希臘的斯巴達人，有意識地使用一些技術方法來加密資訊。他們使用的是一根叫 "scytale" 的棍子。送信人先繞棍子捲一張紙條，然後把要寫的資訊垂直寫在上面，接著單獨把紙送給收信人。對方如果不知道棍子的粗細是不可能解密紙上內容的，如圖 2-1 所示。

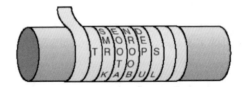

圖 2-1　斯巴達人使用的「Scytale 密碼」

此外，西元前 1 世紀，著名的凱撒大帝發明了一種密碼 ——「凱撒密碼」。在凱撒密碼中，每個字母都與其後第三位的字母對應，然後進行替換。據説當時羅馬的軍隊就是使用凱撒密碼進行通訊。舉例如下（字母索引偏移量為 3）：

凱撒密碼明文字母表：A B C D E F G ……X Y Z
凱撒密碼加密字母表：D E F G H I J ……A B C

例如：明文為 "veni，vidi，vici"，加密就是 "YHAL，YLGL，YLFL"。

26 個字元代表字母表的 26 個字母，從一般意義上説，也可以使用其他字元表，對應的數字也不一定要選擇 "3"，可以選其他任意數字。

那個階段還曾經出現過最早的幾何圖形密碼，例如以一種形式寫下訊息，以另一種形式讀取訊息，舉例來說（見圖 2-2），將 "I came I saw I conquered" 編碼為 "IONQC CAIUE WMEAR DESI"：

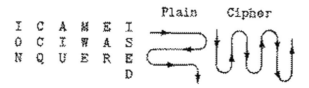

圖 2-2 幾何編碼加密示意

2.「對稱金鑰密碼」階段

對稱金鑰密碼，又稱為「單鑰密碼體制」，即使用相同的金鑰（加解密金鑰）對訊息進行加密 / 解密，系統的保密性主要由金鑰的安全性決定，而與演算法是否保密無關。它的設計和實現的中心思想聚焦在：使用哪一種方法，可以產生滿足保密要求的金鑰，以及用什麼方法可以將金鑰安全又可靠地分配給通訊雙方。對稱密碼體制可以透過區塊編碼器或流密碼來實現，它既可以用於「資料加密」，又可以用於「訊息認證」。其所謂「對稱」，其實就是使用同一把金鑰進行加密，使用同一把金鑰進行解密。對稱加密由於加密和解密使用的是同一個金鑰演算法，因此在加解密的過程中速度比較快，適用於對資料量比較大的內容進行加解密。它的主要優點就是演算法公開、計算量小、加密速度快、加密效率高，但也存在著顯而易見的缺點，就是在金鑰協商過程中，一旦金鑰洩露，別人就可以用獲取到金鑰對加密進行解密。另外，每一對使用者（通訊雙方），每次使用對稱加密演算法時，都需要使用其他人不知道的獨一金鑰（互相隔離），這會使得收、發雙方所擁有的金鑰數量巨大，金鑰管理成為雙方的共同負擔。常用的對稱加密演算法有 DES、3DES、AES、TDEA、Blowfish、RC2、RC4 和 RC5 等。

3.「公開金鑰密碼」階段

相對於「對稱金鑰密碼」階段，這個階段進行了公、私密金鑰分離的設計，公開金鑰密碼採用了「非對稱加密」機制──針對私密金鑰密碼體制（對稱金鑰密碼）的缺陷而被提出。非對稱加密會產生兩把金鑰，分別為公開金鑰（Public Key）和私密金鑰（Private Key），其中一把金鑰用於加密，另一把金鑰用於解密。非對稱加密的特徵是演算法強度複雜、安全性依賴於演算法與金鑰，但是由於其演算法過於複雜，從而使得速度沒有對稱加密解密的速度快。對稱密碼體制中只有一把金鑰，並且是非公開的，如果要解密就得讓對方知道金鑰。所以保證其安全性就是保證金鑰的安全，而非對稱金鑰體制有兩種金鑰，其中一個是公開的，這樣就可以不需要像對稱密碼機制那樣傳輸對方的金鑰，安全性就提高了很多。常用的非對稱加密演算法有 RSA、Elgamal、背包演算法、Rabin、D-H、ECC（橢圓曲線加密演算法）等。

2.1.2 近代密碼學的開端

1949 年，香農（Shannon，美國數學家、資訊理論之父、現代密碼學先驅，見圖 2-3）的論文《保密系統的通訊理論》（*The Communication Theory of Secret Systems*），闡明了關於密碼系統的分析、評價和設計的科學思想，提出了保密系統的數學模型、隨機密碼、純密碼、完善保密性、理想保密系統、唯一解距離、理論保密性和實際保密性等重要概念，並提出評價保密系統的5 個標準，即：保密度、金鑰量、加密操作的複雜性、誤差傳播和訊息擴充。這篇論文開創了用資訊理論研究密碼的新途徑。

圖 2-3　香農（Shannon）

軍事領域對於密碼學的需求一直是非常旺盛的，戰爭中資訊的保密傳輸和完整送達一直都被高度重視。在第二次世界大戰中，正是波蘭和英國密碼學家破譯了德軍使用的恩尼格瑪密碼機（德語：Enigma，也被譯作啞謎機、奇迷機，一種用於加密與解加密件的密碼機），才使得戰局出現了轉機，其中的代表人物就是圖靈。在第二次世界大戰期間，數學家和工程師運用數學知識和科學技術破譯了德國的恩尼格瑪密碼、「羅倫茲」密碼以及日本海軍的密碼，獲得了大量的「超級情報」，成為戰爭勝利的關鍵。

恩尼格瑪密碼系統如圖 2-4 所示：水平面板的下面部分就是鍵盤，一共有26 個鍵，空格和標點符號都被省略，在圖 2-4 中只畫了六個鍵。實物照片中，鍵盤上方就是顯示器，它由標示了同樣字母的 26 個小燈組成，當鍵盤上的某個鍵被按下時，和此字母被加密後的加密相對應的小燈就在顯示器上亮起來。

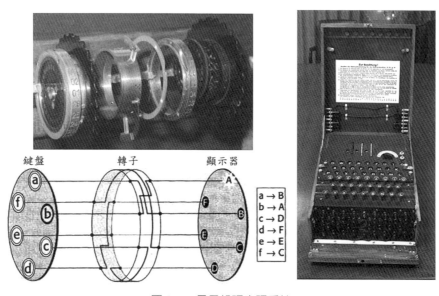

圖 2-4　恩尼格瑪密碼系統

最先破解早期恩尼格瑪密碼機的是波蘭人，1932 年，波蘭密碼學家馬里安‧雷耶夫斯基、傑爾茲‧羅佐基和亨裡克‧佐加爾斯基根據恩尼格瑪機的原理破譯了它。1939 年中期，波蘭政府將此破譯方法告知英國和法國，但直到 1941 年英國海軍捕捉德國 U-110 潛艇，得到密碼機和密碼本後才完全破解了恩尼格瑪密碼。而英軍在電腦理論之父圖靈的帶領下，透過德軍在金鑰選擇上的失誤以及借助戰爭中奪取的德軍密碼本，破解出重要的德軍情報。

1942 年，美國教授約翰‧阿塔那索夫和克利夫‧貝瑞發明了世界上第一台採用真空管的電腦 ABC（Atanasoff–Berry Computer）。借助於快速電子電腦和現代數學方法，美軍成功破解出日軍的 PURPLE 碼，並在中途島戰役中截擊山本五十六。可以説，密碼學的發展直接改變了二戰後期的格局，加快了戰爭的結束。在二戰的日美太平洋戰場上，美國海軍使用納瓦霍語進行情報傳遞。由於納瓦霍語的語法、音調及詞彙都極為獨特且知之者甚少。因此，納瓦霍語密碼也成為近代史上少有的、從未被破譯的密碼。

恩尼格瑪密碼的成功破譯，讓密碼學家們深刻地意識到：真正保證密碼安全的往往不是加密解密演算法，而是應該隨時能夠改變的金鑰。隨著電腦技術、電子通訊技術的發展，密碼的使用被迅速擴張到各個領域，也進一步促進了現代密碼學系統的發展和完善。在密碼學系統中，「對稱加密」、「非對稱加密」、「單向雜湊函數」、「訊息認證碼」、「數位簽章」和「虛擬亂數生成器」被統稱為密碼學家的工具箱。其中，「對稱加密」和「非對稱加密」主要是用來保證機密性；「單向雜湊函數」用來保證訊息的完整性；「訊息認證碼」的功能主要是認證；「數位簽章」保證訊息的不可否認性。

2.1.3 區塊鏈去中心化金鑰共用

我們先了解一下「秘密共用」的概念，其最早是由著名密碼學家阿迪·薩摩爾（Shamir）和喬治·布萊克利（Blakley）在 1979 年分別獨立提出的，並列出了其各自的實現方案。Shamir 提出的 (t, n) 門限方案是以 Lagrange（拉格朗日）插值法為基礎來實現的，而 Blakley 提出的 (t, n) 門限方案則是利用多維空間參數曲線與超法面的交點來建構實現的。

秘密共用大致可以分為以下幾類：

（1）門限秘密共用方案，在 (t, n) 門限秘密共用方案中，任何包含至少 t 個參與者的集合都是授權子集，而包含 t-1 或更少參與者的集合都是非授權子集。實現 (t, n) 門限秘密共用的方法除了常見的 Shamir 和 Blakley 的方案外，還有以剩餘定理（又被稱為「餘數定理」）為基礎的 Asmuth-Bloom 法以及使用矩陣乘法的 Karnin-Greene Hellman 方法等實現方案。

（2）一般存取結構上秘密共用方案。門限方案是實現門限存取結構的秘密共用方案，對於其他更廣泛的存取結構存在局限性，比如，在「甲、乙、丙、丁」四個成員中共用秘密，使甲和丁或乙和丙合作能恢復秘密，門限秘密共用方案就不能解決這樣的情況。針對這類問題，1987 年，密碼學研究人士提出了一般存取結構上的秘密共用方案。1988 年有人提出了一個更簡單有效的方法——單調電路構造法，並且證明了任何存取結構都能夠透過完備的秘密共用方案加以實現。

（3）多重秘密共用方案。只需保護一個子秘密就可以實現多個秘密的共用，在多重秘密共用方案中，每個參與者的子秘密可以使用多次，但是一次秘密共用過程只能共用一個秘密。

（4）多秘密共用方案。多重秘密共用解決了參與者的子秘密重用的問題，但其在一次秘密共用過程中只能共用一個秘密。

（5）可驗證秘密共用方案。參與秘密共用的成員可以透過公開變數驗證自己所擁有的子秘密的正確性，從而有效地防止了分發者與參與者，以及參與者與參與者之間的相互欺騙問題。可驗證秘密共用方案分為互動式和非互動式兩種。互動式可驗證的秘密共用方案是指，各個參與者在驗證秘密百分比的正確性時需要相互之間交換資訊；非互動式可驗證的秘密共用是指，各個參與者在驗證秘密百分比的正確性時不需要相互之間交換資訊。在應用方面，非互動式可驗證秘密共用可以減少網路通訊費用，降低秘密洩露的機會，因此應用領域也更加廣泛。

（6）動態秘密共用方案。動態秘密共用方案是 1990 年提出的，它具有很好的安全性與靈活性，它允許新增或刪除參與者、定期或不定期更新參與者的子秘密以及在不同的時間恢復不同的秘密等。

以上是幾種經典的秘密共用方案。需要說明的是，一個具體的秘密共用方案往往是幾個類型的集合體。

除了以上這些分類中提及的方案，如今在量子秘密共用、視覺化秘密共用、以多分辨濾波為基礎的秘密共用以及以廣義自縮序列為基礎的秘密共用等方面，均有團隊投入研究。

自「秘密共用方案」誕生以來，不同環境下的金鑰共用方案層出不窮，其中的大部分方案，都假設金鑰被儲存在一個可信的中心，即存在並依賴一個可信的、中心化的金鑰分發者，由它全權負責將金鑰分割成為子金鑰，並且負責安全地將子金鑰發送給參與者。但是在實際生產環境中，絕對可信的、穩定可用的中心往往並不存在。所以，一種新的「無可信中心的金鑰共用協定」被提出，以適應那些去中心化的實際營運環境。在無可信中心的金鑰共用中，子金鑰的產生和分配都是由該分散式架構中的所有參與者本身合作完成的。相比在實際應用中，可信中心的金鑰共用可能存在的「權威欺騙」問題，以及在現實中需要成員具有較高的可信度等假設問題，去中心化的可信金鑰共用方案的安全性更高，實用性也更強。去中心化的可信金鑰共用研究，其核心目的就是要尋找合適的方案來保證資訊安全，有效地發佈資訊和可信地傳輸資訊。此外，去中心化的可信金鑰共用中的子金鑰如何分發，是當前研究的熱點問題，其發展空間還很大。因此，對這個問題的研究不僅具有重要的理論價值，在實際應用中也具有非常廣泛的應用前景。

大家都知道，錢包是區塊鏈應用中重要的基礎設施，安全的錢包要實現的是去中心化的儲存和恢復私密金鑰／助記詞的功能。Secret Sharing 是一個不錯的解決方案，它的原理是把一個秘密分散、加密儲存在多個使用者那裡，只有當達到一定數量的使用者時才能拼湊出原始秘密的全貌，而參與者較少時則無法獲得這個秘密。這樣既可以減少因為鏈上單一節點失敗造成的遺失或可用性風險，又能在一定條件下恢復私密金鑰。同時，理論上說，如果一定數量的使用者聯合起來作惡，還是可以獲取秘密來侵害秘密持有人利益的。

Secret Sharing 的加密演算法理論在 1979 年被發表，2014 年就有在區塊鏈領域使用的先例。區塊鏈產業中也有相關工具提供，比如 passguardian 專案，幫助使用者把私密金鑰分片加密儲存，且預存程序由使用者自己選擇儲存的策略。舉例來說，我們可以選擇分別列印出不同部分，分不同的地點保管，也可以分發給幾個人共同保管。Vault12 專案和 Tenzorum 專案致力於打造金鑰共用的產品化解決方案。Casa 專案在多簽金鑰安全性的實現上具有極高的代表性。Vault12 的解決方案是私密金鑰持有人可以邀請其他人作為保管人，可以根據保管資料的安全等級來設定恢復難易程度，比如，可以針對不同內容，選擇一個或多個保管方來進行恢復確認，在恢復前需要參與方透過視訊、電話等方式驗證身份。

2.2 密碼系統

從數學的角度來講，密碼系統就是一組映射系統，系統的功能是保證在金鑰的控制下，將明文空間中的所有獨立元素映射到加密空間上對應的某個元素。映射由具體的密碼方案確定，使用哪一個具體的映射，由金鑰決定。如果密碼分析者可以僅由加密推出明文或金鑰，或可以由明文和加密推出金鑰，那麼就稱該密碼系統是可破譯的；反過來，則稱該密碼系統是不可破譯的。

2.2.1 定義

明文：可了解的訊息。它將被轉為難以了解（加密）的訊息。

加密：加密形式的訊息。

加密：將明文轉為加密的過程。

解密：將加密轉為明文的過程。

金鑰：加密和解密過程中使用的參數。

密碼系統：一種加密和解密資訊的系統。

對稱密碼系統：使用相同金鑰加密和解密資訊的密碼系統。

非對稱密碼系統：加密演算法和解密演算法分別用兩個不同的金鑰實現，並且由加密金鑰不能推導出解密金鑰的系統。

密碼分析：破壞密碼系統的研究。

密碼機制：如果我們用上述內容來對密碼機制列出一個相對嚴格的定義，那麼，一套密碼機制應該由以下五個部分組成。

（1）明文空間 P：所有可能的明文組成的有限集；
（2）加密空間 C：所有可能的加密組成的有限集；

（3）金鑰空間 K：所有可能的金鑰組成的有限集；

（4）加密法則 E：由一些公式、法則或程式組成；

（5）解密法則 D：它是加密法則 E 的逆，對任意的金鑰 k，都存在一個加密法則 ek 和對應的解密法則 dk，且對任意明文 x，均有 dk(ek(x))=x。

2.2.2 對稱加密

在公開金鑰加密出現之前，雙方透過「秘密會議」、「密封信封」或「可信賴的信使」等方式交換重要資訊，並依賴「非加密方法」交換的「加密金鑰」來隱藏重要資訊（防止被抓後洩露資訊）。如果我們想與某人私下交流，需要親自見面並使用私密金鑰。在現代通訊領域，人們需要透過有許多不受信任的參與者的網路進行協調，這種方法是不可行的。這就是為什麼對稱加密不用於公共網路中的通訊。然而，它比非對稱加密更快，更有效，因此也廣泛應用於加密大量資料、某些支付應用程式、亂數產生或雜湊場景，如圖 2-5 所示。

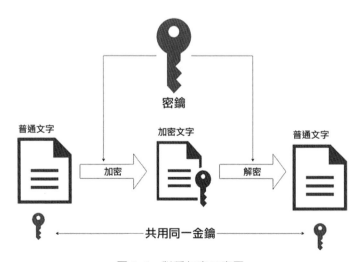

圖 2-5　對稱加密示意圖

2.2.3 非對稱加密

非對稱加密系統（也稱作公開金鑰加密）透過引入兩個金鑰（公開金鑰和私密金鑰）解決了類似上一節的協調問題。這樣的系統中，私密金鑰僅為所有者所知，並且需要保密，而公開金鑰可以提供給任何人。也就是說，任何人都可以使用接收者的公開金鑰加密訊息，而此訊息只能使用接收方的私密金鑰解密。舉例來說，寄件者可以將郵件與其私密金鑰組合在一起，從而在郵件上創建數位簽章。任何人現在都可以使用對應的公開金鑰驗證簽名是否有效，而如何生成金鑰取決於使用的加密演算法。非對稱系統的實例包括 RSA（Rivest-Shamir-Adleman）和 ECC（橢圓曲線密碼術），它也被用在比特幣網路的實現上，如圖 2-6 所示。

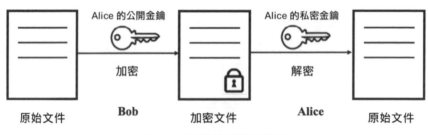

圖 2-6　非對稱加密示意圖

2.3 區塊鏈常用密碼學知識

2.3.1 Hash（雜湊）演算法

基礎知識

1. 邏輯運算子

    &（與）：所有的都是真結果才是真；|「或」：至少一個為真結果也為真；～（非）：真為假，假為真；^（互斥）：如果 a、b 兩個值不相同，則互斥結果為 1，如果 a、b 兩個值相同，互斥結果為 0。

2. 位元組序
   - 電腦硬體有兩種儲存資料的方式：大端位元組序（big endian）和小端位元組序（little endian）。
   - 舉例來說，數值 0x2211 使用兩個位元組儲存：高位元位元組是 0x22，低位元位元組是 0x11。
   - 大端位元組序：高位元位元組在前，低位元位元組在後，這是人類讀寫數值的方法。小端位元組序：低位元位元組在前，高位元位元組在後，即以 0x1122 形式儲存。

3. 循環移位
   - 循環右移就是當向右移時，把編碼的最後的位移到編碼的最前頭，循環左移正相反。舉例來說，對十進位編碼 12345678 循環右移 1 位的結果為 81234567，而循環左移 1 位的結果則為 23456781。

什麼是 Hash 演算法

Hash 演算法是一種能將任意長度的二進位明文映射為較短的二進位串的演算法，並且不同的明文很難映射為相同的 Hash 值。我們也可以把它了解為空間映射函數——是從一個非常大的設定值空間映射到一個非常小的設定值空間，由於不是一對一的映射，Hash 函數轉換後不可逆，也就是說，不可能透過逆操作和 Hash 值還原出原始的值。

Hash 演算法有什麼特點

（1）正向快速：指定明文和 Hash 演算法，在有限時間和有限資源內能計算得到 Hash 值。

（2）逆向困難：指定 Hash 值，在有限時間內很難逆推導出明文。

（3）輸入敏感：原始輸入資訊發生任何變化，新的 Hash 值都應該出現很大變化。

（4）衝突避免：很難找到兩段內容不同的明文，使得它們的 Hash 值一致。

常見 Hash 演算法有哪些：MD5 和 SHA 系列，目前 MD5 和 SHA1 已經被破解，而 SHA2-256 演算法比較普遍被使用。

Hash 演算法碰撞：既然輸入資料長度不固定，而輸出的雜湊值卻是固定長度的，這表示雜湊值是一個有限集合，而輸入資料則可以是無窮多個，所以建立一對一關聯性明顯是不現實的。既然「碰撞」是必然會發生的，那麼一個成熟的雜湊演算法要求具備較好的抗衝突性，同時在實現雜湊表的結構時，也要考慮到雜湊衝突的問題。

比如 "666" 經過 Hash 後，其雜湊值是 "fae0b27c451c728867a567e8c1bb4e53"，相同 Hash 演算法得到的值是一樣的。比如 WiFi 密碼如果是 8 位純數字的話，頂多就是 99999999 種可能性，破解這個密碼需要做的就是提前生成好 0 到 1 億數字的 Hash 值，然後做 1 億次布林運算（就是 Bool 值判斷，0 或 1），而現在普通 Intel i5 四核心 CPU（每秒能到達 200 億次浮點數計算）做 1 億次布林運算，也就是秒等級的時間就破解了。因此，密碼儘量不要用純數字，密碼空間有限會導致很難建構高安全性。

加鹽防碰撞

常用的防止「碰撞」的方式，就是加鹽（Salt）。其實現原理，就是在原來的明文，加上一個隨機數之後，再進行運算的 Hash 值，Hash 值和鹽通常會分別保存在兩個不同的地方，同時洩露才可能被破解。

MD5 演算法屬於 Hash 演算法中的一種，它具有以下特性：輸入任意長度的資訊，經過處理，輸出為 128 位元的資訊（數位指紋）。不同的輸入得到不同的結果（唯一性）。根據 128 位元的輸出結果不可能反推出輸入的資訊（不可逆）。可見其繼承了 Hash 演算法的優良特點，用處很多，如登入密碼、數位簽章等。

演算法實現介紹

MD5 是以 512 位元的的分組來處理輸入的資訊，每一分組又被劃分為 16

個 32 位子分組，經過了一系列的處理後，演算法的輸出由四個 32 位元分組成，將這四個 32 位元分組拼接後生成一個 128 位元 Hash 值，具體步驟如下：

填充：假如原始資訊長度對 512 求餘的結果不等於 448（這裡說的單位是 bit，就是位元，1 位元組 (Byte) = 8 位元 (bit)），就需要填充使得對 512 求餘的結果等於 448。填充的方法是填充一個 1 和 m 個 0。填充完後，資訊的長度就為 $n \times 512 + 448$（這裡 n 表示的是 512 的整數倍，注意：n 也可以為 0）。

記錄長度：用 64 位元來儲存填充前資訊長度，這 64 位元加在第一步結果的後面，這樣資訊長度就變為 $n \times 512 + 448 + 64 = (n+1)*512$ 位元，也就是 512 的整數倍。

設定初值：MD5 的雜湊結果長度為 128 位元，按每 32 位元分成一組共 4 組，這 4 組結果是由 4 個初值 A、B、C、D 經過不斷計算得到的，分別為 16 進位的 A = 0x67452301，B = 0x0EFCDAB89，C = 0x98BADCFE，D = 0x10325476。

準備四個邏輯運算函數：

F(X,Y,Z) = (X & Y) | ((~X) & Z) G(X,Y,Z) = (X & Z) | (Y & (~Z)) H(X,Y,Z) = X ^ Y ^ Z J(X,Y,Z) = Y ^ (X | (~Z))

把原始訊息資料分成以 512 位元為一組進行處理，每一組進行 4 輪變換，每一輪對應上面的邏輯運算函數。

每一輪中會把 512 位元的資料按照每一小區塊 32 位元長度分成 16 區塊資料，進行 16 次計算，每一次計算會把對 ABCD 中的其中三個作一次邏輯運算，然後將所得結果加上第四個變數，16 區塊資料其中一區塊資料和一個常數。再將所得結果向左環移一個規定的數量，並加上 ABCD 中之一。最後用該結果取代 ABCD 中之一。

以上面所說的 4 個常數 ABCD 為起始變數進行計算，重新輸出 4 個變數，以這 4 個變數再進行下一分組的運算，如果已經是最後一個分組，則這 4 個變數為最後的結果，即 MD 5 值。

2.3.2 RSA 演算法

Rivest-Shamir-Adleman（RSA）演算法是最流行和最安全的公開金鑰加密方法之一。該演算法利用了這樣一個事實：根據數論，尋求兩個大質數相比比較簡單，但是將它們的乘積進行因式分解卻極其困難，因此可以將乘積公開，作為加密金鑰。加密金鑰是公開的，解密金鑰由使用者保密。

假設使用加密金鑰 key（e, n），其實現演算法如下：

將訊息表示為 0 到（n-1）之間的整數。大型訊息可以分解為多個區塊。然後，每個區塊將由相同範圍內的整數表示。

取其 e 次方再模 n，得到加密訊息 C；

要解密加密訊息 C，取其 d 次方再模 n；

加密金鑰 (e, n) 是公開的。解密金鑰 (d, n) 由使用者保密。

如何確定 e, d 和 n 的適當值？

選擇兩個非常大（100 位以上）的質數，將其表示為 p 和 q。

將 n 設為等於 $p * q$。

選擇任何大整數 d，使得 GCD($d, ((p\text{-}1)*(q\text{-}1))$)= 1。

求 e 使得 $e * d = 1(\mod((p\text{-}1)*(q\text{-}1)))$。

Rivest、Shamir 和 Adleman 為每個所需的操作提供了有效的演算法。

2.3.3 默克爾樹

默克爾樹（Merkle 雜湊樹）屬於二元樹的一種，而比特幣的底層交易系統選擇了默克爾樹進行了實現。

1. 什麼是默克爾樹？

由一個根節點、一組中間節點和一組葉子節點組成。根節點表示的是最終的那個節點，只有一個。葉子節點可以有很多，但是不能再擴散，也就是沒有子節點。

如果把它想像成一棵樹，由樹根長出樹幹，樹幹上長出樹枝，樹枝長出葉子，但是，葉子上不會再長出葉子，如圖 2-7 所示。

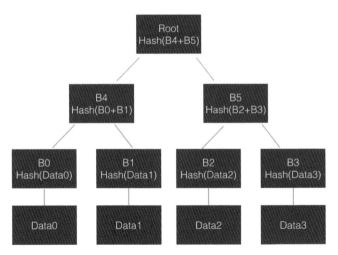

圖 2-7　默克爾樹示意圖

Root：就是根節點，所有的子節點整理到這裡。

Hash：能將任意長度的二進位明文映射為較短的二進位串的演算法，也叫「雜湊演算法」，如 2.3.1 小節介紹的 MD5、SHA 等演算法，經過雜湊演算法雜湊後的結果，也稱為雜湊值。

Data0, Data1……Data3：代表的是具體的原始資料。

B0, B1……B3：是把原始資料進行雜湊運算後得到的對應雜湊值。

一個簡單的默克爾樹就是圖 2-7 所顯示的那樣，由以下三個步驟來實現：

（1）把最底層的 Data0, Data1……Data3 這四筆資料，每一筆單獨進行 Hash，得出 4 個雜湊值作為葉子節點。

（2）把相鄰的兩個葉子節點的雜湊值拿出來再進行 Hash，如 B0 的雜湊值加上 B1 的雜湊值，求和的結果 Hash 後得出 B4。

（3）遞迴執行這樣的 Hash 操作，直到最終 Hash 出一個根節點，就結束了。

默克爾樹的運行原理，在圖中展現是：B0 + B1 Hash 得出 B4，B2 + B3 Hash 得出 B5，B4 + B5 Hash 得出 Root 根節點。由於每個節點上的內容都是雜湊值，所以也叫「雜湊樹」。

2. 默克爾樹的三大特性

（1）任意一個葉子節點的細微變動都會導致 Root 節點發生翻天覆地的變化，這個可以用來判斷兩個加密後的資料是否完全一樣。

（2）快速定位修改，如果 Data1 中資料被修改，會影響到 B1、B4 和 Root，當發現根節點 Root 的雜湊值發生變化，沿著 Root → B4 → B1，最多透過 $O(\log n)$ 時間即可快速定位到實際發生改變的資料區塊 Data 1。

（3）零知識證明（詳細內容參見本書第 3 章），它指的是證明者能夠在不向驗證者提供任何有用資訊的情況下，使驗證者相信某個論斷是正確的。比如怎麼證明某個人擁有 Data0……Data3 這些資料呢？創建一棵如圖 2-8 所示的默克爾樹，然後對外公佈 B1、B5、Root；這時

Data0 的擁有者透過 Hash 生成 B0，然後根據公佈的 B1 生成 B4，再根據公佈的 B5 生成 Root，如果最後生成的 Root 雜湊值能和公佈的 Root 一樣，則可以證明擁有這些資料，而且不需要公佈 Data1、Data2、Data3 這些真實資料，具體實現方式如圖 2-8 所示。

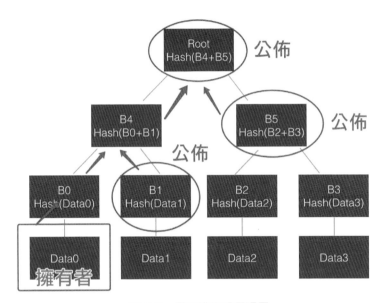

圖 2-8　零知識證明原理圖

3. 默克爾樹在比特幣中的應用

■ 默克爾路徑：表示從根節點到葉子節點所經過的節點組成的路徑，圖 2-8 中 Root → B4 → B1 就是一條路徑。

■ 比特幣中，默克爾樹被用作歸納一個區塊中打包的所有交易，同時生成整個交易集合的數位簽章，且提供了一種驗證區塊是否存在某交易的高效途徑，這就是默克爾路徑。生成默克爾樹需要遞迴地對各個子節點進行雜湊運算，將新生成的雜湊節點插入默克爾樹中，直到只剩一個雜湊節點，該節點就是默克爾樹的根節點。

- 假設一個區塊中有 16 筆交易，根據公式 O(log n) 可以算出 16 的對
  數是 4，也就是要找到這個區塊中的任意一筆交易，只需要 4 次就可
  以，它的默克爾路徑會保存 4 個雜湊值，我們來看一個統計（見表
  2-1），直觀感受一下它搜索效率的提升。

表 2-1　交易路徑對照表

交易數	區塊大小	路徑數	路徑大小
16	4KB	4	128Byte
256	64KB	8	256Byte
4096	1KB	12	284Byte
262144	65KB	18	576Byte

（註：一筆交易的大小，大概需要 250 Byte 左右的儲存空間，路徑數代表雜湊值的數量，
路徑數是 4 表示這條路徑存了 4 個雜湊值，每個雜湊值是 32 Byte，區塊大小 = 交易數 *
250 Byte，路徑大小 = 路徑數 * 32 Byte）

可以看出，當區塊大小由 16 筆交易（4KB）增加至 262144 筆交易
（65MB）時，為證明交易存在的默克爾路徑長度增長極其緩慢，光從 128
位元組到 576 位元組。有了默克爾樹，一個節點能夠僅下載區塊頭（80
位元組 / 區塊，裡面包含上一區塊頭的雜湊值、時間戳記、挖礦難度值、
工作量證明隨機數，包含該區塊交易的默克爾樹的根雜湊值），然後透過
從一個滿節點[1]，回溯一條小的默克爾路徑，就能認證一筆交易的存在，而
不需要儲存或傳輸大量區塊鏈中的大多數內容──這些內容可能有幾個 G
的大小。這種不需要維護一條完整的區塊鏈的節點，又被稱作「簡單支
付驗證（SPV）節點」，它不需要下載整個區塊而僅透過默克爾路徑去驗
證交易的存在。

---

[1] 二元樹中的概念，默克爾樹是倒著生長的，所以從任何一個層次葉子節點滿的地方開始
　計算，四次就能證明交易是否存在，是非常高效的驗證實現。

2.3.4 數位簽章

公開金鑰密碼系統的屬性允許使用者以數位方式「簽署」他們發送的訊息。此數位簽章提供了來自指定寄件者訊息的證據。為了有效，數位簽章需要既依賴於訊息又依賴於簽名者。將阻止電子「剪貼和貼上」以及接收者對原始訊息的修改。

假設使用者 A 想要向使用者 B 發送「數位簽章」訊息 M：

（1）使用者 A 將其解密過程應用於 M，得到加密 C；
（2）使用者 A 將使用者 B 的加密過程應用於 C，得到加密訊息 S；
（3）加密訊息 S 透過某個通訊通道發送；
（4）收到後，使用者 B 將其解密過程應用於 S 得到加密訊息 C；
（5）使用者 B 將使用者 A 的加密過程應用於訊息 C，得到原始訊息 M。

其間，使用者 B 無法更改原始郵件，或將簽名與任何其他郵件一起使用。但是這樣的實現，要求使用者 B 知道如何使用 A 的解密過程來解密訊息。

2.3.5 零知識證明和 Zcash

「零知識證明」（參見本書第 3 章）簡單來説就是：證明者能夠在不向驗證者提供任何有用的資訊的情況下，使驗證者相信某個論斷是正確的。

舉個簡單的例子，A 要向 B 證明自己擁有某個房間的鑰匙，假設該房間只能用鑰匙打開鎖，而其他任何方法都打不開。這時有兩個方法可以解決：

（1）A 把鑰匙出示給 B，B 用這把鑰匙打開該房間的鎖，從而證明 A 擁有該房間的正確的鑰匙。
（2）B 確定該房間內有某一物體，A 用自己擁有的鑰匙打開該房間的門，然後把物體拿出來出示給 B，從而證明自己確實擁有該房間的鑰匙。

第二種方法就屬於零知識證明的範圍。該方法的好處在於，在整個證明的過程中，B 始終不能看到鑰匙的樣子，從而避免了鑰匙的洩露。

零知識證明過程有兩個參與方：一方叫證明者，一方叫驗證者。證明者掌握著某個秘密，他想讓驗證者相信他掌握著秘密，但是又不想洩露這個秘密給驗證者。雙方按照一個協定，透過一系列互動，最終驗證者會得出一個明確的結論，即證明者有沒有掌握這個秘密。零知識證明是一種更加安全的資訊驗證或身份驗證機制。安全性和隱私性就是零知識證明的價值所在。

零知識證明的三個基本特性

（1）完備性。如果證明方和驗證方都是誠實的，並遵循證明過程的每一步進行正確的計算，那麼這個證明一定是成功的，驗證方一定能夠接受證明方。

（2）合理性。沒有人能夠假冒證明方，使這個證明成功。

（3）零知識性。證明過程執行完之後，驗證方只獲得了「證明方擁有這個知識」這筆資訊，而沒有獲得關於這個知識本身的任何一點資訊。

零知識證明的典範——Zcash

在比特幣網路中，使用者需要將交易明文廣播給所有礦工，由他們來驗證交易的合法性。但是有些情況下，以隱私為基礎的考慮，交易的具體內容希望不對外公開。解決這個問題的關鍵想法是：驗證一個事件是否正確，是否需要對驗證者重現整個事件呢？

我們拿比特幣舉個例子，一筆轉帳交易是否具備合法性，其實只要證明三件事：

（1）錢是否屬於發送交易的一方。

（2）接收者收到的總額等於發送者發送的金額之和（可能轉帳有多個來源）。

（3）發送者的所有參與轉帳帳戶上多個對應的轉帳金額（金額總和等於接受者收到的總額）確實被正確銷毀[2]。

整個證明過程中，礦工其實並不關心具體的交易金額、發送者具體地址、接受者具體地址，礦工只關心系統帳本上的錢是不是絕對守恆的。

Zcash 專案就是利用了零知識證明實現了使用者的交易內容隱私化。由於零知識證明在近兩年的迅速發展，掌握和了解它的概念變得愈發重要，所以本書第 3 章將更全面的分析講解，這裡只要有個初步認識就可以。

2.4 加密貨幣

加密貨幣是一種令人興奮的新技術，它以破壞式創新的方式出現，挑戰了全球傳統金融交易的發生方式。比較傳統貨幣，無論從轉帳、支付、投資還是單純作為「金錢」，加密貨幣代表著我們對金錢看法的範式轉變。截至 2021 年 2 月，加密貨幣總市值已經超過 1.2MB 美金。

2.4.1 什麼是加密貨幣

加密貨幣是一種以網際網路為基礎的交換媒介，它使用密碼演算法進行金融交易。加密貨幣利用區塊鏈技術獲得分散化、透明化和不變性。

由於我們可以完全控制加密貨幣，因此無須依賴中央許可權來驗證交易，所有驗證都由加密貨幣網路完成。如今，信用卡公司和銀行充當了我們所擁有資金的「看門人」。我們信任它們，讓它們保護我們的資訊和資金，作為交換，它們管理交易以確保一切正常。

2　數位貨幣轉帳允許一筆轉帳交易可以由不同的數位貨幣從多個帳戶上共同完成。

但是，加密貨幣不需要中央許可權，而是以分散式的方式管理交易。因此，雖然銀行可能擁有一個資料庫，這個資料庫顯然也是駭客竊取資產的首選目標，但加密貨幣則不容易受到這樣的攻擊，因為每次的攻擊都需要對超過半數的全球分散式網路進行攻擊，這顯然比攻擊一個資料中心困難得多。此外，加密貨幣可以在幾秒鐘或幾分鐘內處理交易，而非像今天這樣可能需要花費數小時或數天的時間（Swift 協定）來處理交易。

加密貨幣（也被稱為數位貨幣）儲存在我們用來管理付款的「數位錢包」中。我們的錢包受私密金鑰保護（將其視為極其複雜的密碼），只有我們自己知道。像現金一樣，我們可以隨心所欲地支配加密貨幣，無論是借給朋友、支付午餐外賣，還是發給員工作為薪酬，但與傳統現金不同的是，由於加密貨幣是數位貨幣，我們可以使用手機上的錢包應用進行支付，或僅透過使用特殊的金鑰，在未來使用其他更方便的數位支付方式。

2.4.2 熱門加密貨幣

1. 比特幣（Bitcoin）

比特幣（BTC）是最初的加密貨幣，由於其在全球的聲譽、安全性以及為其提供支援的龐大社區，它是市場的領導者，也具備重要的數位貨幣研究價值，並時刻受到全世界媒體的關注。越來越多像 Overstock.com 這樣的零售商開始接受比特幣付款，亞馬遜也允許消費者購買加密貨幣的禮品卡，特斯拉公司也可以接受消費者用比特幣購車。目前，比特幣是最有價值的加密貨幣。

2. 以太坊（Ethereum）

雖然比特幣被設計為數位貨幣現金系統，但以太坊（ETH）旨在幫助公司在分散式區塊鏈上部署應用程式。基礎貨幣被稱為以太，為這些應用提供「動力燃料」。以太坊通常被稱為「瑞士刀」並支持多種使用案例，包括售票、託管代理、線上博奕投注等。

3. 瑞波幣（Ripple）

瑞波幣（XRP）是一種數位資產，旨在使金融機構能夠更輕鬆、更便宜地進行全球支付。為了滿足這些機構的需求，這項技術也專注於交易輸送量，並且每秒可以處理比比特幣多 200 倍的交易。瑞波幣已經擁有強大的客戶名單，其中包括 RBC、瑞銀、桑坦德銀行、加拿大帝國商業銀行等十幾家銀行，還有交易所和支付服務提供者。

4. 萊特幣（Litecoin）

萊特幣（LTC）於 2012 年作為比特幣的「精簡版」發佈，使用大部分原始比特幣程式庫建構。它的主要優勢在於它支持比比特幣更快的支付和更多的交易輸送量，能夠在不到一秒的時間內處理全球支付。萊特幣有時被稱為比特幣的「試驗台」，因為它相較比特幣能夠更快、更順利地採用和實施技術進步。

2.4.3 運作方式

區塊鏈是一種支援多種技術的技術，加密貨幣只是其中一種應用。那麼，到底什麼是區塊鏈？

1. Blockchain

區塊鏈（Blockchain）是電腦透過解決複雜的數學問題而生成的。一旦數學問題得到解決，該區塊就是「完整的」。區塊的重要屬性是，如果我們更改其中的任何資訊（如交易交易資料），整個區塊將變為無效或已損壞。解決這一問題的唯一方法是用正確的原始資料替換不正確的資料（不可篡改性）。創建新區塊時，它會從鏈中的前一個區塊中獲取資料，從而創建一個前區塊與當前區塊的連結，所有的交易都被打包放在這樣的連續、不可逆、不可修改的鏈結構上，因此它被稱為區塊鏈。在區塊鏈中，如果任何區塊中的任何資料被更改，則從該點開始的整個區塊鏈將被破壞。我們可以把它想像成一座木塊塔，如果在塔的中間打破一個區塊（block），它上面的所有區塊（block）都會倒塌。修復此「塔」的唯一方法就是校正被篡改的資料。事實上，區塊鏈通常以「高度」來衡量，「高度」是塔中的區塊總數。因此，資料越老，它就越安全。一般來說一旦將足夠的附加區塊增加到鏈中以確保安全性，區塊將被視為「有效」。在加密貨幣系統中，區塊鏈就是用於儲存數位貨幣的不可變交易分類帳基礎設施。

2. Mining

Mining（挖礦）負責將交易綁定在一起，然後解決數學難題。挖礦可能在計算上非常困難，因此需要功能強大的電腦來解決這些難題。電腦需要花錢，需要電力運行。為了激勵人們參與挖礦，挖礦的人（礦工）會獲得工作獎勵，可能是新的幣、交易費或其他。

礦工的一部分工作也是確保交易有效。他們透過確保嘗試發送加密貨幣的人有足夠的加密貨幣來做到這一點——他們可以檢查現有的區塊鏈以確定錢包的餘額。由於區塊鏈可供任何人查看，因此每個錢包所做的每筆交易都是可見的。雖然這可能看起來涉及隱私，因為有人可以追蹤我們錢包的餘額和支出，但實際上我們可以擁有任意數量的錢包，並且選擇特定加密貨幣以提供完全匿名的保障，同時保持區塊鏈的完整性。

3. 分散式分類帳和確認

任何人都可以擁有區塊鏈的備份，因此當礦工成功生成新區塊時，他們會將其通知整個網路，使其接受新區塊或達成共識。其他礦工首先驗證交易——這是一種安全措施，以確保惡意礦工不會嘗試促進無效交易，然後將新區塊增加到最新的區塊鏈。隨著附加區塊增加到鏈中，舊的交易被視為已確認。區塊的確認越多，它就越受信任。當網路驗證交易分類帳時，它被稱為分散式分類帳。這與銀行可能維持的中央分類帳相對立。與銀行的中央分類帳不同，分散式分類帳不容易被駭客攻擊、破壞或偽造。

2.4.4 加密貨幣的安全性

與我們處理資金的任何時候一樣，安全性是最終關注的問題之一。加密貨幣在技術中設計了許多安全措施，以確保個人和整個網路的安全。

在個人層面上，每個錢包都由私密金鑰保護，只有所有者才能存取。錢包還有一個地址，用於交易。要進行交易，我們必須使用私密金鑰數位簽章，以證明所有者正在授權交易。這表示，即使其他人找到我們錢包的地址，他們也無法進行任何交易。但是，如果我們要向某人提供我們的私密金鑰，或他們以某種方式從我們那裡找到它，他們就可以代表我們授權任何交易。這就是私密金鑰保密的最重要原因！

如前所述，區片鏈的基礎技術使得在交易發生後無法編輯。此外，由於審查交易的方式，加密貨幣也不容易受到「雙重支出」問題的影響，即一個人試圖用相同的錢支付給兩個不同的物件。與傳統方法相比，網路安全性的提高使得加密貨幣更安全，因此也更便宜。如果我們回顧一下大多數傳統支付方式的交易成本（例如信用卡商家 1% 的費用），這些費用就是為了抵消詐騙、退款造成的問題，這些問題分散在所有使用者身上。如果我們拿走這些費用，我們可以提供超低成本的交易，有時只需幾十元人民幣的交易費用。

2.5 加密經濟學

加密經濟學是指對抗性環境中經濟互動的研究。在分散的 P2P 系統（點對點網路系統）中，由於不能控制任何集中方，人們必須假設會有不良行為者想要破壞系統。密碼經濟學將密碼學和經濟學相結合，創建了強大的分散式 P2P 網路，儘管攻擊者試圖破壞它們，但這些網路隨著時間的演進而蓬勃發展。這些系統為基礎的密碼學使網路中的 P2P 通訊變得安全，經濟學鼓勵所有參與者為網路做出貢獻以使其隨著時間的演進而不斷發展。

人們普遍存在一種誤解，認為來自類似技術的比特幣和代幣是與歐元、美金等法定貨幣相當的貨幣。比特幣和其他加密代幣其實並不是傳統意義上的貨幣：

（1）從比特幣衍生出來的新資產比特幣和其他原生區塊鏈代幣，與過去的商品貨幣更為相似，而非最先進的法定貨幣。

（2）它們是一種新型經濟體的作業系統，它超越了民族國家的地理邊界。比特幣區塊鏈的協定協調了那些雖互相不了解但彼此信任的民族和國家邊界的人，而不需要經典的中央機構和經典的法律協定。

（3）雖然將比特幣稱為一種貨幣可能會有一些不妥之處，因為它引發了很多爭議，並非完全正確，但比特幣確實與我們所知道的貨幣有相似之處。當我們試圖解釋或討論比特幣、區塊鏈和其他加密經濟技術時，我們面臨的最大挑戰是，我們試圖用舊術語來解釋新現象，這些術語有時不能對新技術進行完美的解釋。為了更加了解比特幣和加密貨幣代表的新技術，我們需要深入研究以下問題：貨幣的作用和功能是什麼？什麼是比特幣或所謂的 Token 呢？

2.5.1 貨幣的功能

貨幣的主要目的是促進經濟體內部和經濟體之間的商品和服務的交換。它使經濟交換比禮品經濟和易貨經濟更有效率，避免了系統的低效率。以下列出了它最重要的功能。

1. 交換媒介

貨幣是一種有效的技術，用於仲介商品和服務的交換，因為它提供了一種工具來比較不同物件的價值。

2. 價值衡量

身為單位，它是衡量商品、服務和其他交易市場價值的標準數位貨幣單位：

（a）報價和討價還價的基礎；
（b）有效會計制度所必需的；
（c）制定涉及債務的商業協定的先決條件。

3. 價值儲存

金錢的儲存必須能夠被可靠地保存、儲存、檢索，並且在檢索時可以預測地用作交換媒介。它的價值必須隨著時間的演進保持穩定，因為高波動性對貿易起反作用，通貨膨脹會降低貨幣價值，並削弱貨幣作為價值儲存的能力。

4. 債務計價單位

如果錢是有狀態的法定貨幣，它是透過作為債務計價單位和接受的方式來解決債務。當債務以貨幣計價時，債務的實際價值可能會因通貨膨脹和通貨緊縮而發生變化。

2.5.2 貨幣的屬性

為履行其各種職能，貨幣必須具備某些特性。

1. 流動性
   易於交易，交易成本低，買賣價格無差價或低價差。

2. 可變性
   貨幣單位必須能夠相互替代。必須平等對待每個通證（物理或虛擬），
   即使它已被前任所有者用於非法目的。

3. 耐久性
   能夠承受重複使用（不會消失或腐爛）。

4. 便攜性
   貨幣必須易於攜帶和運輸。

5. 可認知性
   價值必須易於辨識。

6. 穩定性
   價值不應該波動太大。

2.5.3 貨幣的種類

在現代經濟中，貨幣主要有以下三類：

1. 商品貨幣
   它是一種在當地經濟中具有內在價值和標準價值的物件。價值來自它
   本身：金幣、銀幣和其他稀有金屬硬幣、鹽、大麥、動物毛皮、可
   可、香煙，僅舉幾例。

2. 代表性貨幣

   它是一種交換媒介，代表著有價值的東西，但它本身幾乎沒有價值，如黃金或白銀證書，或由黃金儲備支持的紙幣和硬幣。更通俗的例子還有糧票。

3. Fiat 貨幣

   Fiat 貨幣（不兌換紙幣）沒有像商品那樣的內在物理價值。它在鈔票上的面額大於它的實質內容。法定貨幣屬於 Fiat 貨幣。

2.5.4 Fiat 貨幣

Fiat 貨幣由政府監管建立，類似於支票或債務票據。它透過政府宣佈它是法定貨幣而獲得價值，它的價值本質上是由國家債務來背書。

在現代經濟中，流通中的大多數貨幣不再是鈔票和硬幣的形式，而是為金融工具服務的一些數位帳務記錄。

一個國家的貨幣供應包括貨幣（紙幣和硬幣），以及一種或多種類型的銀行貨幣（支票帳戶、儲蓄帳戶和其他類型的銀行帳戶中的餘額）。銀行資金是迄今為止先進國家廣義貨幣的最大部分。

Fiat 貨幣隨著時間的演進而發展。鈔票和硬幣過去常被用來替代黃金和其他貴金屬等商品。作為代表性的貨幣──黃金的地位在 20 世紀發生了翻天覆地的變化。今天的大多數貨幣都不再與大宗商品掛鉤。中央銀行透過貨幣政策影響貨幣供應，這表示在它在自認為合適的情況下可以印刷或多或少的貨幣。但這一切與比特幣有何關係？什麼是比特幣呢？

2.5.5 比特幣有貨幣屬性嗎

1. 如果有的話，比特幣是商品貨幣，而非法定貨幣

雖然比特幣具有某些貨幣屬性，但它與商品貨幣相當，而非法定貨幣。
只要人們使用比特幣網路進行服務，需要以本地商品（比特幣通證）支
付，該通證本身具有價值，所以加密貨幣的商品屬性變得更加明顯。

2. 分散的生產，價格由供需決定

商品的性質是分散式控制，就像比特幣一樣。沒有任何一個政府或其他
實體控制黃金、白銀、石油等的開採。生產是分配的，這些商品的價
格是由商品市場的供求決定的，這與加密代幣極為類似，如 Kraken、
Bitfinex、Ploniex、Coinbase 等。與法定貨幣相反，政府和中央銀行等單
一的集中實體不會影響比特幣或其他加密代幣的價格。

3. 流動性高於傳統商品

與經典交易所交易的經典商品相比，由於以區塊鏈為基礎的 P2P 匯款的
性質，加密通證（比特幣、以太幣等）具有更高的流動性。直接匯款更
容易，更快捷，更便宜。如果我們不使用銀行或股票經紀人等第三方服
務，匯款本身則完全是 P2P。

4. 價格波動

比特幣不受中央機構的監管，而是由市場供求決定，波動較大。雖然大
多數現代經濟體的法定貨幣具有在外匯市場上確定的波動利率，但國家
機構可以進行貨幣干預，即外匯市場干預或貨幣操縱，作為政府的貨幣
政策操作。政府或中央銀行可以買賣貨幣以換取本國貨幣來操縱市場價
格。為什麼？政府通常更喜歡穩定的匯率，因為過度的短期波動會侵蝕
市場信心，產生額外成本並降低公司利潤，迫使投資者對外國金融資產
進行投資。因此，加密貨幣／資產和法定貨幣之間的最大區別是價格波

動。透過套期保值，一些特殊的被稱為「穩定幣」的加密貨幣開始出現，價格波動可能在不久的將來不成問題。

5. P2P 支付網路

除了與金錢有許多相似之處，底層支付網路還允許我們避開銀行、信用卡公司、PayPal 等。銀行在匯款中的作用被比特幣網路的智慧合約所取代。比特幣沒有集中管理的機構，貨幣政策由比特幣區塊鏈協定中的規則所決定。程式只能透過網路參與者的多數共識進行升級。此中細節更複雜，超出了本書的範圍。雖然比特幣白皮書中的原始願景更加分散，但現實證明，網路參與者可以私下聯合以獲得更多控制權（舉例來説，比特幣礦業池與個體礦工相比有更多優勢）。

2.5.6 加密貨幣經濟的未來

比特幣是一種新的資產類別，並且已經開創了一種新型經濟系統，每個人都可以發行自己的通證。比如，每個人都可以透過幾行程式在以太坊區塊鏈上創建應用程式通證、本機區塊鏈通證，甚至更簡單。有了這項新技術，我們現在可以創造全新的經濟類型，我們可以將行為經濟學模型化為智慧合約，目的是激勵某些行為——比如激勵人們種樹，或鼓勵人們用自行車代替汽車來節省二氧化碳排放量。

加密通證也是一種技術，它允許我們為實物資產創建數字表——所謂的資產支持通證——結果是這些資產現在可以以低得多的交易成本進行交易。未來已來，但大多數人還沒有意識到這一點。截至 2018 年 1 月，大約 1400 個所謂的加密貨幣（均具有不同的屬性和用途）被列在 Coinmarketcap[3] 上。但是，我們仍處於這場革命的最初階段，面前有一些挑戰：

3　一家記錄加密貨幣價格和市值等資訊的網站。

（1）加密資產的價格波動

（2）針對目標的應用型通證的可持續機制設計

（3）關於象徵經濟的通識教育

（4）立法不明確和非合法化（全球角度）

（5）眾所皆知的「金錢」定義

2.6 比特幣中的密碼學

比特幣網路主要使雜湊與數位簽章相結合，透過區塊鏈使用公開金鑰加密來保護資料的完整性。比特幣使用公開金鑰加密，更具體地說，是使用橢圓曲線加密。請注意，其他區塊鏈可能會使用其他的加密技術。舉例來說，一些區塊鏈使用更多的隱私保護密碼術，例如 "Zcash"（零知識證明）和 "Monero"（環簽名）。比特幣社區正在尋找更具隱私性和更具可擴充性的替代加密簽名方案。

2.6.1 比特幣中的雜湊處理

加密 Hash 是一種將大量資料轉為難以模仿的短資料的方法。雜湊主要與數位簽章結合使用。這些功能可確保資料完整性，比特幣網路中的雜湊用於四個過程：

- 編碼錢包地址
- 錢包之間的編碼交易
- 確定和驗證錢包的帳戶餘額；和共識機制
- 工作證明

比特幣網路使用 SHA（安全雜湊演算法），例如 SHA-256。雜湊的重要特性是，如果改變一位輸入資料，輸出會發生顯著變化，這使得大文字檔中的小變化很容易被檢測到。從接下來的範例中可以看出，當我們只更改一個字母時，會生成完全不同的雜湊。這基於所謂的「雪崩效應」，對於驗證資料完整性非常有用。「雪崩效應」描述數學函數的行為，即使輸入字串中的輕微變化也會導致生成的 hash 值發生劇烈變化。這表示在一個廣告中，只要有一個單字，甚至一個逗點發生了改變，整個雜湊就會改變。因此，文件的雜湊值可以作為文件的加密等值物——數位 fingerprint。這就是為什麼單向 hash 函數是公開金鑰加密的核心。在為文件生成數位簽章時，我們不再需要使用寄件者的私密金鑰加密整個文件，這可能會花費大量時間，所以很有必要改為計算文件的雜湊值。

「如何買比特幣？」對應的 SHA-256 句子看起來像這樣：

49c04bf3580376f81232d27c88de48255191f2486335dfd91a0856d216d66caa

如果我們只刪除一個符號，例如問號 " ？ "，雜湊看起來則像這樣：

0ffb7929ea94150e3aa93f06b81daedbaa501c671598236e63a1db32585b4640

2.6.2 比特幣中的公開金鑰加密

將公開金鑰加密技術用於比特幣區塊鏈，主要目的是創建關於使用者身份的安全數位參考。有關「誰是誰」以及「誰擁有什麼」的安全數位參考是 P2P 交易的基礎。公開金鑰加密允許使用一組加密金鑰證明一個人的身份：私密金鑰和公開金鑰。兩個鍵的組合創建了數位簽章。這個數位簽章證明了一個人的代幣所有權，並允許透過一個稱為「錢包」的商品來控制代幣。數位簽章證明了一個代幣的所有權，並允許一個人控制一個人的資金。正如我們手工簽署銀行交易或支票，或我們使用身份驗證進行網上銀行業務一樣，我們使用公開金鑰加密技術來簽署比特幣交易或其他區塊鏈交易。

在公開金鑰加密中，雙方分發其公開金鑰並允許任何人使用其公開金鑰加密訊息。公開金鑰是從私密金鑰數學生成的。雖然從私密金鑰計算公開金鑰非常容易，反過來卻只能用粗暴的力量來實現。猜測鑰匙是可能的，但是代價非常大。因此，如果知道公開金鑰，則不是問題，但私密金鑰必須始終保密。這表示，即使每個人都知道一個人的公開金鑰，也沒有人可以從中獲取一個私密金鑰。現在，訊息可以安全地傳送給私密金鑰所有者，只有該私密金鑰的所有者能夠使用與公開金鑰連結的私密金鑰解密訊息。這種方法也可以反過來。使用私密金鑰簽名的任何訊息都可以使用對應的公開金鑰進行驗證。該方法也稱為「數位簽章」。

公開金鑰的模擬範例是掛鎖的範例。讓我們假設，小明和小李想要私下交流，因此他們都購買掛鎖。如果小李想要向小明發送訊息，但是害怕有人可能攔截並閱讀它，他會要求小明將掛鎖（解鎖）發送給他。小李現在可以將他的信放在一個小盒子裡並用小明發給他的掛鎖鎖上。這封信可以在世界各地發送，而不會被未經授權的人攔截。只有擁有掛鎖鑰匙的小明才能打開這封信。當然，有人可以嘗試打破盒子（蠻力），而非使用鑰匙。這是可能的，但困難取決於盒子的彈性和鎖的強度。

公開金鑰加密中的關鍵問題是，增加從公開金鑰匯出私密金鑰的難度，同時不會導致從私密金鑰匯出公開金鑰的難度同時增加。透過猜測結果來破解加密有多難、猜測私密金鑰需要多長時間，以及它有多貴？私密金鑰由數字表示，這表示數字大，不知道該數字的人就越難猜測。隨著電腦變得更快、更高效，我們必須提出更複雜的演算法，無論是使用更大的數字是發明更具彈性的演算法。

如果猜測一個隨機數需要幾十年的時間，那麼該數字就被認為是安全的。每種加密演算法都容易受到所謂的暴力攻擊，這種攻擊是指透過嘗試所有可能的組合來猜測我們的私密金鑰，直到找到解決方案為止。為了確保難以猜測數字彈性私密金鑰具有最低要求：它必須是（1）隨機生成的數字。一個（2）非常大的數字。它必須使用（3）安全演算法來生成金鑰。隨機性非常重要，因為我們不希望任何其他人或機器使用相同的金鑰，並且人類不善於提出隨機性。

2.6.3 比特幣中的錢包和數位簽章

比特幣網路中的這種數位簽章和類似的區塊鏈是透過錢包進行的。區塊鏈錢包是一種儲存我們的私密金鑰、公開金鑰和區塊鏈地址的軟體，並與區塊鏈通訊。這款錢包可以在電腦、手機或專用硬體裝置上運行。錢包這樣的商品允許管理通證，我們可以透過數位簽章發送通證，以及檢查發送給我們的通證收據。舉例來說，每次發送或接收比特幣時，我們都需要使用儲存在錢包中的私密金鑰對交易進行簽名。隨後，我們的個人帳戶餘額將在分類帳的所有備份上進行調整，它分佈在 P2P 網路的電腦上，也就是區塊鏈。區塊鏈地址與傳統金融交易環境中的銀行帳號具有類似功能。

與手寫簽名類似，數位簽章用於驗證我們的身份。透過將數位簽章附加到交易中，沒有人可以質疑該交易的錢包地址，並且該錢包不能被另一個錢包冒充。私密金鑰用於簽名交易，然後使用公開金鑰來驗證電腦的簽名。

當第一次啟動時，比特幣錢包會生成一個由私密金鑰和公開金鑰組成的金鑰對。在第一步中，私密金鑰是隨機生成的 256 位元整數。然後，比特幣使用橢圓金鑰加密從私密金鑰中以數學方式匯出公開金鑰。這個數學函數以一種方式工作，這表示很容易從私密金鑰生成公開金鑰，但使用反向數學從公開金鑰中匯出私密金鑰將幾乎是不可能的。

使用不同類型的加密函數來匯出地址會增加額外的安全性：如果第一層安全性──橢圓金鑰加密被破壞，那麼擁有公開金鑰的人將能夠破解私密金鑰。這很重要，因為當量子電腦成為現實時，橢圓金鑰加密特別容易被破壞，而在第二層用於匯出地址的雜湊不易受量子電腦粗暴的影響。這表示如果有人擁有區塊鏈地址，並且破解了橢圓金鑰加密，那個人仍然必須透過第二層安全保護，從公開金鑰中獲取地址。這類似於為什麼要鎖兩次自行車，兩個不同的鎖具有不同的安全機制（鑰匙或數位鎖），在街道上鎖自行車時可以增加一層安全性。

與流行的看法相反，區塊鏈錢包不儲存任何通證。它儲存與我們的區塊鏈地址連結的公開金鑰 - 私密金鑰對，但它還記錄了涉及錢包公開金鑰的所有交易。錢包還儲存特殊交易所需的特殊資訊，如多重簽名交易以及一些其他資訊，但它從不包含任何通證。因此，「錢包」這個詞有點誤導。「鑰匙圈」這個詞更合適，因為它充當安全金鑰儲存，並作為區塊鏈的通訊工具。區塊鏈錢包的私密金鑰和我們攜帶的公寓鑰匙有很多的相似之處。如果我們遺失了公寓的鑰匙，公寓仍然是我們的公寓，但只要我們沒有領取鑰匙，我們就無法進入公寓；或找來某些家庭成員、某個鎖匠幫助我們闖入自己的房子，打破公寓的鎖而進入──即轉化為算力攻擊來猜測出錢包的私密金鑰。

我們的私密金鑰必須始終保密，不應與其他人共用，除非我們想讓他們故意存取我們的通證。如果我們遺失了錢包，沒有備份到我們的地址和私密金鑰，或如果我們遺失了私密金鑰，我們將無法獲得資金。通證仍然在區塊鏈上，但我們將無法存取它們。如果我們遺失了託管我們錢包的裝置，或它遺失了，但我們擁有種子子句或私密金鑰的備份，那麼我們的資金將不會遺失。因此，許多人更願意在線上交流中託管他們的代幣。與今天的銀行類似，這些線上交易所充當基金的託管人。從私密金鑰匯出公開金鑰和從公開金鑰匯出地址這兩步過程是只需要備份私密金鑰的原因。

Chapter

03

零知識證明

零知識證明技術是現代密碼學三大基礎之一，由格沃斯（S.Goldwasser）、米加里（S.Micali）及拉科夫（C.Rackoff）在 20 世紀 80 年代初提出（SHAFI GOLDWASSER, SILVIO MICALI, AND CHARLES RACKOFF, 1989.《The Knowledge Complexity of Interactive Proof System》，下載網址：http://crypto.cs.mcgill.ca/~crepeau/COMP647/ 2007/TOPIC01/GMR89.pdf ）。

早期的零知識證明由於其效率和可用性等限制，未得到很好的利用，僅停留在理論層面。

從 2010 年開始，零知識證明的理論研究才開始不斷突破，同時區塊鏈也為零知識證明創造了大展拳腳的機會，使之走進了大眾視野。

零知識證明的英文全稱是 zero-knowledge proofs，簡寫為 ZKP，是一種有用的密碼學方法。

證明過程涉及兩個物件：一個是宣稱某一命題為真的示證者（prover），另一個是確認該命題確實為真的驗證者（verifier）。

所謂「零知識」，表示當證明完成後，驗證者除了獲得對命題正確與否的答案之外，其他資訊一無所知，獲得的「知識」為零。

零知識證明是建構信任的重要技術，也是區塊鏈這個有機體中不可缺少的一環。

什麼是證明？

最早接觸「證明」這個概念，應該是在中學課程中見到的各種相似三角形的證明。當我們畫出一條「神奇」的輔助線之後，證明過程突然變得簡單。其實，證明的發展經歷了漫長時間長河的沉澱。

1. 古希臘時期：證明 = 知其然，更知其所以然

數學證明最早源於古希臘。古希臘人發明了公理與邏輯，他們用證明來說服對方，而非靠權威。這是徹頭徹尾的「去中心化」。自古希臘以來，這種方法論影響了整個人類文明的處理程序。

2. 20 世紀初：證明 = 符號推理

到了 19 世紀末，康托、布林、弗雷格、希伯特、羅素、布勞威、哥德爾等人定義了形式化邏輯的符號系統。而「證明」則是利用形式化邏輯的符號語言編寫的推理過程。邏輯本身可靠麼？邏輯本身「自洽」嗎？邏輯推理本身對不對，能夠證明嗎？這讓數學家 / 邏輯學家 / 電腦科學家發明了符號系統。

3. 20 世紀 60 年代：證明 = 程式

又過了半個世紀，到 20 世紀 60 年代，邏輯學家哈斯卡·咖裡（Haskell Curry）和威廉·霍華德（William Howard）相繼發現了在「邏輯系統」和「計算系統——Lambda 演算」中出現了很多「神奇的對應」，這就是後來被命名的「柯里 - 霍華德對應」（Curry-Howard Correspondence）。這個

發現使得大家恍然大悟，「編寫程式」和「編寫證明」實際上在概念上是完全統一的。

在這之後的 50 年，相關理論與技術的發展使得證明不再停留在草稿紙上，而是可以用程式來表達。這個同構映射非常有趣：程式的類型對應於證明的定理，循環對應於歸納，在直覺主義框架中，證明就表示構造演算法，構造演算法實際上就是在寫程式。（反過來也成立）

目前，在電腦科學領域，許多理論的證明已經從紙上的草圖變成了程式的形式，比較流行的「證明程式語言」有 Coq、Isabelle、Agda 等。採用程式設計的方式來構造證明，證明的正確性檢查可以機械地由程式完成，並且許多重複性的工作可以由程式來輔助完成。數學理論證明的大廈正在像電腦軟體一樣逐步地建構。1996 年 12 月，麥昆（W. McCune）利用自動定理證明工具 EQP 證明了一個有 63 年歷史的數學猜想「Ronbins 猜想」，《紐約時報》隨後發表了一篇題為 Computer Math Proof Shows Reasoning Power 的文章，再一次探討機器能否代替人類產生創造性思維的可能性。

利用機器的輔助確實能夠有效地幫助數學家的思維抵達更多未知的空間，但是「尋找證明」仍然是最有挑戰性的工作。「驗證證明」則必須是一個簡單、機械並且有限的工作。這是一種天然的「不對稱性」。

4. 20 世紀 80 年代：證明 = 互動

時間撥到 1985 年，賈伯斯剛剛離開蘋果，而格沃斯（S. Goldwasser）博士畢業後來到了 MIT，與米加里（S.Micali）、拉科夫（Rackoff）合寫了一篇能載入電腦科學史冊的經典：《互動式證明系統中的知識複雜性》。

他們對「證明」一詞進行了重新的詮釋，並提出了互動式證明系統的概念：透過構造兩個圖靈機進行「互動」而非「推理」，來證明一個命題在機率上是否成立。「證明」這個概念再一次被拓展。

互動證明的表現形式是兩個（或多個）圖靈機的「對話指令稿」，或稱為
Transcript。而這個對話過程中有一個顯性的「證明者」角色，還有一個
顯性的「驗證者」角色。其中，證明者向驗證者證明一個命題成立，同
時還「不洩露其他任何知識」。這種證明方式就被稱為「零知識證明」。

證明凝結了「知識」，但是證明過程卻可以不洩露「知識」，同時這個證
明的驗證過程仍然保持簡單、機械，以及有限。

3.1 拋磚引玉：初識零知識證明

3.1.1 為什麼會有零知識證明？

前面已經學習過，在使用私密金鑰／公開金鑰系統時，永遠不應該曝露私
密金鑰，因為任何獲得私密金鑰的第三方都能夠解密其獲得的每一筆加
密訊息。下面來考慮一種情況：

正常密碼在大部分資料庫中都儲存為雜湊（*Hash*），而非明文。這裡雜湊
指一個函數，會把一個輸入轉換成另一個唯一的字串資料，從而掩飾或
隱藏原始資料。

在雜湊函數中，實際上幾乎不可能從雜湊函數創建的惟一字串反推出
原始資料。舉例來說，系統可以使用 keccak256 雜湊演算法，將密碼
"HappyLearningZKP" 雜湊為 0x8d73022c3e12c1c41d5bdbeb0bac5574b814
301c5353fc72b135a09ccc764f0f。

看看這種字母和數字的組合，即使知道雜湊演算法並使用強大的算力，也
無法倒推出原始密碼 "HappyLearningZKP"。重要的是，雜湊函數在定義
上是決定性的，這表示相同的輸入總是會得到相同的輸出。因此，如果

一個網站將我們的密碼儲存為 0x8d73022c3e12c1c41d5bdbeb0bac5574b8
14301c5353fc72b135a09ccc764f0f，那麼當我們輸入 "HappyLearningZKP"
時，該網站可以透過對其雜湊，並與儲存在資料庫中的雜湊值進行比
較，來檢查我們是否輸入了正確的密碼。

在上面的情景中，請注意：雖然網站不會儲存我們的純文字密碼，但我
們仍然需要透過一個秘密頻道與網站共用密碼，這樣才能證明你知道你
的正確密碼。

如果可以向網站證明我們知道正確的密碼，而又不必向它共用或透露該
密碼，那不是更好嗎？或再進一步：證明以前的那個你就是現在你說的
這個你？

整體來說，這種方法代表了當今大多數產業驗證資訊的方式——需要提
供資訊來驗證它，需要重新執行計算來驗證它是否完整地正確執行。比
如，如果銀行想批准一筆從我們的帳戶到另一帳戶的電子匯款，銀行必
須在轉帳前檢查你的帳戶，來確認你的帳戶中有足夠的錢，以此證明我
們不是在花費你實際不擁有的錢。同樣，如果你想證明自己的身份，你
必須提供你的社會安全號碼或政府簽發的其他身份證明。

而在另一些情況下，不需要知道知識的細節就可以檢查結果。舉例來說，
供應商甲的出價是否高於供應商乙？供應商乙不應該看到供應商甲的出
價，同樣，很可能雙方都不想向客戶以外的第三方揭露自己的出價。這
時，透過零知識證明的方式，監管或稽核機構可以得知，供應商甲的出
價低於供應商乙。

這就是零知識證明：一方（證明者）能夠向另一方（驗證者）證明，自
己擁有某一筆特定的資訊，而又無須揭露該資訊是什麼。

3.1.2 簡述零知識證明在區塊鏈中的應用

在區塊鏈上，假設存在一個中轉地址，記為 AddrExchange，所有人都把 Token 轉到這個地址（AddrExchange），然後，再從 AddrExchange 轉出 Token。中轉地址被使用之後，有心人就可以透過交易金額等資訊，慢慢核心對並反推對應關係來找到交易對象。透過技術手段使得轉入的交易記錄和轉出的交易記錄無法一一對應，也就真正實現了交易的匿名。零知識證明首先在隱藏對應關係的環節就可以起作用。

現在，讓我們把整個區塊鏈系統想像成一個大的中轉地址，所有人都往這個地址裡轉 Token，所有人都從這個地址裡把 Token 轉走。所有參與交易的人之間不需要合作，轉帳隨時可以進行，不需要等待其他交易。如果在整個系統中，歷史上所有的交易都被混合在一起，交易越頻繁，交易數量越多，其匿名性也就越高（逆向複雜度高，時間長）。

那麼，零知識證明是怎樣實現 Token 轉入和轉出的分離，並且同時保持可以被驗證呢？

假設：每個人在轉入 Token 的時候，都會生成一個數字不告訴別人），轉帳的時候在 Token 上附帶一個用這個數字生成的雜湊值 Alpha，寫入區塊鏈帳本系統。在轉出 Token 的時候，只需要向系統證明：

交易者知道一個數字，這個數字生成的雜湊值是 Alpha。

大家經過區塊鏈上的共識，確認這個證明有效之後，就允許交易者把 Token 轉走。因為雜湊值 Alpha 在區塊鏈上，說明轉入的 Token 是確實存在的，而一旦有人知道雜湊值 Alpha 背後的數字，說明其真的是轉入 Token 的交易者。

而零知識證明保證了在交易者整個操作過程中，沒有人知道交易者的數字什麼，也就無法偽裝成交易者把 Token 轉走。

問題來了，上面的這個證明其實並沒有實現轉入交易和轉出交易的隔離。因為交易者在轉出的時候曝露了雜湊值 Alpha，其他人透過雜湊值 Alpha 就可以找到轉入的那筆交易，從而存在把兩筆交易連結起來的可能性。

所以，我們有必要把證明過程再升級一下。因為系統中所有的轉入交易都會附帶一個雜湊值，成了一個雜湊值的列表。交易者的雜湊值 Alpha 也在這個列表中。如果可以證明：

交易者知道一個數字，這個數字生成的雜湊值在系統的雜湊值清單中。

那麼交易者的雜湊值 Alpha 沒有曝露，也就沒人能把交易者的轉入交易和轉出交易連結起來。

上面粗體的兩句話，就是零知識證明可以做到的事情。當然零知識證明不僅可以用作匿名交易，為了更進一步地幫助讀者了解和掌握，我們用具體的實例，透過一些適用的場景來進一步探討零知識證明。

如果對專案實現有興趣，現有匿名交易的實現主要有三類，使用環簽名的比如門羅（Monero），使用零知識證明的 Zcash，還有使用 Mimblewimble 協定的 Grin 等。讀者也可以思考一下，相對於環簽名，零知識證明帶來了哪些收益。後續章節我們也會進一步探討以太坊的運用。

3.2 零知識證明使用場景案例

3.2.1 場景一：萬聖節糖果

故事是這樣的：一年一度的萬聖節到來，小麗和小明分別領取到了一定數量的糖果。他們想知道他們是否收到了相同數量的糖果，卻不想透露糖果的數量，因為他們不想彼此分享。

現在我們假設，他們袋子裡可能裝有 10、20、30 個或 40 個糖果，如圖 3-1 所示。

圖 3-1　萬聖節糖果

這時小明想了個辦法，為了比較他們擁有的糖果數量，小明拿到 4 把鑰匙和盒子，盒子上分別寫上 10、20、30、40，分別對應糖果的數量。小明最後只保留了自己糖果數量跟盒子數字一樣的鑰匙，其他 3 把鑰匙就捨棄了（假設小明只保留了寫著 20 的盒子的鑰匙）。

然後，小麗在 4 張紙條上，其中一張寫上 "+"，另外三張寫上 "-"。然後，把寫有 "+" 的紙條放到跟自己糖果數量是相同數字的盒子裡，其餘紙條放到其他盒子（假設小麗把 "+" 放到寫著 30 的盒子）。

這時，小明回來後打開他有鑰匙的那個盒子（寫著 20），然後看它是否包含 "+" 或 "-" 的紙條。

（1）如果紙條上寫著 "+"，說明兩個人的糖果數量一致。

（2）如果紙條上寫著 "-"，説明兩個人糖果數量不一致，但是並不知道對方糖果的具體數量。

（3）這裡小明看到紙條上寫著 "-"，表示兩人的糖果數量不一樣，但是小明無法知道小麗的糖果數量。這時候，小麗看到小明手上拿著一張寫 "-" 的紙條，那她也知道兩人的糖果數量不一樣，但是也無法知道對方擁有糖果的確切數量。

上面這個過程，就是一個零知識證明。

ZKP（「零知識證明」的英文縮寫）允許我們證明自己在通訊的另一「端」知道某個人的某個秘密（或許多秘密），而沒有實際透露出秘密。術語「零知識」源於以下事實：第一方沒有透露有關機密的資訊（「零」），但是第二方（被稱為「驗證者」）確信第一方（被稱為「證明者」）知道有關機密。

3.2.2 場景二：洞穴

如圖 3-2 所示，R 和 S 之間存在一道密門，並且只有知道咒語的人才能打開它。小明知道咒語並想向小麗證明，但證明過程中又不想洩露咒語。他該怎麼辦呢？

（1）首先兩人都走到 P，然後小明走到 R 或 S。
（2）小麗走到 Q，然後讓小明從洞穴的一邊或另一邊出來。
（3）如果小明知道咒語，就能正確地從小麗要求的那一邊出來。

小麗重複上述過程很多次，直到她相信小明確實知道打開密門的咒語為止。

在這裡，小明是證明方，小麗是驗證方。小明透過上述方法證明了自己確實知道咒語，但是沒有跟小麗透露任何咒語的相關資訊，這一過程也就是零知識證明。

這個例子似乎讓我們想到了什麼——《阿里巴巴和四十大盜》。

阿里巴巴不幸遭遇四十大盜，他如果說出藏有財寶的山洞的咒語，他自然也就沒命了；但是，如果他不能證明自己知道山洞的開啟咒語，也會沒命。阿里巴巴靈機一動，想出了一個辦法，他對強盜們說：「你們必須保持距離我一箭之地，並用弓箭指著我，你們舉起右手我就念咒語打開石門，舉起左手我就念咒語關上石門，如果我做不到或逃跑，你們就用弓箭射死我」。這樣，阿里巴巴就能在距離大盜足夠遠的位置，說出咒語打開石門，同時，大盜們也無法獲知咒語。但是大盜們也眼見為實，看到石門的確被打開，驗證了阿里巴巴的確掌握咒語。這個過程阿里巴巴沒有直接把咒語透露給大盜們，咒語就是有用的資訊。

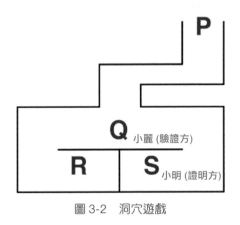

圖 3-2　洞穴遊戲

3.2.3 場景三：數獨挑戰

我們知道數獨是一種邏輯性的數字填充遊戲，玩家必須填數字進每一格，而每行、每列和每個宮（即 3×3 的大格）有 1~9 所有數字且同一個數字行、列、對角線中皆不重複。遊戲設計者會提供一部分數字，使得謎題只有一個答案，如圖 3-3 所示。

3			5		6			8
	1			8		5		
		8			4		7	
2		3						9
		5	3			1		
7					2	8		6
	9		8			4		
		7		4			8	
8			1		5			7

圖 3-3　數獨

小明、小麗、小剛三個好朋友很喜歡玩數獨遊戲。他們三個經常互相出題給對方做。有時候，他們會找來一些非常難的題互相挑戰對方。

1. 你行你證明

一天，小明想出了一道非常難的數獨題，小麗花了很長時間嘗試去解開這個數獨，但是怎麼都解不出結果。小麗覺得小明在耍她，「這題根本就無解！你做給我看看。」她跑到小明那裡抱怨。

「我能證明給你看這題是有解的，而且我知道這個解。」小明淡定地回答道。

小麗想：「等你證明給我看之後，我就把解記下來然後去找小剛，給他也做一下這題。」

不料，小明卻說：「我會用零知識證明的方法給你證明我會這解這道題。也就是說，我不會把解題步驟給你看，卻能讓你信服我確實會解這道題。」

小麗半信半疑，也好奇這個零知識證明的方法。

2. 證明就證明

小明準備了 81（9×9）張空白的卡片放在桌上，每張紙上寫上 1~9 中的數字，然後讓小麗閉上眼睛轉過身去，隨後把這 81 張卡片小心翼翼地按照解的排列放在桌上，代表謎底的卡片，有數字那一面朝下放在桌上；那些代表謎面的卡片，有數字那一面則朝上放在桌上。

3. 隨機抽查驗證

如圖 3-4 所示，放置好所有卡片後，小明讓小麗轉過身，睜開眼。小明對小麗說：「你不能偷看這些面朝下的卡片。」

小麗很是失望，她原本以為可以看到一個完整的解。

小明說:「我能讓你檢驗這些解,你可以隨意選擇按照行,或按照列,或按照 3×3 的九宮格來檢驗我的解。你挑一種吧。」

小麗很困惑,嘴上不住念叨著,然後告訴小明她決定選擇按照行的方法來驗證,小明接著把每一行的 9 張卡片收起來單獨放到一個麻布袋裡。所有卡片都被收起來放在 9 個麻布袋裡(見圖 3-4)。小明接著搖了搖每個麻布袋,把裡面的卡片順序都打散。最後把這 9 個麻布袋交給小麗。

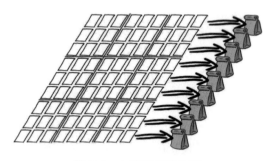

圖 3-4　九宮格與麻布袋

4. 不曝露題解的驗證方法

「你可以打開這些布袋了,」小明對小麗說,「每個布袋裡應該都有正好 9 張,沒有重複數字,分別是數字 1~9 的卡片。」小麗打開每個布袋一看,果真是這樣,如圖 3-5 所示。

圖 3-5　裝有卡片的麻布袋

「可是,這證明不了什麼吧?我也可以這樣做給你看。只要保證每一行都是 1~9 這 9 張卡片,不去管縱列和九宮格裡的數字是不是也都是沒有重複的,不就行了?」小麗費解地問道。

小明解釋說：「可是我事先並不知道你會按照『行』還是按照『列』來收集卡片，或是按照『九宮格』。我又不是你肚子裡的蛔蟲……我是按照題解來放置卡片的。」

小麗仔細想了想小明說的話，確實，一個數獨只有在有真正正確的解的情況下，才能保證每一行、每一列、每一個九宮格裡的數字都是沒有重複的 1~9。小明如果真的在騙她，隨機抽查至少有 1/3 的機率可以抓到他在騙人。

5. 不信！隨機驗證多試幾次

小麗心裡還是有些不服，覺得小明仍然有欺騙她的可能性，所以要求小明再把卡片復原，按照原來的方法，重新選。這樣反覆驗證了幾次，每次都選一個不一樣的試驗方法。試了好多次都是一樣的結果。小麗這下不得不承認，小明不是運氣非常非常好，每次都能押中小麗會選擇哪種試驗方式，就是他確實知道題的解。同時也很失望，這麼多次試驗下來，也還是不知道真正的解，她只知道小明放置卡片的排列裡大機率每行、每列、每個九宮格都是沒有重複的數字，這就說明這題是大機率有解的，同理得證，小明很可能確實知道數獨的解。

小剛在看了這種零知識證明的方法後，三個好友養成了透過零知識證明去證明自己知道數獨題的解的習慣。畢竟每個人在解題的時候都花了很大工夫，不想輕易地把題解直接告訴別人。雖然每次零知識證明的過程很花時間，但是他們的成就感獲得了滿足。

6. 席捲全球的數獨風暴

透過網際網路，小明和小麗發現了全世界更多的數獨同好，他們決定開一個直播間，直播解數獨。為了展現自己的聰明才智，每週開播前，小明在粉絲團裡隨機取出一個粉絲遞交的數獨，直播時，小明會把題解告訴小麗，然後由小麗用零知識證明的方法向觀看直播的人們證明這題有解，並且自己知道題解。

7. 作弊風波

這一天，小明和小麗準備直播一個非常難的數獨，可是小明發現他把解出的答案忘在自己家了。時間緊迫，要重新算一遍一定趕不上開播的時間。但是他和小麗還是決定開播。開播前，小明和小麗説：「我們假裝弄一弄零知識證明，我告訴你等一下我會怎麼選試驗方式。你只要確保每次我選的那種試驗方式（每行、每列或每個九宮格）裡的數字不要重複就行。」

小麗同意了。

事後，小明和小麗把他們這次作假的方法告訴了小剛，小剛很失望地斥責他們：「你們這樣做和作弊有什麼區別？對得起支持你們的人嗎？我再也不相信你們的零知識證明了！」

8. 非互動式證明（Non-interactive Proofs）

小剛很不爽。他很享受之前和小明、小麗一起挑戰數獨的樂趣，但是，現在的他覺得無法信任小明和小麗。小剛想找到另一種方法來保證直播中的小明和小麗不能再這樣作假。冥思苦想之後，小剛告訴小明、小麗，他終於想到了一個好方法。小剛把自己關在屋裡忙了一整天，第二天他把小明、小麗叫來，給他們展示自己的新發明：零知識數獨非互動式證明機—— "The Zero-Knowledge Sudoku Non-Interactive Proof Machine"（zk-SNIPM）。

這台機器基本上就是把小明和小麗之前做的那套證明自動化，不再需要人為互動。小明只要把卡片放在傳送帶上，機器會自動選擇按行、列或九宮格來收取卡片，放到袋子裡打亂順序，然後把袋子透過傳送帶再送出來。然後小明就可以當著鏡頭的面拆開袋子展示裡面的卡片。

這台機器有一個主控台，打開裡面是一串旋鈕，這些旋鈕用來指示每次試驗的選擇（行——Rows、列——Columns、九宮格——Blocks），如圖 3-6 所示。

圖 3-6　非互動式機器

小剛已經設定好了試驗的序列，然後把主控台焊死，以保證小明和小麗不會知道他到底選擇了哪一個試驗序列。

小剛可以完全信任自己這台機器，他放心地把機器交給小明和小麗，讓他們下次直播就直接用這台機器來證明。

9. 魔法盒子的開啟儀式

小明和小麗很羨慕小剛有這台機器，並且也想用這台機器來驗證小剛自己出的數獨題。問題來了，小剛如果知道自己選了什麼樣的試驗序列，那麼，用這台機器去驗證小剛自己的數獨題解，小剛就可以作弊。

怎麼解決這個問題呢？其實也非常簡單，只要把大家聚集起來，共同把主控台重新打開，然後由大家一起來設定主控台上的試驗序列即可。這個過程可以稱之為「可信任的初始設定儀式」（Trusted Setup Ceremony）。

為了增加隨機性和保密性，如果把這台機器放在一個漆黑的房間裡，並且把旋鈕上的指示貼紙也都撕去。三人分別進入到這個屋子，大家進房間時蒙上眼睛來減少作弊的可能性。這樣，最後這些旋鈕所代表的試驗序列他們三個人基本上就都沒有辦法知道。即使他們三個人中有兩個人事先商量好自己會怎麼選，他們也無法得知第三個人會怎麼選，從而沒有辦法作假。等儀式結束之後，他們一起把主控台焊死，這樣至少比原來的可信度增加了不少。

10. 如何破解魔法盒子？

有那麼一天，小明在家守著這台機器。他開始反思它是不是像大家認為的那樣安全可靠。過了一會兒，他開始嘗試給機器故意傳送一些假的題解（只保證每行、每列或每個九宮格的數字不重複），試圖透過這種試錯來找出機器裡設定的試驗序列。慢慢反覆嘗試，終於把機器裡的試驗序列都推斷出來了。他既興奮又沮喪，如何能設計一個更好的證明機呢？

11. 故事的本質

看到這裡，相信讀者又鞏固了對零知識證明的基本認知：零知識證明的本質，就是在不曝露我所知道或擁有的某樣東西的前提下，向別人證明我有很大機率（零知識證明說到底是一個機率上的證明）確實知道或擁有這個東西。

故事裡要證明的，就是一個數獨題的題解，小明讓小麗每次隨機取出行、列、九宮格的卡片，並收集在一起隨機打亂，小麗透過拆開袋子並不能知道題的解，但是卻能相信小明很大機率知道題的解。

本場景中的 zk-SNIPM 也是暗指零知識證明現在最普遍的 zk-SNARKs（Zero-Knowledge Succinct Non-Interactive Argument of Knowledge）演算法。zk-SNIPM 還有改進的空間，比如用一台掃描器把第一次卡片的組合就全掃描下來，然後一次性同時驗證所有的試驗序列。這樣就很難用試錯的方式來破解機器。

小明和小麗最開始的那種互動式證明方法暗指的是互動式零知識證明（interactive zero-knowledge proof）。互動式零知識證明需要驗證方（小麗）在證明方（小明）放好答案（commitment）後，不斷發送隨機試驗。如果驗證和證明雙方事先串通好，那麼他們就可以在不知道真實答案的情況下作弊（simulate/forge a proof）。

非互動式證明則不需要這種互動，但會額外需要一些機器或程式，並且需要一串試驗序列，這個試驗序列不能被任何人知道。有了這麼一個程式和試驗序列，證明機就能自動算出一個證明，並且能防止任何一方作假。

這裡需要再升級一下，透過同態加密的方法，把取樣點隱藏起來，把加密後的點寫入區塊鏈，一樣可以完成驗證，同時還不曝露取樣點。這樣就形成了最終的 zk-SNARKs。

zk-SNARKs 目前也存在很多已知的問題，比如：第一步從函數到代數運算式再到多項式的轉換過於複雜，實際操作起來難度太高。取樣點的生成仍然需要依賴一個可信的操作方。這個操作方知道取樣點，可以偽造任何證明（這也是 Zcash 引入 Trusted Setup 的原因）。這個設定的過程需要在系統初始化的時候完成。如果在以太坊上，我們部署了一個新的函數，就沒辦法透過鏈上的方法完成這個安全的初始化，這也間接限制了其應用。

而技術的問題最終總會被技術升級所解決。零知識證明為區塊鏈帶來保護隱私的特性，有可能帶來區塊鏈的下一個爆發點。

Zcash 是在 2016 年 10 月 28 日推出的一種新的加密貨幣。它是一個比特幣的複製，來自比特幣程式庫 0.11 的分叉，Zcash 透過增加完全匿名交易的附加功能與比特幣、以太坊區分開來。因此，Zcash 被譽為「不可追蹤的」加密學貨幣。

Zcash 為了實現匿名交易，採用了零知識證明的密碼學和電腦科學分支技術。即使是這個世界上最聰明的數學家也將零知識證明描述為「月球數學」，全球只有少數專門的研究人員對零知識證明運作細節有完全的了解。

零知識證明透過在公共 Zcash 區塊鏈上創建匿名交易來實現 Zcash 的「不可追蹤」。Zcash 上加密的交易隱藏了寄件者和收件人的地址，以及一個地址發送給另一個地址的價值。這是獨一無二的，因為迄今為止，其他區塊鏈會顯示從一個地址到另一個地址的價值傳輸，並且區塊鏈上的任何人都可以看到此交易的值。與其他區塊鏈不同，Zcash 使用者可以完全隱藏交易，唯一公開的是在某個時間點發生了某件事。

發送 Zcash 的地址都是匿名的，這表示如果你不知道他們的實際身份或真實世界的地址，則無法看到貨幣從哪裡流入或流出。

3.2.4 場景四：一個「真實世界中」的案例

某電信業巨頭打算部署新一代的 5G 電信網路。這個網路的結構如圖 3-7 所示。圖中的每個頂點代表一個無線電塔，每一條連線（邊）代表無線電塔訊號兩兩重疊的區域，這表示連線上的訊號會互相干擾。

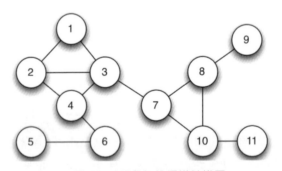

圖 3-7　重疊無線電塔結構圖

這種重疊的情況是有問題的，這表示來自相鄰電塔的訊號會互相混淆。幸好在設計之初預見了這個問題，現在通訊網路允許傳遞三種波段的訊號，這樣就避免了臨近電塔訊號干涉的問題。

不過現在我們有了新的挑戰！這個挑戰來自我該如何部署不同的波段，使得任意相鄰的兩個電塔不具有相同波段。我們現在用不同顏色來表示不同波段，可以很快找到一種解決方案，如圖 3-8 所示。

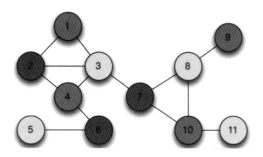

圖 3-8　相鄰電塔用不同波段來避開重疊

到目前為止，這個難題就是著名的演算法問題——三色問題（graph three-coloring）。這個問題有趣的地方在於：某些非常龐大的網路中，我們很難找到解，甚至連證明問題有解都辦不到。

如果只是上面給的這種範例圖，我們用人工計算就能輕鬆找出題的解。但是，如果無線通訊網路規模特別複雜而龐大，動用企業正常所有能轉換的運算資源都無法找到解答的情況下，該怎麼處理呢？

假設某個乙方公司動用了大量的算力來尋找有效的著色方法。當然，在電信公司得到確實有效著色方法之前，並不打算付錢給乙方。同樣的，對乙方來說，在電信公司付款之前，也不願意列出著色方法的真正備份。因此雙方就會陷入僵局。

Google 工程師向在麻省理工學院的米加里（Micali）等人進行了諮詢，同時想出了一種非常聰明而優雅，甚至不需要任何電腦的方法來打破上述的僵局。只需要一個大倉庫、大量的蠟筆和紙張，以及一堆帽子。

首先，電信公司先進入倉庫，在地板上鋪滿紙張，並在空白的紙上畫出電塔圖。接下來離開倉庫，換 Google 工程師進入倉庫。Google 工程師先從一大堆的蠟筆中，隨機選定三個顏色（與上面的例子一樣，假設隨機選中紅色／藍色／紫色），並在紙上照著自己的解決方案著色。請注意，用哪種顏色著色並不重要，只要著色的方案是有效的就行！

Google 工程師們著色結束後，在離開倉庫前，會先用帽子把每張紙上的電塔蓋住。所以當電信公司回到倉庫的時候，會看到如圖 3-9 所示的介面。

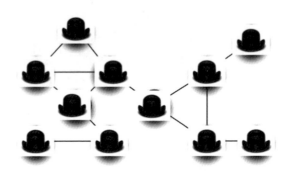

圖 3-9　Google 對著色方法進行保密

顯然的，這種方法確保了 Google 著色方法的秘密性。但是如何證明進行了有效的著色呢？

Google 工程師們決定給我機會「挑戰」他們的著色方案。電信公司被允許隨機選擇圖上的一條邊（兩個相鄰帽子中間的一條線），然後要求 Google 工程師揭開兩邊覆蓋著的帽子，讓我看到他們著色方案中的一小部分，如圖 3-10 所示。

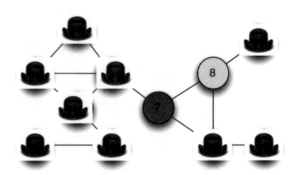

圖 3-10　局部檢驗去重性

這樣做，會產生兩種結果：

（1）如果兩個點顏色相同（或是根本沒有被著色！），則表明 Google 工程師們對我撒謊。

（2）如果兩個點顏色不同，那麼 Google 工程師可能沒有撒謊。

即使我剛才進行了一輪觀察，畢竟我只揭開兩頂帽子，只看到兩個點，仍然不能保證 Google 工程師所給的方法是有效的。假如圖上有 E 條不同邊，在目前條件下 Google 仍有很大的可能是給了一個無效的著色方案。實際上，在經過一次揭帽觀察後，仍有高達 $(E\text{-}1)/E$ 的機率會被騙（假如有 1000 條邊，有 99.9% 的機率這個方案無效）。

那就再一次、重新進行觀察！

再次走出倉庫，讓他們重新鋪上新的紙張，並把空白的電塔圖畫上。Google 工程師再次從大量蠟筆中隨機選出三種顏色進行著色。再次完成有效著色方案，但使用新的三種隨機顏色。接著又蓋上帽子。

電信公司走進倉庫再一次進行「挑戰」，選擇一條新的、隨機的邊。上述邏輯再一次適用。如此持續反覆 n 次，那麼如果 Google 工程師作弊，他必須連續 n 次都這麼幸運。這當然有可能發生，但發生的可能性相對較低。現在 Google 工程師連續兩次都騙到我的機率為 $[(E\text{-}1)/E] * [(E\text{-}1)/E]$（在 1000 條邊的情況下，大約有 99.8% 的可能性，還是很高）。

電信公司被騙的機率總會存在，即使機率很小。但經過大量的疊代後，最終可以將信心提升到一個程度，那時候 Google 工程師只剩下微不足道的機率可能騙到我，這機率低到我可以安全地把錢交給 Google 工程師。

在這個過程中，Google 工程師同樣受到保護。即使電信公司試圖在挑戰的過程中推敲出正確的著色方案，那也不要緊。因為 Google 工程師在每一次疊代前隨機更換三種新的顏色，這讓電信公司獲得的訊息毫無幫助，每次挑戰的結果也無法被串聯起來。

1. 是什麼讓它「零知識」的

最難說明的就是「零知識性」。為此,必須進行一項非常奇怪的思想試驗。

從一個假設開始。假如 Google 工程師花了數周時間,仍然沒有想出著色問題的解決辦法。現在只剩下 12 小時就得展示了,絕望使人瘋狂,他們決定誘導電信公司相信他們已經完成有效的著色,而實際上並沒有完成。

怎麼辦呢?他們潛入 Google X 研究室,並「借用」Google 時光機的原型機。最初想將時間倒退幾年,這樣可以獲得更多時間來解決問題。不幸的是,這台原型機有限制,只能倒退四分半鐘的時間。

雖然使用時光機獲得更多工作時間的想法已經不可行,但這有限的功能已經足夠完成欺騙。

因為 Google 工程師們實際上不知道正確的著色方案,只能直接從大量蠟筆中隨機選出顏色來塗,然後蓋上帽子。如果足夠幸運,電信公司在挑戰時選中不同顏色點,他們就可以鬆口氣然後繼續進行挑戰,依此類推。萬一某次挑戰揭開兩頂帽子時,發現兩個相同顏色的點!他們就用時光機挽回頹勢——讓時間倒退四分半鐘,然後再以新的完全隨機方式著色。接著時間正常前進,挑戰將繼續進行。

時光機讓 Google 工程師可以挽回在欺騙過程中的任何失誤,同時讓電信公司誤以為這個挑戰過程完全符合規則。從 Google 工程師的角度來看,造假被發現的情況只有 1/3,所以整個挑戰時間只會比誠實情況下(即知道有效解答)的挑戰時間稍微長一點;從電信公司的角度來看,會認為這是完全公平的挑戰,因為電信公司並不知道時光機的存在,所以看到的每一次挑戰結果,都會認定這就是真實的!而統計結果也完全一致。(在時光機作弊的情境下,Google 工程師們絕對不知道正確著色方案。)

2. 這到底說明了什麼

請注意，上例其實是一個電腦模擬的例子。在現實世界中，時間當然不能倒退，也沒有人能用時光機器騙我，所以以帽子為基礎的挑戰協定是合理且可靠的。這表示在 E^2 輪挑戰後，電信公司應該相信蓋著的圖是被正確著色的，同時 Google 工程師們也遵守協定規則。

如果時間不只能夠前進——特別的是 Google 能「倒退」我的時間，那即使他們沒有正確的著色方案，他們仍然能使挑戰正常進行。

從電信公司的角度出發，這兩種情況有什麼區別？考慮從這兩種情況下的統計分佈，會發現根本沒有區別，兩者都表達了相同量級的有效資訊。這恰好證明了下面這件非常重要的事情。

假設電信公司（驗證者）在正常挑戰協定過程中，有辦法「提取」關於 Google 正確著色方案的相關資訊。那麼當電信公司被時光機愚弄的時候，驗證者的「提取」策略應該仍然有效。但從驗證者的角度來看，協定運行結果在統計學上毫無二致，驗證者根本無法區別。因此，如果驗證者在「公平的挑戰」和「時光機實驗」下，所能得到的資訊量相同，且 Google 在「時光機實驗」中投入的資訊量為零，則證明即使在公平的挑戰下，也不會透露任何相關資訊給驗證者知道。

3. 拋開帽子和時光機

在現實世界中一般不會想使用帽子來驗證協定，Google（可能）也沒有真正意義上的時光機。

為了將整件事情串起來，我們先把這個協定放到數位世界。這需要我們建構一個相當於「帽子」功能的等值物——它既能隱藏數位價值，又能同時「綁定」（或「承諾」）創建者，這使得事實被公佈後他也不能不認帳。

幸運的是，我們恰好有這種完美的工具。這就是所謂的數位承諾方案。這個方案允許一方在保密的情況下「承諾」列出的資訊，然後再「公開」承諾的資訊。這種承諾可以有很多結構組成，包含（強）加密雜湊函數。

我們現在有了承諾方案，也就有一切電子化運行零知識證明的要素。首先證明者可以將每個點以數位資訊形式「著色」（例如以數字 0,1,2…），然後為每個數位資訊生成數字承諾。這些數字承諾會發送給驗證者，當驗證者進行挑戰的時候，證明者只需要展示對應兩個點的承諾值就行。

所以，我們已經設法消除帽子了，但如何證明這個過程是零知識的？

我們現在身處數位世界，不再需要一台時光機證明與此相關的事。其中的關鍵在於數位世界中，零知識證明協定不是在兩個人之間運行，而是在兩方不同的電腦程式上運行（或更規範地說，是機率圖靈機）。

現在可以證明下面的定理：如果你能做出一套程式，使得驗證者（電腦）能夠在挑戰過程中」提取「額外的有用資訊，則我們就有辦法在程式中加入「時光機」的功能，使得它能夠在證明者沒有投入任何資訊的情況下（註：即 Google 工程師沒有正確解），從「假」的挑戰過程獲得等量的額外資訊。

因為現在討論的是電腦程式，回覆、回覆等倒退時間的操作根本不是難事。實際上，我們在日常使用上就不斷在回覆程式，比如帶有快照功能的虛擬機器軟體。

即使沒有複雜的虛擬機器軟體，任何電腦程式也都可以回覆到先前狀態。我們只需要重新開機程式，並提供完全相同的輸入即可。只要輸入的所有參數（包含隨機數）都是相同的，程式將永遠按照相同的執行路徑操作。這表示我們可以從頭開始運行程式，並在需要的時間點進行「分叉」（forking）。

最終我們得到以下定理：如果存在任何的驗證者電腦程式，它可以透過與證明者的協定互動過程中提取資訊，那麼證明者電腦同樣可以透過程式回覆來「欺騙」驗證者——即證明者無法透過挑戰，卻以回覆的方式作弊。我們已經在上面列出了相同的邏輯：如果驗證者程式能從真實的協定中提取資訊，那麼它也應該能從模擬的、會回覆的協定中獲取等量的資訊。又因為模擬的協定根本沒有放入有效資訊，因此沒有可提取的資訊。所以驗證者電腦能提取的資訊一定始終為零。

4. 我們到底知道了什麼

根據上面的分析，我們可以知道這個協定是完整且可靠的。該論點的可靠性在我們知道沒有人玩弄時間的前提下都是站得住腳的。也就是說，只要驗證者電腦正常運行，並且保證沒有人在進行回覆作弊的話，協定是完整且可靠的。

同時我們也證明這種協定是零知識的。我們已經證明了任何能成功提取資訊的驗證者程式，也一定能從回覆的協定運行中提取資訊，而後者是沒有資訊放入的。這明顯自相矛盾，間接論證該協定在任何情況下都不會洩露資訊。

這一切有個重要的好處。比如，在 Google 工程師向我證明他們有正確的著色方案後，我也無法將這個證明過程轉傳給其他人（如法官）用以證明同樣的事，這使得偽造協定證明變成了不可能的事。因為法官也不能保證我們的視訊是真是假，不能保證我們沒有使用時光機不斷回覆修改證明。所以零知識證明只有在我們自己參與的情況下才有意義，同時我們可以確定這是即時發生的。

5. 證明所有的 NP 完全問題 [1]

我們講了半天的三色電信網路，其實並不有趣——真正有意思的地方在於，三色問題屬於 NP 完全問題。簡單來說，這件事的奇妙之處在於任何其他的 NP 問題都可以轉化為這個問題的實例。在一次不經意的嘗試下，格雷奇（Goldreich）、米加里（Micali）和威德森（Wigderson）發現「有效的」零知識證明大量存在於這類問題的表述中。其中的許多問題比分配網格問題有趣得多。你只需要在 NP 問題中找到想要證明的論述，比如上面的雜湊函數範例，然後轉化為三色問題，然後再進行數字版的帽子協定就行啦！

單純為了興趣來運行這項協定，對任何人來說都是瘋狂的——因為這樣做的成本包含原始狀態和證人的規模大小、轉化為圖形的花費，以及理論上我們必須運行 E^2 次才能說服某人這是有效的。

所以我們迄今展示的，是要表達這種證明是「可能的」。我們仍然需要找到更多的實例來支撐零知識證明的可用性，還好，區塊鏈的世界裡不乏這樣的例子。

3.3 零知識證明的應用發展

讓我們先從以太坊的應用進展說起。

要想成功解決公鏈的可擴充性問題，不僅要做到提高交易輸送量。區塊鏈世界裡所謂的可擴充性，就是系統要能夠在滿足數百萬使用者的需求的同時，不以去中心化為代價。而加密貨幣能大規模普及的前提條件是速度快、費用低、使用者體驗流暢，並且能保護隱私。

1　NP 完全問題指無法在多項式時間內解決的問題。

在沒有技術突破的情況下，現有的可擴充性解決方案不得不在一個或多個條件上做出重大妥協。幸運的是，零知識證明技術的最新進展為我們帶來了更多新的解決方案。

Matter Labs 團隊宣告了 ZK Sync 的願景：以 ZK Rollup 為基礎的免信任型可擴充性和隱私性解決方案，旨在帶來絕佳的使用者和開發者體驗。ZK Sync 的開發者測試網路也已經上線。

ZK Sync 旨在將以太坊上的輸送量提高到像 VISA 那樣，每秒可達幾千筆交易，同時又能確保資金像儲存在底層帳戶那樣安全，並維持較高水準的抗審查性。該協定的另一個重要方面，是延遲性極低：ZK Sync 上的交易具有即時經濟確定性。

專案遵行精益設計理念，並支援以循序漸進的方式推進協定，按順序逐一引入各個功能，讓每個步驟都能為使用者帶來最實際的價值。從最基礎的部分（安全性）開始，首先聚焦於基礎可擴充性（代幣轉移），然後是可程式化性（智慧合約），最後是隱私性。

ZK Sync 特性一覽：

- 嚴格持平於 L1 的安全性
- VISA 等級的輸送量
- 微秒級交易確認速度
- 抗審查，抗 DDoS 攻擊
- 隱私保護型智慧合約

3.3.1 區塊鏈擴充的挑戰

在沒有得到真正的普及之前，網際網路貨幣、DeFi、Web 3.0 等區塊鏈概念的價值主張在很大程度上都無法實現。

可擴充性指的不僅是交易輸送量，還有區塊鏈系統是否能夠滿足數百萬使用者的需求。

我們來看一看將區塊鏈推向大眾所面臨的三大挑戰。

3.3.1.1 挑戰一：保持去中心化的信任基礎

要想在現實生活中推廣區塊鏈，目前去中心化程度最高的區塊鏈在交易處理量上比現有的交易技術還差了一個數量級。比特幣網路每秒能處理幾筆交易，以太坊網路每秒能處理幾十筆交易——而 VISA 平均每秒能處理兩千多筆交易。

但是，對於比特幣和以太坊而言，低效是一種特色，而非缺陷！只要減少驗證者的數量，就能輕而易舉地加快交易處理速度。作為兩大頂尖區塊鏈網路，比特幣和以太坊上大量的全節點是它們最重要的資產。因此，這就為區塊鏈帶來了強韌性，從根本上將其與現有金融機構區別開來。

另一個熱門的擴充方案就是，要求每個驗證者只驗證一部分相關的區塊鏈流量，而非全部流量。但這難免會引入另外的信任假設，系統所依據的博弈論基礎也會變得極為脆弱。

3.3.1.2 挑戰二：實現真正的隱私性

現實世界中，絕大多數人都不會願意自己轉移財富的交易往來公之於眾。畢竟這是隱私資料。在某些動盪地區，如果曝露自己擁有多少財產的話，就不可能願意用加密貨幣來完成支付。再比如，如果付款時有可能曝露自己的真實身份，生產或消費成人內容的人就不可能使用加密貨幣來代替其他支付方式，如支付寶、微信支付等。

此外，鏈上交易在不具備保密性的情況下，《通用資料保護條例》（GDPR）和《2018 年加州消費者隱私法案》（CCPA）之類的隱私條例，會促使普通企業從公鏈轉向更加中心化的支付和金融中心，這會讓我們這個日益無現金化的社會變回成電影裡演繹的《楚門的世界》或《關鍵報告》。

誰想要財務隱私？

財務隱私合法使用案例的範圍很廣。事實上，財務隱私對世界上發生的大多數交易來說可能是需要的。

例如：

- 一家公司不想讓競爭對手知道自己的供應鏈資訊。
- 明星不想被公眾知道自己正在支付向破產律師或離婚律師諮詢的費用。
- 一個家庭因為害怕被歧視，希望對雇主和保險公司隱瞞他們的孩子有慢性病症或遺傳問題的事實。
- 一個富有的人不希望犯罪分子了解他的行蹤以及試圖勒索他的財富。
- 交易櫃檯或不同商品的買賣雙方之間的其他中間商公司希望避免交易被切斷。
- 銀行、對沖基金和其他類型的交易金融工具（證券、債券、衍生工具）的金融實體；如果其他人可以弄清楚它們的倉位或興趣所在，那麼此資訊會使此交易者處於劣勢，影響它們順利交易的能力。

隱私性是普及區塊鏈的必備條件

但是在公鏈上很難實現隱私性，原因有以下三個方面。

（1）隱私性必須是協定的預設設定。引用以太坊創始人 Vitalik Buterin 的話來說，「如果隱私模型的匿名集是中等大小，實際上就只有很小。如果隱私模型的匿名集很小，實際上就約等於沒有。只有全球化的匿名集才是真正強健可靠的」。

（2）要讓隱蔽交易成為大家的預設選擇（普及），隱蔽交易的交易費用必然要保持非常低，但是在技術上，隱蔽交易必將帶來高昂的計算成本。

（3）隱私模型必須具有可程式化性，因為現實世界的使用案例不僅侷限於轉帳，還需要帳戶恢復、多簽和消費配額等。

3.3.1.3　挑戰三：達到符合預期的使用者體驗

現實世界的產品競爭是激烈、殘酷的。產品經理都很願意遷就使用者來進行產品體驗、互動的設計。使用者越來越喜歡輕鬆、輕量的使用者體驗，享受即刻帶來的滿足感，卻會無意之間忽略了長尾風險。要想驅動使用者從熟悉的事物切換到新事物，這需要非常強大的驅動力，無論是利益驅動還是結果驅動。對一些人來說，加密貨幣的價值主張（徹底的自主產權、抗審查性和健全貨幣）就已經有足夠的吸引力。但是這些先行者或極客很可能已經入場了。加密貨幣若要實現當初的承諾，其使用者群眾的規模就算不用數十億，也要有數百萬才行。

如果要吸引數百萬主流使用者，需要為他們提供符合乃至超出期望的使用者體驗。也就是說，必須持續不斷地提供全新的功能，還要尊重保留人們已經習慣的、傳統網際網路產品的所有便利屬性，即「快速、簡單、直觀且具有容錯性」。

3.3.2　ZK Sync 的承諾：免信任、保密、快速

下面從技術角度，讓我們來看看 ZK Sync 的架構、設計原則以及協定的良好特性。

1. 安全性：紮根於 ZK Rollup

ZK Sync 是以 ZK Rollup 為基礎的概念架設的。

簡而言之，ZK Rollup 是一種二層（Layer 2）擴充方案，所有的資金都儲存在主鏈上的智慧合約內，計算和儲存則在鏈下執行。每創建一個新的 Rollup 區塊，就會生成一個狀態轉換的零知識證明（SNARK），並提交給主鏈上的合約進行驗證。這個 SNARK 包含了對 Rollup 區塊中所有交易有效性的證明。此外，每個區塊的公開資料更新，都會作為便宜的 calldata 發佈到主鏈上。

該架構提供了以下保證：

（1）Rollup 驗證者永遠不能破壞狀態或竊取資金（注意，這裡不同於側鏈）。

（2）即使驗證者不配合，使用者也可以追回 Rollup 上的資金，因為 Rollup 具備資料可用性（注意，這裡不同於 Plasma）。

（3）得益於有效性證明，無論是最終使用者，還是可信的第三方，都不需要透過線上監視 Rollup 區塊來防止詐騙（注意，這裡不同於使用錯誤性證明的系統，例如支付通道或 optimistic rollup）。

綜上所述，ZK Rollup 嚴格繼承了底層鏈的安全保障。正是有了這種安全保障，再加上豐富的以太坊社區和現有的基礎設施，以太坊才決定專注於二層解決方案，而非試圖架設自己的底層鏈。感興趣的讀者可以去繼續了解 ZK Rollup 和 Optimistic Rollup 之間的區別，會更有收穫。

Matter Labs 在過去的一年以來都在研究 ZK Rollup 技術。自首個原型發佈以來，團隊已經全部重新定義了架構和 ZK 的電路。最新的版本融合了從社區獲得的回饋，並實現了各種可用性和性能改進。

簡單概括一下，ZK Rollup 實現的安全性表現在以下幾點：

- 完全的免信任性
- 具備與底層鏈（以太坊）同樣的安全保障
- 第一次確認之後，就具有由以太坊背書的確定性

2. 可用性：即時交易

儘管大家樂觀相信，但是仍然還需要證明的是：ZK 證明技術的最新發展成果將縮短證明時間，將 ZK Rollup 區塊的出區塊時間控制在一分鐘之內。一旦區塊證明被提交到主鏈，並在 Rollup 智慧合約中驗證通過，這個區塊內的所有交易都會得到最終確定，並且受到 Layer-1 抵禦鏈重組的能力保護。

儘管如此，就零售和線上支付領域而言，以太坊上 15 秒的區塊延遲也有些不可接受，如何才能夠做得更好呢？

所以，大家打算在 ZK Sync 中引入即時交易收據（instant tx receipts）。

簡單來説，那些選擇參加 ZK Sync 區塊生產的驗證者，必須向主網上的 ZK Sync 智慧合約提交一筆可觀的安全保證金。由驗證者達成的共識會提供給使用者微秒級確認，確保其交易包含在下一個 ZK Sync 區塊內，並由絕大多數（2/3 以上）的共識參與方簽署（按權益加權）。

如果一個新的 ZK Sync 區塊被創建出來並提交到主鏈上，它是無法被撤回的。但是，如果這個區塊不包含已承諾的交易，則簽署過原始收據和新區塊的驗證者，其安全保證金會被罰沒。這部分驗證者所質押的保證金必定超過總金額的 1/3 以上。也就是説，懲罰會覆蓋 1/3 乃至以上的安全保證金，而且只有惡意驗證者會遭受懲罰。

被罰沒的金額中有一部分會用來補償交易接收者，剩下的會被銷毀。

罰沒機制既可由使用者自己觸發，也可由任意簽署過原始交易收據的誠實共識參與方觸發。後者天生就有觸發罰沒機制的動機：如果他們參加下一輪區塊生產，可能也會遭到懲罰。因此，共識參與者中只要有一個是誠實的就足以檢測詐騙。

再細說一遍：ZK Sync 設計了一種零確認的交易模式，也就是讓一筆交易附帶一個即時交易資料，該收據會指向一個尚未發佈到鏈上的 ZK Sync 區塊。

在區塊證明發佈到主鏈之前，只有短短幾分鐘的時間可以對 ZK Sync 上的零確認交易發起雙花攻擊。此外，惡意驗證者要想誘讓使用者相信自己的交易已成為零確認交易，得做好 1/6 的安全準備金被罰沒的打算。

從買賣雙方的角度來看，零確認交易是：

（1）即時的；
（2）存在逆轉的可能性，不過只在短短的幾分鐘之內；
（3）只有在同時而非一個一個對上千個賣方發起攻擊的情況下才可逆。

相比信用卡支付，ZK Sync 在使用者體驗和安全性上有很大提升！

現在讓我們站在不同參與者的角度來看：

- 出售實物商品的線上商店會立即向使用者確認訂單，但是不會遭受攻擊，因為賣家會等到完全確認之後再發貨。
- 實體店在交易量較少之時是幾乎不可能遭受攻擊的。即使你是以即時收據的形式來出售一台 Macbook，也要有數千名協調一致的攻擊者在不同的地點發起攻擊，還要依靠大多數驗證者串謀才能成功。

說得再深入一些。為了量化風險，我們可以將保證金提供的經濟保證與 PoW 區塊鏈提供的結算保證進行比較。舉例來說，經過 35 個交易確認之後，Coinbase 才會接收一筆以太坊資金存款。如果是透過亞馬遜雲端服務租用 GPU 來發起 51% 攻擊的話，要持續攻擊 10 分鐘才能撤回這個交易，成本大約在 6 萬美金。假設安全保證金高達數百萬美金，撤回一個即時 ZK Sync 收據所需的成本會高得多。因此，這些即時收據的經濟確定性相比以太坊有過之而無不及。

要注意的是，即時交易資料不會受到 ETH 區塊重組的影響，因為這些收據的有效性與以太坊無關。此外，以太坊的結算保證與 ZK Sync 的結算保證是結合在一起的。

3. 複習：即時交易

- 微秒級交易確認的經濟確定性堪比以太坊。
- 幾分鐘之後就具有由以太坊背書的確定性。

3.3.2.1 活性：抗審查性和抗 DoS 攻擊

擴充方案必然具備的屬性是，大多數使用者都無法參與所有交易的驗證。因此，所有二層擴充方案都需要專門設定一個角色（Plasma 和 Rollup 上的驗證者、Lightning hub，等等）。這類角色對於安全性和性能的要求較高，帶來了中心化和審查的風險。

為了解決這一問題，ZK Sync 在設計上引入了兩種不同的角色：驗證者和守護者。

1. 驗證者（Validitor）

驗證者負責將交易打包到區塊內，並為這些區塊生成零知識證明。他們要參與共識機制，必須繳納一筆安全保證金，才能創建即時交易收據。驗證者節點必須在網路頻寬良好的安全環境中運行。或，他們也有可能按自己心意在不安全的雲端平台上生成零知識證明。

驗證者將獲得交易費作為獎勵，是用被交易代幣來支付的（為終端使用者提供大幅的便利）。

為了快速達成 ZK Sync 共識，驗證者的人數是有限制的（根據我們的分析，30~100 人比較合適）。但是別忘了，ZK Rollup 驗證者是完全免信任的。在 ZK Sync 上，惡意驗證者既不能破壞系統的安全性，也不能欺騙誠實的驗證者觸發罰沒機制。因此，不同於 optimistic rollup，系統的守護者（Guardian）可以頻繁更換一小部分驗證者。與此同時，只要有 2/3 的提名驗證者是誠實且可操作的，就能確保滿足活性要求（liveness）。

2. 守護者（Guardian）

大部分透過質押代幣百分比來提名驗證者的 ZK Sync 持幣者會成為守護者。守護者的目的是監控點對點交易流量，探測審查行為，並確保不會提名那些有審查行為的驗證者。為了保護自己的質押物不被罰沒，守護者必須確保 ZK Sync 可以抵禦 DoS 攻擊，不會實施審查。

雖然投票金鑰通常來說都是線上保存的，但是這不會給 ZK Sync 上的守護者帶來罰沒或盜竊的風險（所有權金鑰是冷儲存的）。守護者就可以選擇只監控一小部分流量。因此，守護者節點可以運行在普通的筆記型電腦或雲端服務器上，也就是說，不需要提供專門的驗證者服務。

守護者會獲得驗證者的費用作為獎勵，是以 ZK Sync 原生代幣的形式發放的。其收益和押金會被鎖定較長一段時間，以此促進 ZK Sync 代幣的長期升值。

3. 複習：活性

- 兩種角色：驗證者和守護者都受到交易費的激勵。
- 由驗證者運行共識機制並生成證明。
- 由運行在普通硬體上的守護者防止審查。

3.3.3 RedShift：透明的通用 SNARK

要實現以零知識證明為基礎的智慧合約（無論是透明的還是保護隱私的），最大的障礙就是缺乏一種透過遞迴組合實現的高效且通用的零知識證明系統（efficient generic ZK proof systems with recursive composition）。Groth16 曾是最高效的 ZK SNARK，但它需要為每一個應用專門啟動一套受信任的初始化設定，而且在採用遞迴方式時會很低效。另一方面，以 FRI 為基礎的 SNARK 需要高度專業化的建構技能，而且缺乏針對任意通用電路的高效遞迴組合。

這也是開發 RedShift 的主要動機之一：從以 FRI 協定為基礎的多項式承諾方案（polynomial commitment scheme）中衍生出一個透明、高效且簡潔的新型 SNARK。RedShift 目前正在進行同行評議和社區回饋，之後會將 RedShift 作為一個核心部分部署在 ZK Sync 上。

Redshift 是一種通用的 SNARK，能讓我們將任意程式轉為可證明的 ZK 電路。異質電路（如不同的智慧合約）可以透過遞迴的方式在一個 SNARK 中組成。RedShift 僅依賴於抗碰撞的雜湊函數，因此可被認為具有後量子安全性。

複習：Redshift

- 透明的：不需要可信的設定。
- 可被認為具有後量子安全性：基於久經考驗的密碼學。
- 通用的：適用於通用程式（這點與 STARK 相反）。

3.4 libsnark 開放原始碼實踐簡介

libsnark 是目前實現 zk-SNARKs 電路最重要的框架，在許多私密交易或隱私計算相關專案間廣泛應用，其中最著名當然要數 Zcash。Zcash 在 Sapling 版本升級前一直使用 libsnark 來實現電路（之後才替換為 bellman）。毫不誇張地說，libsnark 支撐並促進了 zk-SNARKs 技術的第一次大規模應用，填補了零知識證明技術從最新理論到專案實現間的空缺。

libsnark 是用於開發 zk-SNARKs 應用的 C++ 程式庫，由 SCIPR Lab 開發
並維護。libsnark 專案實現背後的理論基礎是近年來（尤其是 2013 年以
來）零知識證明特別是 zk-SNARKs 方向的一系列重要論文。

從 Github 上可以看到這個專案的主要開發者，如：

- 馬達斯・維嘉（Madars Virza）
- 霍華德・吳（Howard Wu）
- 伊蘭・特魯莫（Eran Tromer）

他們大多都是這個領域內頂尖的學者或研究高手。紮實的理論基礎和工
程能力，讓 libsnark 的作者們能夠化繁為簡，將論文中的高深理論和複雜
公式逐一實現，高度專案化地抽象出簡潔的介面供廣大開發者方便地呼
叫。

libsnark 的模組總覽如圖 3-11 所示，摘自 libsnark 程式貢獻量第一作者馬
達斯・維嘉在 MIT 的博士論文。

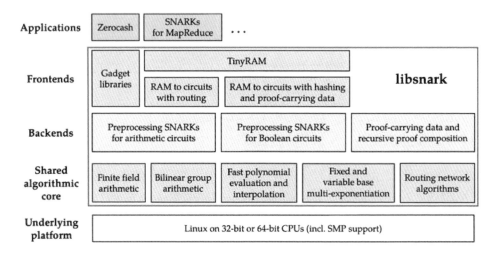

圖 3-11　libsnark 的模組總覽圖

libsnark 框架提供了多個通用證明系統的實現，其中使用較多的是 BCTV14a 和 Groth16。

查看 libsnark/libsnark/zk_proof_systems 路徑，就能發現 libsnark 對各種證明系統的具體實現，並且均按不同類別進行了分類，還附上了實現依照的具體論文。

其中，zk_proof_systems/ppzksnark/r1cs_ppzksnark 對應的是 BCTV14a，zk_proof_systems/ppzksnark/r1cs_gg_ppzksnark 對應的是 Groth16。

ppzksnark 是指 preprocessing zkSNARK。這裡的 pp/preprocessing 其實就是指我們常說的 trusted setup，即在證明生成和驗證之前，需要透過一個生成演算法來創建相關的公共參數（proving key 和 verification key）。我們也把這個提前生成的參數稱為「公共參考串」（Common Reference String），或簡稱為 CRS。

基本原理與步驟

使用 libsnark 函數庫進行開發 zk-SNARKs 應用，從原理上可簡要概括為主要 4 個步驟：

（1）將待證明的命題表達為 R1CS（Rank One Constraint System）；
（2）使用生成演算法（G）為該命題生成公共參數；
（3）使用證明演算法（P）生成 R1CS 可滿足性的證明；
（4）使用驗證演算法（V）來驗證證明。

R1CS 是一種表示計算的方法，使其能夠滿足零知識證明。基本上任何計算都可以簡化（或延展）為一個 R1CS。例如向量 w 上的秩為 1 的約束被定義為

```
function C(x, out) {
  return ( x^3 + x + 5 == out );
}
```

第一步：我們需要將函數 C(x, out) 在 libsnark 中進行表達。此處先省略，後面介紹詳細過程。

第二步：對應下面的 Generator 函數 G，lambda 為隨機產生，也就是常說的 trusted setup 過程中產生的 "toxic waste"。人們喜歡稱它為「有毒廢物」，是因為它必須被妥善處理（如必須銷毀，不能讓任何人知道），否則會影響證明協定安全。

```
lambda <- random()
(pk, vk) = G(C, lambda)
```

最終生成 proving key (pk) 和 verification key (vk)。

第三步：對應使用 Prove 函數（P）生成證明。這裡想證明的是 prover 知道一個秘密值 x 和計算結果 out 可使等式滿足。因此將 x、out 還有 pk 作為輸入一起傳給 P，最終生成證明 proof。

```
proof = P(pk, out, x)
```

第四步：對應使用 Verify 函數（V）驗證證明，將 $proof$、out 還有 vk 傳給 G，即可在不曝露秘密的情況下證明存在一個秘密值可使等式滿足。

```
V(vk, out, proof) ?= true
```

而開發者主要工作量就集中在第一步，需要按照 libsnark 的介面規則手寫 C++ 電路程式來描述命題，由程式構造 R1CS 約束。整個過程也就對應圖 3-12 的計算（Computation）→演算法電路（Arithmetic Circuit) → R1CS。

圖 3-12　電路程式過程圖

具體的例子，可參見以下兩個專案：

- https://github.com/howardwu/libsnark-tutorial
- https://github.com/christianlundkvist/libsnark-tutorial

根據霍華德・吳（libsnark 作者之一）的 libsnark_tutorial，run_r1cs_gg_ppzksnark() 是主要部分。很容易發現，真正起作用的實質程式只有下面 5 行。

```
r1cs_gg_ppzksnark_keypair<ppT> keypair = r1cs_gg_ppzksnark_generator<ppT>
(example.constraint_system);

r1cs_gg_ppzksnark_processed_verification_key<ppT> pvk = r1cs_gg_
ppzksnark_verifier_process_vk<ppT>(keypair.vk);

r1cs_gg_ppzksnark_proof<ppT> proof = r1cs_gg_ppzksnark_prover<ppT>
(keypair.pk, example.primary_input, example.auxiliary_input);

const bool ans = r1cs_gg_ppzksnark_verifier_strong_IC<ppT>(keypair.vk,
example.primary_input, proof);

const bool ans2 = r1cs_gg_ppzksnark_online_verifier_strong_IC<ppT>(pvk,
example.primary_input, proof);
```

我們從「超長」的函數名稱上能直觀地看出每一步是在做什麼，但是卻看不到如何構造電路的細節。實際上這裡僅是呼叫了附帶的 r1cs_example，隱去了實現細節。

下面透過一個更直觀的例子來學習電路細節。研究 src/test.cpp，這個例子改編自克裡斯汀・倫德偉（Christian Lundkvist）的 libsnark-tutorial。

程式開頭僅引用了三個標頭檔：

```
#include <libsnark/common/default_types/r1cs_gg_ppzksnark_pp.hpp>
#include <libsnark/zk_proof_systems/ppzksnark/r1cs_gg_ppzksnark/r1cs_gg_
```

```
ppzksnark.hpp>
#include <libsnark/gadgetlib1/pb_variable.hpp>
```

前面提到 r1cs_gg_ppzksnark 對應的是 Groth16 方案。這里加了 gg 是為了區別 r1cs_ppzksnark（也就是 BCTV14a 方案），表示 Generic Group Model（通用群模型）。Groth16 安全性證明依賴 Generic Group Model，以更強的安全假設換得了更好的性能和更短的證明。

第一個標頭檔是為了引入 default_r1cs_gg_ppzksnark_pp 類型，第二個則為了引入證明相關的各個介面。*pb_variable* 則是用來定義電路相關的變數。

下面需要進行一些初始化工作，定義使用的有限域，並初始化曲線參數。這相當於準備工作。

```
typedef libff::Fr<default_r1cs_gg_ppzksnark_pp> FieldT;
default_r1cs_gg_ppzksnark_pp::init_public_params();
```

接下來就需要明確「待證命題」是什麼。這裡不妨沿用之前的例子，證明秘密 x 滿足等式 $x^3 + x + 5 ==$ out。這實際也是維塔利（Vitalik）網誌文章 *Quadratic Arithmetic Programs: from Zero to Hero* 中用的例子。如果對下面的變化陌生，可嘗試閱讀該文章。

透過引入中間變數 sym_1、y、sym_2 將 $x^3 + x + 5 =$ out 扁平化為許多個二次方程式，幾個只涉及簡單乘法或加法的式子，對應到算術電路中就是乘法門和加法門。你可以很容易地在紙上畫出對應的電路。

```
x * x = sym_1
sym_1 * x = y
y + x = sym_2
sym_2 + 5 = out
```

通常文章到這裡便會順著介紹如何按照 R1CS 的形式編排上面幾個等式，並一步步推導出具體對應的向量。這對了解如何把 Gate 轉為 R1CS 有幫助，然而卻不是本書的核心目的。所以此處省略這些內容。

下面定義與命題相關的變數。首先創建的 protoboard 是 libsnark 中的重要概念，顧名思義就是「原型板」或「麵包板」，用來快速架設電路，在 zk-SNARKs 電路中則是用來連結所有變數、元件和約束。接下來的程式定義了所有需要外部輸入的變數以及中間變數。

```
// Create protoboard
protoboard<FieldT> pb;

// Define variables
pb_variable<FieldT> x;
pb_variable<FieldT> sym_1;
pb_variable<FieldT> y;
pb_variable<FieldT> sym_2;
pb_variable<FieldT> out;
```

下面將各個變數與 protoboard 連接，相當於把各個元件插到「麵包板」上。allocate() 函數的第二個 string 類型變數僅是用來方便 DEBUG 時的註釋，方便 DEBUG 時查看日誌。

```
out.allocate(pb, "out");
x.allocate(pb, "x");
sym_1.allocate(pb, "sym_1");
y.allocate(pb, "y");
sym_2.allocate(pb, "sym_2");
pb.set_input_sizes(1);
```

注意，此處第一個與 pb 連接的是 out 變數。我們知道 zk-SNARKs 中有 public input 和 private witness 的概念，分別對應 libsnark 中的 primary 和 auxiliary 變數。那麼如何在程式中進行區分呢？我們需要借助 set_input_sizes(n) 來宣告與 protoboard 連接的 public/primary 變數的個數 n。在這裡

n = 1，表明與 pb 連接的前 *n* = 1 個變數屬性是 public，其餘變數的屬性
都是 private。

至此，所有變數都已經順利與 protoboard 相連，下面需要確定的是這
些變數間的約束關係。這個也很好了解，類似元件插至麵包板後，需要
根據電路需求確定它們之間的關係再連線焊接。以下呼叫 protoboard 的
add_r1cs_constraint() 函數，為 pb 增加形如 a * b = c 的 r1cs_constraint，
即 r1cs_constraint(a, b, c) 中參數應該滿足 a * b = c。根據註釋，不難了解
每個等式和約束之間的關係。

```
// x*x = sym_1
pb.add_r1cs_constraint(r1cs_constraint<FieldT>(x, x, sym_1));
// sym_1 * x = y
pb.add_r1cs_constraint(r1cs_constraint<FieldT>(sym_1, x, y));
// y + x = sym_2
pb.add_r1cs_constraint(r1cs_constraint<FieldT>(y + x, 1, sym_2));
// sym_2 + 5 = ~out
pb.add_r1cs_constraint(r1cs_constraint<FieldT>(sym_2 + 5, 1, out));
```

至此，變數間的約束增加完成，針對命題的電路建構完畢。下面進入前
文提到的「4 個步驟」中的第二步：使用生成演算法（G）為該命題生
成公共參數（pk 和 vk），即 trusted setup。生成出來的 proving key 和
verification key 分別可以透過 keypair.pk 和 keypair.vk 獲得。

```
const r1cs_constraint_system<FieldT> constraint_system = pb.get_
constraint_system();
const r1cs_gg_ppzksnark_keypair<default_r1cs_gg_ppzksnark_pp> keypair =
r1cs_gg_ppzksnark_generator<default_r1cs_gg_ppzksnark_pp>(constraint_
system);
```

進入第三步，生成證明。先為 public input 以及 witness 提供具體數值。
不難發現，x = 3, out = 35 是原始方程式的解，則依次為 x、out 以及各個
中間變數設定值。

```
pb.val(out) = 35;

pb.val(x) = 3;
pb.val(sym_1) = 9;
pb.val(y) = 27;
pb.val(sym_2) = 30;
```

再把 public input 以及 witness 的數值傳給 prover 函數進行證明，可分別透過 pb.primary_input() 和 pb.auxiliary_input() 存取。生成的證明用 proof 變數保存。

```
const r1cs_gg_ppzksnark_proof<default_r1cs_gg_ppzksnark_pp> proof =
r1cs_gg_ppzksnark_prover<default_r1cs_gg_ppzksnark_pp>(keypair.pk,
pb.primary_input(), pb.auxiliary_input());
```

最後我們使用 verifier 函數驗證證明。如果 verified = true 則說明證明驗證成功。

```
bool verified = r1cs_gg_ppzksnark_verifier_strong_IC<default_r1cs_gg_
ppzksnark_pp>(keypair.vk, pb.primary_input(), proof);
```

從日誌輸出中可以看出驗證結果為 true，R1CS 約束數量為 4，public input 和 private input 數量分別為 1 和 4。日誌輸出符合預期。

```
Number of R1CS constraints: 4
Primary (public) input: 1
35

Auxiliary (private) input: 4
3
9
27
30

Verification status: 1
```

實際應用中，trusted setup、prove、verify 會由不同角色分別開展，最終實現的效果就是 prover 給 verifier 一段簡短的 proof 和 public input，verifier 可以自行驗證某命題是否成立。對於前面的例子，就是能在不知道方程式的解 x 具體是多少的情況下，驗證 prover 知道一個秘密的 x 可以使得 $x^3 + x + 5 = $ out 成立。

透過上面短短的幾十行程式，就已經使用了 zk-SNARKs。

使用它進行實戰，我們可以參見安比實驗室的開源程式碼範例：https://github.com/sec-bit/libsnark_abc。

3.5 術語介紹

- SP——Span Program，採用多項式形式實現計算的驗證。

- QSP——Quadratic Span Program，QSP 問題，以布林電路為基礎的 NP 問題的證明和驗證。

- QAP——Quadratic Arithmetic Program，QAP 問題，以算術電路為基礎的 NP 問題的證明和驗證，相對於 QSP，QAP 有更好的普適性。

- PCP——Probabilistically Checkable Proof，在 QSP 和 QAP 理論之前，學術界主要透過 PCP 理論實現計算驗證。PCP 是一種以互動為基礎的、隨機抽查的計算驗證系統。

- NIZK——Non-Interactive Zero-Knowledge，統稱「無互動零知識驗證系統」。NIZK 需要滿足三個條件：
  - 完備性（Completeness），對於正確的解，肯定存在對應證明。
  - 可靠性（Soundness），對於錯誤的解，能透過驗證的機率極低。
  - 零知識（Zero Knowledge）。

- SNARG——Succinct Non-interactive ARGuments，簡潔的、無須互動的證明過程。

- SNARK——Succinct Non-interactive ARgumentss of Knowledge，相比 SNARG，SNARK 多了 Knowledge，也就是說，SNARK 不光能證明計算過程，還能確認證明者「擁有」計算需要的 Knowledge（只要證明者能列出證明就說明證明者擁有對應的解）。

- zkSNARK——zero-knowledge SNARK，在 SNARK 的基礎上，證明和驗證雙方除了能驗證計算外，驗證者對其他資訊一無所知。

- Statement——對於 QSP/QAP 和電路結構本身（計算函數）相關的參數。比如說，某個計算電路的輸入 / 輸出以及電路內部門資訊。Statement 對證明者和驗證者都是公開的。

- Witness——Witness 只有證明者知道，可以了解成某個計算電路的正確的解（輸入）。

進入以太坊世界

在開始進行以太坊智慧合約或去中心化應用（DApp）開發之前，我們先對以太坊的核心概念做一些介紹，幫助大家了解以太坊的工作原理。

4.1 以太坊概述

以太坊（Ethereum）是一個建立在區塊鏈技術之上的去中心化應用平台。它允許任何人在平台上建立和使用透過區塊鏈技術運行的去中心化應用（DApp）。

去中心化應用（DApp）和我們現在網際網路用戶端 / 服務端架構（C/S 架構）的應用不同，應用的後端是一個有 N 個節點電腦（礦機）組成的網路，如圖 4-1 所示。

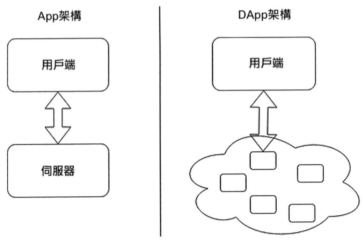

圖 4-1　DApp 架構

我們在平時使用的應用程式中看到的內容通常是由後端的伺服器提供，請求也是發送到後端的伺服器處理。

而在去中心化應用中，與用戶端連接的節點不能夠單獨處理來自使用者的請求（這個請求通常稱之為「交易」），而是要把使用者的請求廣播到整個網路，待整個網路達成共識之後，整個請求才算處理完成。

去中心化應用中一個很重要的部分就是智慧合約，智慧合約就是剛才描述的場景中，處理使用者情求的程式。

4.2　智慧合約

到底什麼是智慧合約呢？那就是以太坊上運行的程式，和其他程式一樣，它也是由程式和資料組成的。智慧合約中的資料也稱為「狀態」，因為整個區塊鏈就是由所有資料確定的狀態機。

> 智慧合約的英文是 smart contract，和人工智慧（AI：Artificial Intelligence）
> 所說的智慧沒有關係，智慧合約的概念最早由尼克‧薩博提出，就是將法律條
> 文寫成可執行程式，讓法律條文的執行中立化，這和區塊鏈上的程式可以不
> 被篡改地執行在理念上不謀而合，因此區塊鏈引入了智慧合約這個概念。

以太坊智慧合約是「圖靈完備」的，因此理論上我們可以用它來編寫能
做任何事情的程式。

智慧合約現在的主要程式語言是 Solidity 和 Vyper，Solidity 更為成熟一
些，本書中的智慧合約程式都是用 Solidity 編寫，通常合約檔案的副檔名
是 .sol。下面就是一個簡單的計數器合約。

```
pragma solidity ^0.5.0;
contract Counter {
    uint counter;
    constructor() public {
        counter = 0;
    }
    function count() public {
        counter = counter + 1;
    }
}
```

這段程式有一個類型為 uint（不帶正負號的整數）名為 "counter" 的變
數。counter 變數的內容（值）就是該合約的狀態。每當我們呼叫 count()
函數時，此智慧合約的區塊鏈狀態將增加 1，這個狀態是對任何人都可見
的。

圖 4-2 極佳地表示了智慧合約的內容[1]。

1　引用自《完全了解以太坊智慧合約》，https://learnblockchain.cn/2018/01/04/understanding-
smart-contracts/。

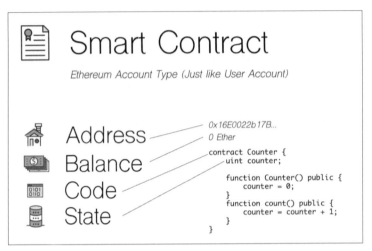

圖 4-2　智慧合約包含的內容

從本書第 5 章開始，我們會進一步介紹智慧合約開發。

4.3 帳戶

智慧合約在以太坊網路中表現為一種特殊帳戶：合約帳戶。

帳戶在以太坊中是非常重要的概念，開發過程中離不開它，以太坊中有兩類帳戶：

（1）外部使用者帳戶（EOAs）──該類帳戶被公開金鑰──私密金鑰對控制（由人控制）。

（2）合約帳戶──該類帳戶被儲存在帳戶中的程式控制。

外部使用者帳戶和合約帳戶，都用同樣的地址形式表示，地址形式為：0xea674fdde714fd979de3edf0f56aa9716b898ec8，是一個 20 位元組的 16 進位數。

┃ 本書中，帳戶（或帳號）和地址兩個概念沒有區別，有時地址也稱為帳戶。

外部使用者帳戶的地址是由私密金鑰推導出來的（在本書第 10 章會作進一步介紹），合約帳戶的地址則由創建者的地址和 nonce 計算得到，這裡就不深入介紹，有興趣的讀者可以延伸閱讀《以太坊合約地址是怎麼計算出來的？》[2] 這篇文章。

外部使用者帳戶和合約帳戶都可以有餘額；合約帳戶使用程式管理所擁有的資金，外部使用者帳戶則是用私密金鑰簽名來花費資金；合約帳戶儲存了程式，外部使用者帳戶則沒有。它們還有一個不能忽視的區別：只有外部使用者帳戶可以發起交易（主動行為），合約帳戶只能被動地回應動作。

帳戶狀態

帳戶狀態有 4 個基本組成部分，不論帳戶類型是什麼，都存在這 4 個組成部分。

- nonce：如果帳戶是外部使用者帳戶，nonce 代表從此帳戶地址發送的交易序號。如果帳戶是合約帳戶，nonce 代表此帳戶創建的合約序號

  ┃ 提示：以太坊中有兩種 nonce，一種是帳號 nonce——表示一個帳號的交易數
  ┃ 量；一種是工作量證明 nonce—— 一個用於計算滿足工作量證明的隨機數。

- balance：此地址擁有以太幣餘額數量。單位是 Wei，1 ether=10^{18} wei，當向地址發送帶有以太幣的交易時，balance 會隨之改變。

  ┃ ether 和 wei 是以太坊中以太幣的兩種面額單位，就像人民幣的元和分，除此
  ┃ 之外，還有一個常用的面額單位 Gwei，用來給 gas 定價，1 Gwei = 10^9 wei。

2　文章地址：https://learnblockchain.cn/2019/06/10/address-compute/。

- storageRoot：Merkle Patricia 樹的根節點雜湊值。Merkle 樹會將此帳戶儲存內容的雜湊值進行編碼，預設是空值。

- codeHash：此帳戶程式的雜湊值。對於合約帳戶，就是合約程式被雜湊計算後的雜湊值作為 codeHash 保存。對於外部使用者帳戶，codeHash 是一個空字串的雜湊值。

以太坊的全域共用狀態是由所有帳戶狀態組成，它由帳戶地址和帳戶狀態組成的映射儲存在區塊的狀態樹中，如圖 4-3 所示。

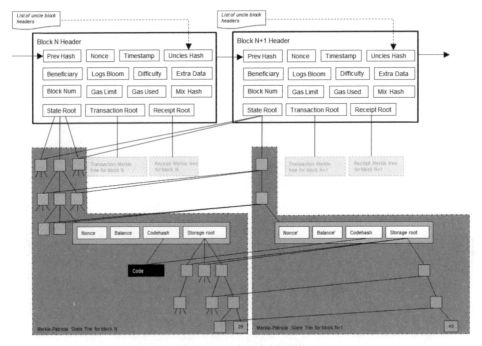

圖 4-3　以太坊全域狀態

4.4 以太幣的單位

以太幣是一種貨幣，不同單位的貨幣就像法定貨幣中不同的面額，對使用者來講，最常用的是 ether，1 個 ether 就是我們常說的以太幣（通常也簡稱為以太），對開發者來說可能最常用的是 wei，它是以太幣的最小單位，其他的單位包括 finney、szabo 以及 gwei。

它們的換算關係是：

- 1 ether == 10^3 finney
- 1 ether == 10^6 szabo
- 1 ether == 10^{18} wei
- 1 gwei == 10^9 wei

以太幣的單位其實很有意思，以太坊社區為了紀念密碼學家的貢獻，使用密碼學家的名字作為貨幣單位，就像很多國家的貨幣會印上對國家有卓越貢獻的偉人圖示一樣。

> wei 名字來自 Wei Dai（戴偉），密碼學家，發表了 B-money。
>
> finney 來自 Hal Finney（哈爾·芬尼），密碼學家，提出了工作量證明機制（PoW）。
>
> szabo 來自 Nick Szabo（尼克·薩博），密碼學家，智慧合約的提出者。

4.5 以太坊虛擬機器（EVM）

以太坊虛擬機器（Ethereum Virtual Machine），簡稱 EVM，用來執行以太坊上的交易，提供智慧合約的運行環境。

> 熟悉 Java 的同學，可以把 EVM 當作 JVM 來了解，EVM 同樣是一個程式運行的容器。

以太坊虛擬機器是一個被沙盒封裝起來、完全隔離的運行環境。

而以太坊虛擬機器本身運行在以太坊節點用戶端上，各層關係如圖 4-4 所示。

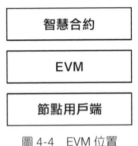

圖 4-4　EVM 位置

gas

前面提到，在 EVM 上運行的智慧合約是「圖靈完備」的，理論上可以編寫能做任何事情的程式。既然如此，惡意的執行者就可以透過執行一個包含無限循環的交易輕易地讓網路癱瘓。

以太坊透過每筆交易收取一定的費用來保護網路不受蓄意攻擊，這一套收費的機制稱為 gas 機制。

gas 是衡量一個操作或一組操作需要執行多少「工作量」的單位。舉例來說，計算一個 Keccak256 加密雜湊函數，每次計算雜湊時需要 30 個 gas，再加上每 256 位元被雜湊的資料要花費 6 個 gas。EVM 上執行的每個操作都會消耗一定數量的 gas，而需要更多運算資源的操作也會消耗更多的 gas，以太坊黃皮書中定義了每一步操作需要的 gas。

如果 gas 僅是一個「工作量」單位，那怎麼支付費用呢？還有另一個概念——gas 價格。其實每筆交易都要指定預備的 gas 及願意為單位 gas 支付的 gas 價格（gas price），這是兩者的結合，gas * gas 價格 = 交易預算。

gas 價格是用以太幣（ether）來表示，沒有任何實際的 gas 代幣（Token）。也就是説，你不能擁有 1000 個 gas。

之所以稱為預算，是因為如果交易完成還有 gas 剩餘，這些 gas 對應的費用將被返還給發送者帳戶。我們也可以認為 gas 是以太坊虛擬機器的運行燃料，它在每執行一步的時候消耗一定的 gas，如果指定的 gas 不夠，無論執行到什麼位置，一旦 gas 被耗盡（比如降為負值），將觸發一個 out-of-gas 異常，當前交易所作的所有狀態修改都將被還原。

4.6 以太坊用戶端

以太坊用戶端是以太坊網路中的節點程式，這個節點程式可以完成如創建帳號、發起交易、部署合約、執行合約、採擷區塊等工作。

很多程式語言都參考以太坊協定開發出以太坊用戶端，常用的為 Geth 和 OpenEthereum。

Geth 是以太坊官方社區開發的用戶端，以 Go 語言開發為基礎。OpenEthereum 是 Rust 語言實現的用戶端。使用 Geth 的開發者更多，接下來介紹 Geth 的使用方法。Geth 提供了一個互動式命令主控台，我們可以在主控台中和以太坊網路進行互動。

4.6.1 geth 安裝

Ubuntu 系統可以使用以下命令安裝 geth：

```
sudo apt-get install software-properties-common
sudo add-apt-repository -y ppa:ethereum/ethereum
sudo apt-get update
sudo apt-get install ethereum
```

Mac OS 系統可以使用以下命令安裝 geth：

```
brew tap ethereum/ethereum
brew install ethereum
```

如果是 Windows 系統，可以在這個地址 [3] 下載 zip 壓縮檔，解壓出 geth.
exe 檔案。

其他系統上的安裝可參考：https://github.com/ethereum/go-ethereum/wiki/
Building-Ethereum。

4.6.2 geth 使用

geth 啟動

直接在命令列終端輸入 geth 命令，就可以啟動一個以太坊節點。不過一
般在開發過程中，我們會附加一些參數，如指定同步資料的存放目錄、
連接哪一個網路（稍後將介紹以太坊網路）等，該命令舉例：

> geth --datadir testNet --dev console

-- datadir：後面的參數是區塊資料及金鑰存放目錄。

-- dev：啟用開發者網路模式，開發者網路會使用 POA 共識，預設預分配一個
開發者帳戶並且會自動開啟挖礦，如果不指定網路，預設會連接主網。

console：表示啟動主控台。

更多命令請參考：https://github.com/ethereum/go-ethereum/wiki/Command-
Line-Options。

3　參見 https://geth.ethereum.org/downloads/。

帳戶操作

我們先來看看開發者網路分配的帳戶，在主控台使用以下命令查看帳戶（陣列）：

```
> eth.accounts
```

也可以使用 personal.listAccounts 查看帳戶。

再來看一下帳戶裡的餘額，使用以下命令：

```
> eth.getBalance(eth.accounts[0])
```

還可以創建自己的帳戶：

```
> personal.newAccount("pwd")
```

執行一個轉帳操作：

```
eth.sendTransaction({from: '0x...', to: '0x...', value: web3.toWei(1,
"ether")})
```

透過 geth 還可以組建一個自己的區塊鏈私有網路，本書後面的章節也會進一步介紹如何透過 geth 部署智慧合約。

4.7 以太坊錢包

除了 geth 這樣的相對「重」的以太坊用戶端，還有一種是比較「輕」的用戶端：錢包。普通使用者用得較多的錢包是 imToken 等，而開發者常用的錢包是 MetaMask，它是一個瀏覽器外掛程式（支持 Chrome、Firefox、Opera 等瀏覽器），它可以和 Remix 配合使用，用來部署和執行智慧合約。

MetaMask 可以在一家網站（https://metamask.io）找到對應的外掛程式來安裝，安裝完成經過帳號匯入或創建之後，可以看到 MetaMask 的介面，如圖 4-5 所示。

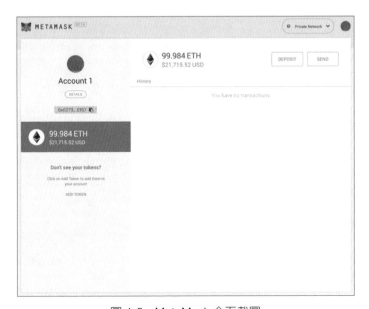

圖 4-5　MetaMask 介面截圖

右上角可以切換不同的網路，如圖 4-6 所示。

圖 4-6　MetaMask 網路選擇

4.8 以太坊交易

我們知道，比特幣交易非常簡單，它只做一件事，就是進行貨幣的轉移。可以歸納為 TO（誰收錢），FROM（誰匯款）和 AMOUNT（多少錢）。

以太坊與之很大的不同在於其交易還有 DATA 欄位。DATA 欄位支援以下三種類型的交易。

1. 價值傳遞（和比特幣相同）

- TO：收款地址
- DATA：留空或留言資訊
- FROM：誰發出
- AMOUNT：發送多少

2. 創建合約

- TO：留空（這就是觸發創建智慧合約的原因）
- DATA：包含編譯為位元組碼的智慧合約程式
- FROM：誰創建
- AMOUNT：可以是 0 或任何數量的以太幣，它是我們想要給合約的存款

3. 呼叫合約函數

- TO：目標合約帳戶地址
- DATA：包含函數名稱和參數──標識如何呼叫智慧合約函數
- FROM：誰呼叫
- AMOUNT：可以是 0 或任意數量的以太幣，例如可以支付給合約的服務費用

雖然實際交易有更多複雜的細節，但核心概念就是這些。

4.8.1 價值傳遞

```
{
  to: '0x687422eEA2cB73B5d3e242bA5456b782919AFc85',
  value: 0.0005,
  data: '0x'            // 也可以附加訊息
}
```

非常簡單，就是轉移一定數量的以太幣到某個地址，如果我們願意也可以在交易增加訊息。

4.8.2 創建智慧合約

```
{
    to: '',
    value: 0.0,
    data: '0x60606040523415610000c57xlb60405160c0806……………'
}
```

如上所述，TO 為空白資料表示創建智慧合約，DATA 包含編譯為位元組碼的智慧合約程式。

4.8.3 呼叫合約方法

```
{
    to: '0x687422eEA2cB73B5d3e242bA5456b782919AFc85', //合約地址
    value: 0.0,
    data: '0x06661abd'
}
```

函數呼叫資訊封裝在 DATA 欄位中，把這個交易資訊發送到要呼叫的智慧合約的地址。假設我們要呼叫前面的 count() 函數，如：

```
object.count()
```

那如何把這個函數呼叫封裝為 data 欄位呢？它其實是透過對函數名稱串進行 sha3(keccak256) 雜湊運算之後，取前四個位元組，用程式表示就是：

```
bytes4(keccak256("count()")) == 0x06661abd
```

4.9 以太坊網路

4.9.1 主網網路（Mainnet）

以太坊主網網路，或直接稱為以太坊網路，是真正產生價值的全球網路，是礦工挖礦的網路。

可以透過 https://ethstats.net 查詢到以太坊網路即時資料，如當前的區塊、挖礦難度、gas 價格和 gas 花費等資訊。在區塊瀏覽器（https://cn.etherscan.com/）可以查詢到部署在主網的智慧合約、相關交易資訊等。

4.9.2 測試網路（Testnet）

在主網，任何合約的執行都會消耗真實的以太幣，不適合開發、偵錯和測試。因此以太坊專門提供了測試網路，在測試網路中可以很容易地獲得免費的以太幣。測試網路同樣是一個全球網路。

目前以太坊公開的測試網路包括：

（1）Morden（已退役）。

（2）Ropsten（https://ropsten.etherscan.io/）——Ropsten 使用的共識機制為 PoW，挖礦難度很低，普通筆記型電腦的 CPU（中央處理器）也可以支援挖出區塊。

（3）Rinkeby（https://rinkeby.etherscan.io）——Rinkeby 使用了權威證明
（Proof-of-Authority）的共識機制，簡稱 PoA。

（4）Kovan（https://kovan.etherscan.io/）——Kovan 也使用了 PoA，目前
Kovan 網路僅被 Parity 錢包支持。

（5）Goerli 為升級到以太坊 2.0 而準備的測試網。

不過使用測試網路依然有一個缺點，那就是需要花較長時間初始化節
點，在實際使用中，測試網路更適合擔當如灰階發佈（正式上線之前用
於驗證功能的發佈）的角色。

4.9.3 私有網路、開發者模式

我們還可以創建自己的私有網路，通常也稱為私有鏈，進行開發、偵
錯、測試。透過上面提到的 Geth 可以很容易地創建一個屬於自己的測試
網路（私有網路），在自己的測試網路中，以太幣很容易挖到，也省去了
同步網路的耗時。舉例來說，公司裡多個團隊共用一個網路用來測試。

當然，我們也可以直接使用 Geth 提供的開發者模式（這也是一種私有
鏈）。在開發者網路模式下，它會自動分配一些有大量餘額的開發者帳戶
給我們使用。

4.9.4 模擬區塊鏈網路

另一個創建測試網路的方法是使用 Ganache，Ganache 在本地使用記憶
體模擬的以太坊環境，對開發偵錯來說，更加方便快捷。而且 Ganache
可以在啟動時幫我們創建 10 個存有 100 個以太幣的測試帳戶，Ganache
是一個桌面 App，可以在這個地址下載：https://www.trufflesuite.com/
ganache，其介面如圖 4-7 所示。

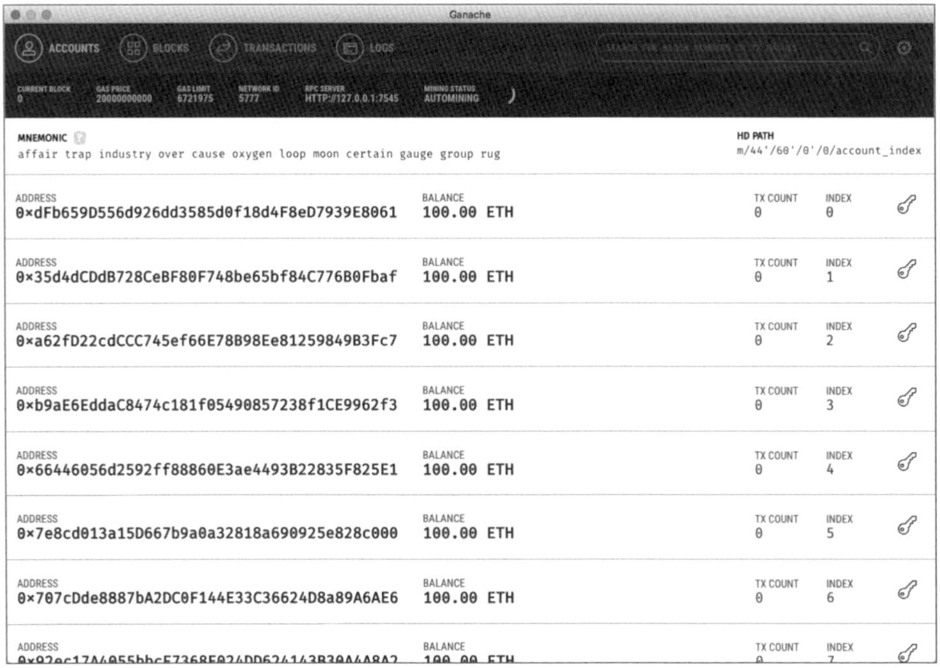

圖 4-7　Ganache 運行截圖

注意一點，由於 Ganache 預設的資料是在記憶體中，因此每當 Ganache
重新啟動後，所有的區塊資料會消失。進行合約開發時，可以在 Ganache
中測試成功後，再部署到 Geth 節點中。

4.10 以太坊歷史回顧

本章的最後一節，來回顧一下以太坊的發展歷史，我們現在看到的以太
坊是經過一次次的分叉升級發展而來。以太坊的發展大概有以下幾個階
段，每個階段都命名了一個代號。

4.10.1 奧林匹克（Olympic）

以太坊區塊鏈在 2015 年 5 月開始向使用者（主要是開發者）開放使用。版本稱為「奧林匹克」，這是一個測試版本。主要供開發人員提前探索以太坊區塊鏈開放以後的運作方式，比如測試交易活動、虛擬機器使用、挖礦方式和懲罰機制，同時嘗試使網路超載，並對網路狀態進行極限測試，了解協定如何處理流量巨大的情況。

4.10.2 邊疆（Frontier）

經過幾個月對奧林匹克的壓力測試，以太坊在 2015 年 7 月 30 日發佈官方公共主網，第一個以太坊創世區塊產生。邊疆依舊是一個很初級的版本，交易都是透過命令列來完成。

不過，邊疆版本已經具備以太坊的一系列關鍵特徵：

（1）區塊獎勵：當礦工成功挖出一個新區塊並確認後，礦工僅得到 5 個以太幣的獎勵。
（2）Gas 機制：透過 gas 來限制交易和智慧合約的工作量。
（3）引入了合約。

4.10.3 家園（Homestead）

家園是以太坊網路的第一次硬分叉升級計畫，在 2016 年 3 月 14 日發生在第 1150000 個區塊上。家園版本為以太坊帶來的主要更新有：

（1）完善了以太坊程式語言 Solidity；
（2）上線 Mist 錢包，讓使用者能夠透過 UI 介面持有或交易 ETH，編寫或部署智慧合約。

家園升級是第一個透過以太坊改進提案（EIP）實施的分叉升級。

EIP（Ethereum Improvement Proposal）即以太坊改進提案，是以太坊去中心化治理的一部分，所有人都可以提出治理的改進方案，當社區討論透過後，就會囊括在網路升級版本中。

家園升級主要包括三個 EIP 提案：EIP2、EIP7、EIP8。這些提案具體包含的內容可以透過 EIP 文件查看：https://eips.ethereum.org/。

作者翻譯一些 EIP 文件，英文不好的同學可前往 https://learnblockchain.cn/docs/eips/ 閱讀。

4.10.4 DAO 分叉

這是一個計畫外的分叉，並非為了功能升級，而是以太坊社區為了對駭客攻擊防止損失，而採取的硬分叉回覆了駭客的交易。事情是這樣的：2016 年，去中心化自治組織 "The DAO" 透過發售 DAO 代幣募集了 1.5 億美金的資金，作為 DAO 代幣持有人可以投票及審查投資專案，並獲得一定比例的專案收益，所有的資金均由智慧合約管理。然後在 2016 年 6 月，the DAO 合約遭到駭客攻擊，駭客可以利用漏洞源源不斷地從合約中盜取以太幣。

最終在以太坊社區投票後實行了硬分叉（在 1920000 區塊高度時發生），將資金返還到原錢包並修復漏洞。不過這次硬分叉仍舊引來很大的爭議，以太坊社區的一些成員認為這種硬分叉方式違背了 "Code Is Law" 原則，他們選擇繼續在原鏈上進行挖礦和交易。未返還失竊資金的原鏈則演變成以太坊經典（即 ETC）。

The DAO 事件的分析，可以閱讀上海對外經貿大學區塊鏈研究中心主任樂扣老師的文章：https://learnblockchain.cn/article/644。

4.10.5 拜占庭（Byzantium）

拜占庭（Byzantium）和君士坦丁堡（Constantinople）是以太坊稱為「大都會」（Metropolis）升級的兩個階段。拜占庭在 2017 年 10 月第 4370000 個區塊上啟動，拜占庭分叉更新有：增加 "REVERT" 運算符號、增加一些加密方法、調整難度計算、延後難度炸彈、調整區塊獎勵（5 個減為 3 個）。

> 「難度炸彈」（Difficulty Bomb）是這種機制：一旦被啟動，將增加採擷新區塊所耗費的成本（即「難度」），直到難度係數變為不可能或沒有新區塊等待採擷。這在以太坊中稱為進入冰河時代，「難度炸彈」機制在 2015 年 9 月就被引入以太坊網路。它的目的是促使以太坊最終從工作量證明（PoW）轉在權益證明（PoS）。因為從理論上來說，未來在 PoS 機制下，礦工仍然可以選擇在舊的 PoW 鏈上作業，而這種行為將導致社區分裂，從而形成兩條獨立的鏈。為了預防這種情況的發生，透過「難度炸彈」增加難度，將最終淘汰 PoW 挖礦，促使網路完全過渡到 PoS 機制。

這次分叉包括 9 個 EIP：EIP100、EIP658、EIP649、EIP140、EIP196、EIP197、EIP198、EIP211、EIP214、詳細的變更可以參考這個連結：https://github.com/ethereum/wiki/wiki/Byzantium-Hard-Fork-changes。

4.10.6 君士坦丁堡（Constantinople）

「大都會」升級的第二階段被稱作「君士坦丁堡」，原計劃於 2019 年 1 月中旬在第 7080000 個區塊上執行。不過由於潛在的安全問題，以太坊核心開發者和社區其他成員投票決定延後升級，直到該安全性漏洞得以修復。最終在 2019 年 2 月 28 日區塊高度 7280000 上得到執行。

其中主要的 EIPs 包括：EIP145——增加逐位元移動指令；EIP1052——允許智慧合約只需透過檢查另一個智慧合約的雜湊值來驗證彼此；

EIP1014——增加了新的創建合約的指令 CREATE2；EIP1234——區塊獎勵從每區塊 3 ETH 減少到 2 ETH，難度炸彈延後 12 個月。

4.10.7 伊斯坦堡（Istanbul）

伊斯坦堡是在 9069000 在區塊高執行的，執行時間是在 2019 年 12 月 8 日，伊斯坦堡分叉有以下幾個重要改進：

（1）降低 calldata（是一個儲存資料的位置，將在第 6 章介紹）參數的 gas 消耗（EIP2028）；

（2）降低 alt_bn128（橢圓曲線）預先編譯函數的 gas 消耗（EIP1108）；

（3）增加了 chainid 操作碼，讓智慧合約可以辨識自己在主鏈還是分叉鏈或二層網路擴充鏈上（EIP-1344）；

（4）增加 BLAKE2 預先編譯函數，讓以太坊可以和專注隱私功能的 Zcash 鏈互動，提高以太坊的隱私能力。

其中，前三點對以太坊的二層網路擴充方案是重大利好，因為很多二層網路方案會把很多交易打包在一起傳遞給（透過 calldata 參數）智慧合約驗證（透過 alt_bn128 函數驗證）。

伊斯坦堡分叉另外還有兩個重新調整 gas 費用的改進：EIP-1884（連結：https://learnblockchain.cn/docs/eips/eip-1884.html）及 EIP-2200（連結：https://learnblockchain.cn/docs/eips/eip-2200.html）。這裡不詳細介紹，讀者有興趣可以透過連結閱讀。

4.10.8 以太坊 2.0

以太坊 2.0 將是以太坊非常重大的改進（以此對應當前的以太坊有時被稱為以太坊 1.x），以太坊 2.0 將從現在的工作量證明（PoW）共識完全轉換到權益證明（PoS）共識，同時還會引入分片（sharding）概念，讓以太坊的網路能力可以提高到每秒處理數千至上萬筆交易，以及技術引入新的虛擬機器 eWASM（Ethereum-flavored Web Assembly）執行合約，讓編寫智慧合約有更多的選擇，由於以太坊 2.0 是一個龐大的專案，以太坊社區計畫分為 3 個階段來完成：

（1）第 0 階段：建立信標鏈（Beacon Chain）。信標鏈主要用來完成從 POW 到 PoS 共識機制的轉變，信標鏈透過質押 32 個 ETH 成為驗證人來參與出塊（而不再是使用算力參與挖礦）惡意出塊的驗證人會透過扣除質押金的方式進行處罰。同時信標鏈將成為之後分片鏈協調者和管理者。本書寫作時（2020 年 6 月）信標鏈測試網路已經啟動。

（2）第 1 階段：分片。這個階段將啟動 64 條分片鏈同時進行交易、儲存和資訊處理，當前的以太坊 1.x 會作為其中的一條分片鏈，信標鏈將對分片鏈的執行情況進行監督。分片是以太坊擴充的關鍵。

（3）第 2 階段：引入狀態機制 / 執行機制，例如 eWASM。這個階段會帶來哪些內容，還有很多不確定性。

在朝以太坊 2.0 發展的同時，以太坊 1.x 同樣會持續得到完善。

Chapter

05

探索智慧合約

本 章我們從生命週期的角度來探索智慧合約,看看智慧合約是如何從無到有創建的。

5.1 Remix IDE

工欲善其事,必先利其器。開發智慧合約,也得有工具,對初學者來說,Remix 是開發智慧合約的最佳 IDE,它無須安裝,可以直接快速上手。

Remix 目前支援兩種開發語言:Solidity 和 Vyper。我們可以透過網站 https://remix.ethereum.org/ 進入 Remix,進入時需要選擇對應的編譯器環境:Solidity。打開之後的介面如圖 5-1 所示,之後就可以進行開發。

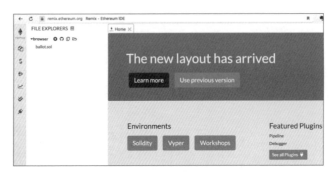

圖 5-1　Remix 運行截圖

5.2 MetaMask

MetaMask 是在瀏覽器中與以太坊進行互動的最簡單方法,它是 Chrome 或 Firefox 瀏覽器的外掛程式形式的錢包,可以幫助我們連接到以太坊網路而無須在瀏覽器所在的電腦上運行完整節點。在我們呼叫智慧合約或創建智慧合約的時候,MetaMask 可以為交易進行簽名和支付 gas 費用。

MetaMask 可以連接到以太坊主網以及任何一個測試網(Ropsten、Kovan 和 Rinkeby)或本地如 Geth、Ganache 創建的區塊鏈。

5.2.1 安裝 MetaMask

進入網站 https://metamask.io/,介面如圖 5-2 所示。

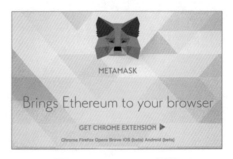

圖 5-2　MetaMask 網站

MetaMask 提供了多個瀏覽器的外掛程式，包括 Chrome、FireFox、Opera，現在 MetaMask 還推出了移動版（iOS 和 Android）。進入網站後，點擊獲取外掛程式即可，安裝完成之後，會在瀏覽器網址列的右側出現一個「小狐狸」的圖示，點擊這個圖示就可以進入 Metamask 介面。

5.2.2 設定 MetaMask 帳號

安裝完成之後需要進行一些設定來創建帳號。方法如下：點擊瀏覽器中的 MetaMask 圖示，如果是第一次使用，會出現如圖 5-3 所示的介面。

可以直接透過輸入密碼創建帳號，或透過助記詞（用來推導出帳號私密金鑰的一組詞語）匯入其他錢包的帳號。如果採用第二種方式，則點擊最下方 "Import with seed phrase"，會進入一個如圖 5-4 所示的匯入介面。如果我們讓 MetaMask 連結 Ganache 生成的模擬區塊鏈網路，就可以使用第二種方式，因為 Ganache 會為我們提供一個助記詞。

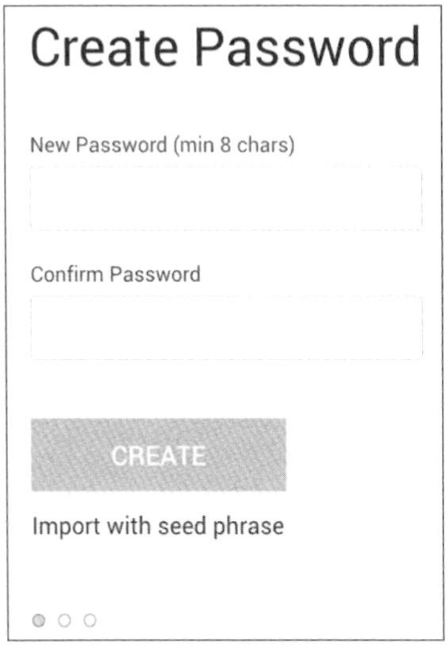

圖 5-3　MetaMask 創建帳號

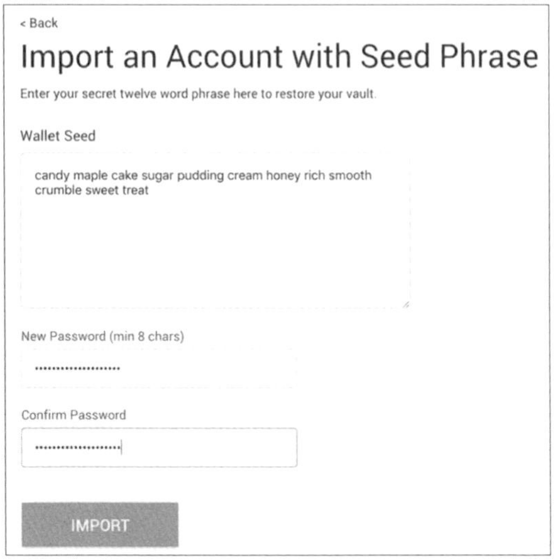

圖 5-4　MetaMask 匯入帳號

5.2.3 為帳號充值以太幣

要發起以太坊上的交易，需要一個有餘額的帳號，否則就沒辦法發起交易。這裡注意一下，即使是測試網路交易也同樣需要消耗 gas，因為如果測試網路和主網不一致就失去了測試的意義。

如果是新創建的帳號，帳號是沒有餘額的，如圖 5-5 所示。

主網的 ETH 是需要真金白金購買的，在進行開發測試的時候，可以選擇一個測試網路，點擊最上方的網路列表，例如在清單中選擇 Ropsten，以太坊的測試網路都會提供「水管」存入以太幣到錢包帳號，在圖 5-5 的介面中，直接點擊「存入」，彈出的介面如圖 5-6 所示。

圖 5-5 MetaMask 首頁面

圖 5-6 獲取測試以太幣

點擊圖 5-6 下方的「獲取 Ether」，此時瀏覽器會打開頁面：https://faucet.
metamask.io/，在頁面中點擊 "request 1 ether from faucet" 請求獲取 1 個
以太幣，如圖 5-7 所示。等交易確認後，我們可以在錢包裡看到 1 個以太
幣。

圖 5-7　獲取測試以太幣

如果匯入的是 ganache 中的帳號，並且連接的是 ganache 網路，那麼
ganache 會自動為帳號提供 100 個以太幣。

5.3 合約編寫

準備好環境後，開始正式進入程式編寫階段，以第 4 章出現的計數器合
約為例進行部署，程式如下。

```
pragma solidity ^0.5.0;
contract Counter {
    uint counter;

    constructor() public {
        counter = 0;
    }
    function count() public {
```

```
        counter = counter + 1;
    }

    function get() public view returns (uint) {
        return counter;
    }
}
```

在 Remix IDE，新建一個檔案，輸入上面這段程式，如圖 5-8 所示。

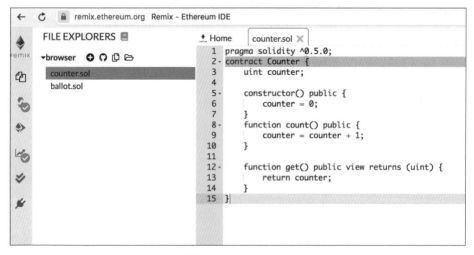

圖 5-8　Remix IDE

簡單解讀這個合約，這個智慧合約的作用是在區塊鏈上儲存一個計數器變數，任何人都可以透過呼叫 count() 函數讓計數器加 1，呼叫 get() 函數獲取計數器值，這個數字將被永久留存在區塊鏈的歷史上。

用其他語言編寫程式時，通常會有一個程式入口方法（如 main 方法），而智慧合約沒有入口方法，每一個函數都可以被單獨呼叫，並且每一個函數也都只能在合約內部實現，沒有實現全域函數。

5.4 合約編譯

Solidity 是一門編譯型語言，程式編寫之後，需要對程式進行編譯，在 Remix 左側工具列，選擇由上至下的第二個，點擊編譯合約，如圖 5-9 所示。

圖 5-9　Remix 編譯

也可以選取自動編譯，這樣它就會在程式更新後，自動進行編譯，如果合約程式編譯出錯，那麼在編譯資訊欄會顯示錯誤詳情。

5.5 合約部署及運行

編譯之後，如果程式沒有錯誤，就可以部署到以太坊網路上，推薦的正確操作流程是：先在本地的模擬網路進行部署，測試及驗證程式邏輯的正確性，確保一切沒有問題之後，在以太坊測試網或主網上線。

5.5.1 部署 JavaScript VM

在功能區切換到第三個標籤頁，在環境（Environment）一欄選擇 JavaScript VM[1]，點擊 "Deploy" 進行部署，如圖 5-10 所示。

圖 5-10　Remix 部署

1　JavaScript VM 是在瀏覽器中，模擬實現了一個以太坊 EVM，此處就是部署在這個虛擬的環境中。

此時會提交一個創建合約的交易，交易被礦工挖出後，會打包在一個區塊中，可以在程式區的下方——偵錯資訊區域看到部署的交易詳情，如圖5-11所示。

圖 5-11　Remix 部署交易詳情

現在，我們的第一個智慧合約已經創建完成，合約創建完成之後，在功能區的下方會出現智慧合約部署後的地址以及合約所有可以呼叫的函數，如圖 5-12 所示。

圖 5-12　Remix 合約運行圖（1）

點擊上方的 count 和 get 兩個按鈕，就可以呼叫對應的合約函數。Remix 裡用淺色按鈕來表示這個按鈕的動作會修改區塊鏈的狀態，深色按鈕則表示呼叫僅是讀取區塊鏈的狀態。

每次點擊 count 時，計數器變數加 1，點擊 get 可以獲得當前計數器的值。下面來驗證一下：先運行一次 count() 函數，這時會提交一個交易（修改區塊鏈的狀態），點擊 get 則會直接獲得值，如圖 5-13 所示。

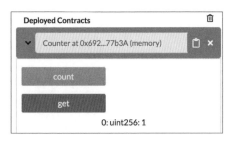

圖 5-13　Remix 合約運行圖（2）

5.5.2　部署到以太坊網路

前面是部署到模擬環境，現在我們選擇在以太坊測試網 Ropsten 進行部署（如果要發佈一個真正有價值的、需要給其他使用者使用的合約，則可以選擇主網），先在 MetaMask 裡選擇網路，如圖 5-14 所示。

圖 5-14　MetaMask 選擇網路

然後繼續切換到 Remix，環境選擇 "Injected Web3"，它的意思是使用
MetaMask 外掛程式在網頁中注入的 Web3，即選擇 Metamask 為 Remix
提供的環境，選擇之後，Remix 會自動載入出 MetaMask 的帳號，如圖
5-15 所示。

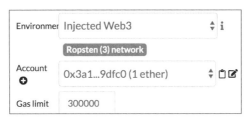

圖 5-15　Remix 載入 MetaMask 帳號

最後點擊 "Deploy"，彈出交易確認介面，如圖 5-16 所示，用於確認交易
內容及 gas 消耗，同時在點擊確認時完成交易的簽名。

圖 5-16　交易確認授權

所有透過 MetaMask 發起的交易，都會彈出這樣一個交易確認視窗，提
交交易後，在偵錯資訊區域會出現一個連結：https://ropsten.etherscan.io/
tx/0x97b009b73e1b89ffc81613776f156522f1526f9d9497a311d8b566a379fa
70a5。透過這個連結可以查看交易的狀態，如圖 5-17 所示。

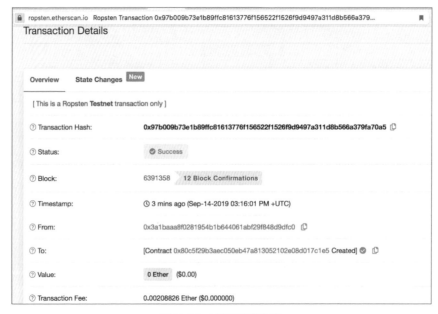

圖 5-17　交易狀態資訊

合約部署之後，和在 JavaScript VM 環境下一樣，在功能區的下方會出現
智慧合約部署後的地址，以及合約中所有可以呼叫的函數。

5.6 合約內容

再次分析下合約程式，通常一個合約 .sol 檔案之後會包含以下兩個部分：

（1）宣告編譯合約使用的編譯器版本；
（2）用 contract 定義一個合約（或用 library 定義一個函數庫）。

5.6.1 編譯器版本宣告

程式中第一行：

```
pragma solidity ^0.5.0;
```

關鍵字 pragma 的含義是：用來告訴編譯器如何編譯這段程式，^ 表示版本能高於 0.5.0，但是必須低於 0.6.0，即只有第三位的版本編號可以變。類似的還可以使用如：

```
pragma solidity >=0.5.0 <0.6.0;
```

Solidity 中編譯器的版本的宣告，運算式遵循 npm（Node.js 軟體套件管理）版本語義，可以參考 https://docs.npmjs.com/misc/semver。

5.6.2 定義合約

```
contract Counter {
}
```

這句定義了一個合約，合約的名字為 Counter（和其他語言定義一個類別很相似），一個合約通常又是由狀態變數（合約資料）和合約函數組成。

5.6.3 狀態變數

```
uint counter;
```

這行程式宣告了一個變數，變數名稱為 counter，類型為 uint（一個 256 位元的不帶正負號的整數），它就像資料庫裡面的儲存單元。在以太坊中，所有的變數組成了整個區塊鏈網路的狀態，所以也稱為狀態變數。

Solidity 是一個靜態類型語言，每個變數需要在宣告時確定語言。

5.6.4 合約函數

```
constructor() public {
    counter = 0;
}

function count() public {
    counter = counter + 1;
}

function get() public view returns (uint) {
    return counter;
}
```

這裡定義了 3 個函數：第一個是建構函數，用來完成合約的初始化，在
合約創建時執行；第二個 count() 是普通的函數，它對 counter 變數加 1，
任何修改狀態變數都需要透過一個交易提交到鏈上，礦工打包之後交易
才算完成；第三個 get() 函數用來讀取變數的值，這是視圖函數，不需要
提交交易。

閱讀本章後，我們對智慧合約有了一個初步的了解，知道如何編譯部署
合約以及一個合約由哪幾個部分組成。接下來的第 6 章將進一步介紹如
何開發合約。

Solidity 語言基礎

透過前面幾章，我們對以太坊上智慧合約開發有了一些巨觀的了解，本章我們將開始探索智慧合約 Solidity 開發語言基礎特性，在本章我們將介紹 Solidity 的資料類型（包含常用整數、地址類型、陣列、映射和結構等），合約及錯誤處理。

6.1 Solidity 資料類型

Solidity 是一種靜態類型語言，常見的靜態類型語言有 C、C++、Java 等，靜態類型表示在編譯時需要為每個變數（本地或狀態變數）都指定類型。

Solidity 資料類型看起來很簡單，但卻是最容易出現漏洞（如發生「溢位」等問題）。還有一點需要關注，Solidity 的資料類型非常在意所佔空間的大小。另外，Solidity 的一些基底資料類型可以組合成複雜資料類型。

Solidity 資料類型分為兩類：

- 數值類型（Value Type）
- 參考類型（Reference Type）

6.1.1 數值類型

數值類型變數用表示可以用 32 個位元組來儲存的資料，它們在設定值或傳參時，總是進行值拷貝。

數值類型包含：

- 布林類型（Booleans）
- 整數（Integers）
- 定長浮點數（Fixed Point Numbers）
- 定長位元組陣列（Fixed-size byte arrays）
- 有理數和整數常數（Rational and Integer Literals)
- 字串常數（String literals）
- 十六進位常數（Hexadecimal literals）
- 列舉（Enums）
- 函數類型（Function Types）
- 地址類型（Address)
- 地址常數（Address Literals）

本章不打算講解所有的類型，只重點介紹下常用的整數、地址類型和函數類型，至於其他的類型，可以參考筆者參與翻譯的 Solidity 中文文件[1]，英文好的人可以查看官方文件[2]。

1　Solidity 中文文件：https://learnblockchain.cn/docs/solidity/types.html#value-types。
2　Solidity 官方文件：https://solidity.readthedocs.io/en/v0.5.11/types.html。

6.1.2 整數

整數類型用 int/uint 表示有號和無號的整數。關鍵字的尾端接上一個數字表示資料類型所佔用空間的大小，這個數字是 8 的倍數，最高為 256。因此，表示不同空間大小的整數有：uint8、uint16、uint32……uint256，int 同理，無數字時 uint 和 int 對應 uint256 和 int256。

因此整數的設定值範圍跟不同的空間大小有關，比如 uint32 類型的設定值範圍是 0 到 2^{32}-1。

如果整數的某些操作，其結果不在設定值範圍內，則會被溢位截斷。這些截斷可能會讓開發者承擔嚴重後果，稍後舉例。

整數支援的運算子包括以下幾種：

- 比較運算子：<=（小於等於）、<（小於）、==（等於）、!=（不等於）、>=（大於等於）、>（大於）
- 位元運算符號：&（和）、|（或）、^（互斥）、~（位元反轉）
- 算術運算符號：+（加號）、-（減）、-（負號）、*（乘號）、/（除號）、%（取餘數）、**（冪）
- 移位：<<（左移位）、>>（右移位）

這裡略作說明：

（1）整數除法總是截斷的，但如果運算子是字面量（字面量稍後講），則不會截斷。

（2）整數除 0 會拋出例外。

（3）移位元運算結果的正負取決於運算符號左邊的數。x << y 和 x * (2**y) 是相等的，x >> y 和 x / (2*y) 是相等的。

（4）不能進行負移位，即運算符號右邊的數不可以為負數，否則會在執行時期拋出例外。可以使用程式操練一下不同運算符號的使用，運行之前，先自己預測一下結果，看是否和運行結果不一樣。

```
pragma solidity ^0.5.0;

contract testInt {
    int8 a = -1;
    int16 b = 2;

    uint32 c = 10;
    uint8 d = 16;

    function add(uint x, uint y) public pure returns (uint z) {
        z = x + y;
    }

    function divide(uint x, uint y ) public pure returns (uint z) {
        z = x / y;
    }

    function leftshift(int x, uint y) public pure returns (int z){
        z = x << y;
    }

    function rightshift(int x, uint y) public pure returns (int z){
        z = x >> y;
    }

    function testPlusPlus() public pure returns (uint ) {
        uint x = 1;
        uint y = ++x; // c = ++a;
        return y;
    }
}
```

整數溢出問題

在使用整數時，要特別注意整數的大小及所能容納的最大值和最小值，如 uint8 的最大值為 0xff（255），最小值是 0，從 solidity 0.6.0 版本開始可以透過 Type(T).min 和 Type(T).max 獲得整數的最小值與最大值。

下面這段合約程式用來演示整數溢位的情況，大家可以預測 3 個函數分別的結果是什麼？然後運行看看。

```solidity
pragma solidity ^0.5.0;

contract testOverflow {
    function add1() public pure returns (uint8) {
        uint8 x = 128;
        uint8 y = x * 2;
        return y;
    }

    function add2() public pure returns (uint8) {
        uint8 i = 240;
        uint8 j = 16;
        uint8 k = i + j;
    }

    function sub1() public pure returns (uint8) {
        uint8 m = 1;
        uint8 n = m - 2;
        return n;
    }
}
```

結果分析：add1() 的結果是 0，而非 256，add2() 的結果同樣是 0，sub1 是 255，而非 -1。溢位就像我們的時鐘一樣，當秒針走到 59 之後，下一秒又從 0 開始。

業界名氣頗大的 BEC（Beauty Chain 的代幣符號），就曾經因發生溢出問題被交易所暫停交易，損失慘重。

防止整數溢出問題，一個方法是對加法運算的結果進行判斷，防止出現異常值，例如：

```
function add(uint256 a, uint256 b) internal pure returns (uint256) {
    uint256 c = a + b;
    require(c >= a);   // 做溢位判斷，加法的結果肯定比任何一個元素大。
    return c;
}
```

以上函數使用 require 進行條件檢查，當條件為 false 的時候，就是拋出例外，並還原交易的狀態，關於 require 的使用方法在本書 6.3 節會作進一步介紹。

幸運的是，從 Solidity 0.8 開始，編譯器整合了 SafeMath 功能，將自動對整數運算做溢位判斷。

6.1.3 地址類型

Solidity 中，使用地址類型來表示一個帳號，地址類型有兩種形式。

- address：保存一個 20 位元組的值（以太坊地址的大小）。
- address payable：表示可支付地址，與 address 相同也是 20 位元組，不過它有成員函數 transfer(和 send)。

這種區別背後的思想是 address payable 可以接受以太幣的地址，而普通的 address 則不能，不過其實在使用的時候，大部分時間我們不需要關注 address 和 address payable，一般使用 address 就好，如果遇到編譯問題，需要 address payable，可以使用以下方式進行轉換：

```
address payable ap = payable(addr);
```

> 提示：上面的轉換方法是在 Solidity 0.6 版本加入的，如果是 Solidity 0.5 版本，則使用 address payable ap = address(uint160(addr))；可以看出，address 可以顯性地和整數進行轉換，除此之外，address 還可以顯性地跟 bytes20（20 個位元組長度的陣列）和合約類型進行相互轉換。

當被轉換的地址是一個合約地址時，需要合約實現接收（receive）函數或具有 payable 修飾的回覆（fallback）函數（這是兩個特殊定義的函數，在 6.2 節會詳細介紹），才能顯性地實現和 "address payable" 類型相互轉換（轉換仍然使用 address(addr) 執行），如果合約沒有實現接收或回覆函數，則需要進行兩次轉換，將 payable(address(addr)) 轉為 address payable 類型。

地址類型支持的比較運算包括：<=、<、==、!=、>= 以及 >。常用的還是判斷兩個地址是相等（==）還是不相等（!=）。

地址類型成員

地址類型和整數等基本類型不同，地址類型還有自己的成員屬性及函數。

- <address>.balance(uint256)

  balance 成員屬性：返回地址類型 address 的餘額，餘額以 wei 為單位。

- <address payable>.transfer(uint256 amount)

  transfer 成員函數：用來向地址發送 amount 數量 wei 的以太幣，失敗時拋出例外，消耗固定的 2300 gas。

- <address payable>.send(uint256 amount) returns (bool)

  send 成員函數：向地址發送特定數量（以 wei 為單位，用參數 amount 指定）的以太幣，失敗時返回 false，消耗固定的 2300 gas。實際上 addr.transfer(y) 與 require(addr.send(y)) 是等值的。

注意：send（是 transfer）的低級版本。如果執行失敗，當前的合約不會因為異常而終止，在使用 send（的時候，如果不檢查返回值，會有風險。大部分情況下應該用 transfer）。

地址類型使用範例：

```
pragma solidity ^0.6.0;

contract testAddr {

  // 如果合約的餘額大於等於10，而x小於10,則給x轉10 wei
  function testTrasfer(address payable x) public {
    address myAddress = address(this);
    if (x.balance < 10 && myAddress.balance >= 10) {
      x.transfer(10);
    }
  }
}
```

本書在 4.2 節中，介紹過外部帳號和合約本質是一樣的，每一個合約也是它自己的類型，如上程式中的 testAddr 就是一個合約類型，它也可以轉化為地址類型，上面程式的 address myAddress = address(this); 就是把合約轉為地址類型，然後用 .balance 獲取餘額。

這裡有一個很多開發者忽略的基礎知識：如果給一個合約地址轉帳，即上面程式 x 是合約地址時，合約的 receive 函數或 fallback 函數會隨著 transfer 呼叫一起執行（這個是 EVM 特性），而 send() 和 transfer() 的執行只會使用 2300 gas，因此在接收者是一個合約地址的情況下，很容易出現 receive 函數或 fallback 函數把 gas 耗光而出現轉帳失敗的情況。

> 為了避免 gas 不足導致轉帳失敗的情況，可以使用下面介紹的底層函數 call()，使用 addr.call{value:1 ether}("") 來進行轉帳，這行程式碼在功能上等於 addr.transfer(y)，但 call 呼叫方式會用上當前交易所有可用的 gas。

地址類型還有 3 個更底層的成員函數，通常用於與合約互動。

- <address>.call(bytes memory) returns (bool, bytes memory)
- <address>.delegatecall(bytes memory) returns (bool, bytes memory)
- <address>.staticcall(bytes memory) returns (bool, bytes memory)

這 3 個函數用直接控制的編碼 [指定有效酬載（payload）作為參數] 與合約互動，返回成功狀態及資料，預設發送所有可用 gas。它是向另一個合約發送原始資料，支持任何類型、任意數量的參數。每個參數會按規則（介面定義 ABI 協定）打包成 32 位元組並拼接到一起。Solidity 提供了全域的函數 abi.encode、abi.encodePacked、abi.encodeWithSelector 和 abi.encodeWithSignature 用於編碼結構化資料。

舉例來說，下面的程式是用底層方法 call 呼叫合約 register 方法。

```
bytes memory payload = abi.encodeWithSignature("register(string)",
"MyName");
(bool success, bytes memory returnData) = address(nameReg).call(payload);
require(success);
```

注意：所有這些函數都是低級函數，應謹慎使用。因為我們在呼叫一個合約的同時就將控制權交給了被調合約，當我們對一個未知的合約進行這樣的呼叫時，這個合約可能是惡意的，並且被調合約又可以回呼我們的合約，這可能發生重入攻擊[3]。與其他合約互動的正常方法是在合約物件上呼叫函數（即 x.f()）[4]。

底層函數還可以透過 value 選項附加發送 ether（delegatecall 不支援 .value()），如上面用來避免轉帳失敗的方法：addr.call{value:1 ether}("")。

3　重入攻擊：被調合約回呼我們的合約，引起我們的合約出現狀態錯誤的一種攻擊。
4　如果 x 是合約物件，f() 是合約內實現的函數，那麼 x.f() 就表示呼叫合約對應的函數。

下面則表示呼叫函數 register() 時，同時存入 1eth。

```
address(nameReg).call{value:1 ether}(abi.encodeWithSignature("register
(string)", "MyName"));
```

底層函數還可以透過 gas 選項控制的呼叫函數使用 gas 的數量。

```
address(nameReg).call{gas: 1000000}(abi.encodeWithSignature("register
(string)", "MyName"));
```

它們還可以聯合使用，出現的順序不重要。

```
address(nameReg).call{gas: 1000000, value: 1 ether}(abi.encodeWithSignature
("register(string)", "MyName"));
```

使用函數 delegatecall() 也是類似的方式，delegatecall() 被稱為「委託呼叫」，顧名思義，是把一個功能委託到另一個合約，它使用當前合約（發起呼叫的合約）的上下文環境（如儲存狀態，餘額等），同時使用另一個合約的函數。delegatecall() 多用於呼叫函數庫程式以及合約升級。

6.1.4 合約類型

合約類型用 contract 關鍵字定義，每一個 contract 定義都有它自己的類型，以下程式定義了一個 Hello 合約類型（類似其他語言的類別）。

```
pragma solidity ^0.6.0;

contract Hello {
    function sayHi() public {
    }

    // 可支付回覆函數
    receive() external payable  {
    }
}
```

Hello 類型有一個成員函數 sayHi 及接收函數，如果宣告一個合約類型的變數（如 Hello c），則可以用 c.sayHi() 呼叫該合約的函數。

合約可以顯性轉為 address 類型，從而可以使用地址類型的成員函數。

在合約內部，可以使用 this 關鍵字表示當前的合約，可以透過 address (this) 轉為一個地址類型。

在合約內部，還可以透過成員函數 selfdestruct() 來銷毀當前的合約，selfdestruct() 函數說明為：

```
selfdestruct(address payable recipient)
```

在合約銷毀時，如果合約保存有以太幣，所有的以太幣會發送到參數 recipient 地址（這個操作不會呼叫本書後面 6.2.9 小節介紹的 receive() 函數），合約銷毀後，合約的任何函數將不可呼叫。

合約類型資訊

Solidity 從 0.6 版本開始，對於合約 C，可以透過 type(C) 來獲得合約的類型資訊，這些資訊包含以下內容。

（1）type(C).name：獲得合約的名字。
（2）type(C).creationCode：獲得創建合約的位元組碼。
（3）type(C).runtimeCode：獲得合約執行時期的位元組碼。

如何區分合約地址及外部帳號地址

我們經常需要區分一個地址是合約地址還是外部帳號地址，區分的關鍵是看這個地址有沒有與之相連結的程式。EVM 提供了一個操作碼 EXTCODESIZE，用來獲取地址相連結的程式大小（長度），如果是外部帳號地址，則沒有程式返回。因此我們可以使用以下方法判斷合約地址及外部帳號地址。

```
function isContract(address addr) internal view returns (bool) {
  uint256 size;
  assembly { size := extcodesize(addr) }
  return size > 0;
  }
```

如果我們要限定一個方法只能由外部帳號呼叫，則需要使用 require(msg.
sender == tx.origin, "Must EOA")；來進行檢查。因為當合約創建時，還
沒有儲存其程式，此時用 isContract 檢查將故障。

如果是在合約外部判斷，則可以使用 web3.eth.getCode()（一個 Web3.0
的 API），或是對應的 JSON-RPC 方法——eth_getcode。getCode() 用來獲
取參數地址所對應合約的程式，如果參數是一個外部帳號地址，則返回
"0x"；如果參數是合約，則返回對應的位元組碼，下面兩行程式分別對應
無程式和有程式的輸出。

```
>web3.eth.getCode("0xa5Acc472597C1e1651270da9081Cc5a0b38258E3")
"0x"
>web3.eth.getCode("0xd5677cf67b5aa051bb40496e68ad359eb97cfbf8") "0x6001
60008035811a81818114601257830100 5b601b6001356025565b8060005260206000f2
5b60006007820290 5091905056"
```

這時候，透過比較 getCode() 的輸出內容，就可以很容易判斷出是哪一種
地址。

6.1.5 函數類型

Solidity 中的函數也可以是一種類型，並且它屬於數值類型，可以將一個
函數設定值給一個函數類型的變數，也可以將一個函數作為參數進行傳
遞，還可以在函數呼叫中返回一個函數。

```
contract TestFunc {
```

```
function a(uint x) external returns (uint z)  {
  return x * x;
}

function b(uint x) external returns (uint z) {
  return 2 * x;
}

// 變數f可以被設定值為函數a或函數b
function select(function (uint) external returns (uint) f, uint x)
external returns (uint z) {
   return f(x);
}

// 函數作為返回值的類型
function getfun() public view returns (function (uint) external returns
(uint) ) {
   return this.b;
}

function callTest(bool useB, uint x) external returns (uint z) {
  // 變數f可以被設定值為函數a或函數b
  function (uint) external returns (uint) f;
  if (useB) {
    f = this.b;
  } else {
    f = this.a;
  }
  return f(x);
}

}
```

select() 第一個參數就是函數類型，getfun() 函數的返回值是函數類型，
callTest() 函數宣告了一個函數類型的變數。

函數類型有兩類：內部（internal）函數和外部（external）函數。本書將在 6.2 節作進一步介紹。

函數類型的表示形式如下：

```
function (<parameter types>) {internal|external}
[pure|constant|view|payable] [returns (<return types>)]
```

函數類型的成員

公有或外部（public /external）函數類型有以下成員屬性和方法。

- .address：返回函數所在的合約地址。
- .selector：返回 ABI 函數選擇器，函數選擇器在本書 7.4 節作進一步介紹。

下面的例子展示的是如何使用成員。

```
pragma solidity >=0.4.16 <0.7.0;

contract Example {
  function f() public payable returns (bytes4) {
    return this.f.selector;
  }
  function g() public {
    this.f.gas(10).value(800)();
    // 新語法是this.f{gas: 10, value: 800}();
  }
}
```

6.1.6　參考類型

數值類型的變數，設定值時總是進行完整獨立的拷貝。而一些複雜類型如陣列和結構，佔用的空間通常超過 256 位元（32 個位元組），拷貝時負擔很大，這時就可以使用引用的方式，即透過多個不同名稱的變數指向一個值。目前，參考類型包括結構、陣列和映射。

資料位置

參考類型都有一個額外屬性來標識資料的儲存位置，因此在使用參考類型時，必須明確指明資料儲存於哪種類型的位置（空間）裡，EVM 中有3 種位置。

- memory（記憶體）：其生命週期只存在於函數呼叫期間，區域變數預設儲存在記憶體，不能用於外部呼叫。
- storage（儲存）：狀態變數保存的位置，只要合約存在就一直保存在區塊鏈中。
- calldata（呼叫資料）：用來儲存函數參數的特殊資料位置，它是一個不可修改的、非持久的函數參數儲存區域。

如果可以的話，應儘量使用 calldata 作為資料位置，因為它可以避免資料的複製（減小負擔），並確保不能修改資料。

參考類型在進行設定值的時候，只有在更改資料位置或進行類型轉換時會創建一份拷貝，而在同一資料位置內通常是增加一個引用，接下來我們對其具體分析。

（1）在儲存和記憶體之間兩兩設定值（或從呼叫資料設定值），都會創建一份獨立的拷貝。
（2）從記憶體到記憶體的設定值只創建引用，這表示更改記憶體變數時，其他引用相同資料的所有其他記憶體變數的值也會跟著改變。
（3）從儲存到本機存放區變數的設定值也只分配一個引用。
（4）其他的位置向儲存設定值，總是進行拷貝。

下面一段程式可以幫助了解資料位置。

```
pragma solidity >=0.4.0 <0.7.0;

contract Tiny {
    uint[] x;                       // x的資料儲存位置是storage

    // memoryArray的資料儲存位置是memory
    function f(uint[] memory memoryArray) public {
        x = memoryArray;            // 將整個陣列拷貝到storage中，可行
        uint[] storage y = x;    // 分配一個指標（其中y的資料儲存位置是
storage），可行
        y[7]; // 返回第8個元素，可行
        y.pop();                    // 透過y修改x，可行
        delete x;                   // 清除陣列，同時修改y，可行

        // 下面的程式就不可行，需要在storage中創建新的未命名的臨時陣列，但
storage 是"靜態"分配的：
        // y = memoryArray;
        // 下面這一行程式也不可行，因為這會"重置"指標，但並沒有可以讓它指向
的合適的儲存位置。
        // delete y;

        g(x); // 呼叫g函數，同時移交對x的引用
        h(x); // 呼叫h函數，同時在memory中創建一個獨立的臨時拷貝
    }

    function g(uint[] storage ) internal pure {}
    function h(uint[] memory) public pure {}
}
```

不同的資料位置的 gas 消耗

- 儲存會永久保存合約狀態變數，負擔最大。
- 記憶體僅保存臨時變數，函數呼叫之後釋放，負擔很小。
- 呼叫資料（calldata）保存很小的區域變數，幾乎免費使用，但有數量限制。

6.1.7 陣列

和大多數語言一樣,在一個類型後面加上一個 [],就組成一個陣列類型,
表示可以儲存該類型的多個變數。陣列類型有兩種:固定長度的陣列和
動態長度的陣列。一個元素類型為 T,固定長度為 k 的陣列,可以宣告為
T[k],一個動態長度的陣列,可以宣告為 T[]。例如:

```
uint [10] tens;
uint [] many;
```

陣列宣告可以進行初始化:

```
uint [] public u = [1, 2, 3];
string[4] adaArr = ["This", "is", "an", "array"];
```

陣列還可以用 new 關鍵字進行宣告,創建以執行時期長度為基礎的記憶
體陣列,形式如下:

```
uint[] c = new uint[](7);
bytes public _data = new bytes(10);
string [] adaArr1 = new  string[](4);
```

陣列透過索引進行存取,序號是從 0 開始的。舉例來說,存取第 1 個元
素時使用 tens[0],對元素設定值,即 tens[0] = 1。

Solidity 也支援多維陣列。舉例來說,宣告一個類型為 uint、長度為 5 的
變長陣列(5 個元素都是變長陣列),則可以宣告為 uint[][5]。要存取第 3
個動態陣列的第 2 個元素,使用 x[2][1] 即可。存取第三個動態陣列使用
x[2],陣列的序號是從 0 開始的,序號順序與定義相反。

> 注意,定義多維陣列和很多語言裡順序不一樣,如在 Java 中,宣告一個包含
> 5 個元素、每個元素都是陣列的方式為 int[5][]。

bytes 和 string

還有兩個特殊的陣列類型：bytes 和 string。它們的宣告幾乎是一樣的，形式如下：

```
bytes bs;
bytes bs0 = "12abcd";
bytes bs1 = "abc\x22\x22";    // 十六進位數
bytes bs2 = "Tiny\u718A";     // 718A為中文字"熊"的Unicode編碼值

string str0;
string str1 = "TinyXiong\u718A";
```

bytes 是動態分配大小位元組的陣列，類似於 byte[]，但是 bytes 的 gas 費用更低，一般來講，bytes 和 string 都可以用來表達字串，對任意長度的原始位元組資料使用 bytes，對任意長度字串（UTF-8）資料使用 string。

可以將字串 s 透過 bytes(s) 轉為一個 bytes，透過 bytes(s).length 獲取長度，bytes(s)[n] 獲取對應的 UTF-8 編碼。透過索引存取獲取到的不是對應字元，而是 UTF-8 編碼，比如中文的編碼是變長的多位元組，因此透過索引存取中文字串得到的只是其中的編碼。

<mark>注意</mark>：bytes 和 string 不支援用索引索引進行存取。

如果使用一個長度有限制的位元組陣列，應該使用一個 bytes1 到 bytes32 的具體類型，因為它們佔用空間更少，消耗的 gas 更少。

string 擴充

Solidity 語言本身提供的 string 功能比較弱，因此有人實現了 string 的工具程式庫，這個函數庫中提供了一些實用函數，如獲取字串長度、獲得子字串、大小寫轉換、字串拼接等函數。

陣列成員

陣列類型可以透過成員屬性獲取陣列狀態以及可以透過成員函數來修改陣列的狀態，這些成員包括以下幾種。

- length 屬性：表示當前陣列的長度，這是一個唯讀屬性，不能透過修改 length 屬性來更改陣列的大小。

- push()：用來增加新的零初始化元素到陣列尾端，並返回元素的引用，以便修改元素的內容，如：x.push().t = 2 或 x.push() = b，push 方法只對儲存（storage）中的陣列及 bytes 類型有效（string 類型不可用）。

- push(x)：用來增加指定元素到陣列尾端。push(x) 沒有返回值，方法只對儲存（storage）中的陣列及 bytes 類型有效（string 類型不可用）。

- pop()：用來從陣列尾端刪除元素，陣列的長度減 1，會在移除的元素上隱含呼叫 delete，釋放儲存空間（及時釋放不再使用的空間，可以節省 gas）。pop() 沒有返回值，pop() 方法只對儲存（storage）中的陣列及 bytes 類型有效（string 不可用）。

下面是一段使用陣列的範例。

```
pragma solidity >=0.6.0 <0.9.0;

contract ArrayContract {
    uint[2**20] m_aLotOfIntegers;

    // 注意下面的程式並不是一對動態陣列
    // 而是一個陣列元素為一對變數的動態陣列（也就是陣列元素為長度為2的定長
陣列的動態陣列）
    // 因為T[]總是T的動態陣列，儘管T是陣列
    //所有的狀態變數的資料位置都是storage
    bool[2][] m_pairsOfFlags;

    // newPairs儲存在memory中(僅當它是公有的合約函數)
```

```
function setAllFlagPairs(bool[2][] memory newPairs) public {

    // 向一個storage的陣列設定值會對newPairs進行拷貝，並替代整個
m_pairsOfFlags陣列

    m_pairsOfFlags = newPairs;
}

struct StructType {
    uint[] contents;
    uint moreInfo;
}
StructType s;

function f(uint[] memory c) public {
    // 保存引用
    StructType storage g = s;

    // 同樣改變了s.moreInfo
    g.moreInfo = 2;

    // 進行了拷貝，因為g.contents 不是本地變數，而是本地變數的成員
    g.contents = c;
}

function setFlagPair(uint index, bool flagA, bool flagB) public {
    // 存取不存在的索引將引發異常
    m_pairsOfFlags[index][0] = flagA;
    m_pairsOfFlags[index][1] = flagB;
}

function clear() public {
    // 完全清除陣列
    delete m_pairsOfFlags;
    delete m_aLotOfIntegers;
    // 效果和上面相同
```

```
        m_pairsOfFlags.length = new bool[2][](0);
    }

    bytes m_byteData;

    function byteArrays(bytes memory data) public {
        // 位元組陣列（bytes）不一樣，它們在沒有填充的情況下儲存
        // 可以被視為與uint8[]相同
        m_byteData = data;
        for(unit i=0;i<7;i++){
        m_byteData.push();
        }
        m_byteData[3] = 0x08;
        delete m_byteData[2];
    }

    function addFlag(bool[2] memory flag) public returns (uint) {
        return m_pairsOfFlags.push(flag);
    }

    function createMemoryArray(uint size) public pure returns (bytes
memory) {
        // 使用 new 創建動態記憶體陣列：
        uint[2][] memory arrayOfPairs = new uint[2][](size);

        // 內聯（Inline）陣列始終是靜態大小的，如果只使用字面常數，則必須至少
提供一種類型
        arrayOfPairs[0] = [uint(1), 2];

        // 創建一個動態位元組陣列
        bytes memory b = new bytes(200);
        for (uint i = 0; i < b.length; i++)
            b[i] = byte(uint8(i));
        return b;

    }
}
```

陣列切片

陣列切片是陣列的一段連續的部分,用法是:x[start:end]。

start 和 end 是 uint256 類型(或結果為 uint256 的運算式),x[start:end] 的第一個元素是 x[start],最後一個元素是 x[end - 1]。start 和 end 都可以是可選的:start 預設是 0,而 end 預設是陣列長度。如果 start 比 end 大或 end 比陣列長度還大,將拋出例外。

陣列切片在 ABI 解碼資料的時候非常有用,範例程式如下。

```solidity
pragma solidity >=0.6.0 <0.7.0;

contract Proxy {
    /// 被當前合約管理的用戶端合約地址
    address client;

    constructor(address _client) public {
        client = _client;
    }

    /// 在進行參數驗證之後,轉發到由client實現的"setOwner(address)"
    function forward(bytes calldata _payload) external {
        bytes4 sig = abi.decode(_payload[:4], (bytes4));
        if (sig == bytes4(keccak256("setOwner(address)"))) {
            address owner = abi.decode(_payload[4:], (address));
            require(owner != address(0), "Address of owner cannot be
zero.");
        }
        (bool status,) = client.delegatecall(_payload);
        require(status, "Forwarded call failed.");
    }
}
```

6.1.8 映射

映射類型和 Java 的 Map、Python 的 Dict 在功能上差不多，它是一種鍵值對的映射關係儲存結構，定義方式為 mapping(KT => KV)。如：

```
mapping( uint => string) idName;
```

映射是一種使用廣泛的類型，經常在合約中充當一個類似資料庫的角色，比如在代幣合約中用映射來儲存帳戶的餘額，在遊戲合約裡可以用映射來儲存每個帳號的等級，如：

```
mapping(address => uint) public balances;
mapping(address => uint) public userLevel;
```

映射的存取和陣列類似，可以用 balances[userAddr] 存取。

鍵類型有一些限制：不可以是映射、變長陣列、合約、列舉、結構。值的類型沒有任何限制，可以為任何類型，包括映射類型。

下面是一段範例程式。

```
pragma solidity ^0.5.0;

contract MappingExample {
   mapping(address => uint) public balances;

   function update(uint newBalance) public {
     balances[msg.sender] = newBalance;
   }
}

contract MappingUser {
   function f() public returns (uint) {
     MappingExample m = new MappingExample();
     m.update(100);
```

```
    return m.balances(this);
  }
}
```

6.1.9 結構

Solidity 可以使用 struct 關鍵字來定義一個自訂類型,例如:

```
struct CustomType {
    bool myBool;
    uint myInt;
}
```

除可以使用基本類型作為成員以外,還可以使用陣列、結構、映射作為
成員,如:

```
struct CustomType2 {
    CustomType[] cts;
    mapping(string=>CustomType) indexs;
}

struct CustomType3 {
    string name;
    mapping(string=>uint) score;
    int age;
}
```

不能在宣告結構的同時將自身結構作為成員,但是可以將它作為結構中
映射的數值類型,如:

```
struct CustomType2 {
      CustomType[] cts;
      mapping(string=>CustomType2) indexs;
    }
```

結構宣告與初始化

使用結構宣告變數及初始化有以下幾個方式。

（1）僅宣告變數而不初始化，此時會使用預設值創建結構變數，例如：

```
CustomType ct1;
```

（2）按成員順序（結構宣告時的順序）初始化，例如：

```
CustomType ct1 = CustomType(true, 2);        // 只能作為狀態變數這樣使用
CustomType memory ct2 = CustomType(true, 2); // 在函數內宣告
```

這種方式需要特別注意參數的類型及數量的匹配。另外，如果結構中有 mapping，則需要跳過對 mapping 的初始化。例如對 6.1.9 中的 CustomType3 的初始化方法為：

```
CustomType3 memory ct = CustomType3("tiny", 2);
```

（3）具名方式初始化。

使用具名方式可以不按定義的順序初始化，初始化方法如下：

```
// 使用命名變數初始化
CustomType memory ct = CustomType({ myBool: true, myInt: 2});
```

參數的個數需要保持和定義時一致，如果有 mapping 類型，也同樣需要忽略。

6.2 合約

Solidity 中的合約和類別非常類似，使用 contract 關鍵字來宣告一個合約，一個合約通常由狀態變數、函數、函數修改器以及事件組成。我們前面的實例裡已經使用過合約，這一節我們將更詳細地介紹它。

6.2.1 可見性

跟其他很多語言一樣，Solidity 使用 public private 關鍵字來控制變數和函數是否可以被外部使用。Solidity 提供了 4 種可見性來修飾函數及狀態變數，分別是：external（不修飾狀態變數）、public、internal、private。

不同的可見性還會對函數呼叫方式產生影響，Solidity 有兩種函數呼叫：

- 內部呼叫
- 外部呼叫

外部呼叫是指在合約之外（透過其他的合約或 web3 api）呼叫合約函數，也稱為訊息呼叫或 EVM 呼叫，呼叫形式為：c.f()，而內部呼叫可以視為僅是一個程式調轉，直接使用函數名稱呼叫，如 f()。

我們來分析一下 4 種可見性。

- external——我們把 external 修飾的函數稱為外部函數，外部函數是合約介面的一部分，所以我們可以從其他合約或透過交易來發起呼叫。一個外部函數 f() 不能透過內部的方式來發起呼叫，即不可以使用 f() 發起呼叫，只能使用 this.f() 發起呼叫。

- public——我們把 public 修飾的函數稱為公開函數，公開函數也是合約介面的一部分，它可以同時支援內部呼叫以及訊息呼叫。對於 public 類型的狀態變數，Solidity 還會自動創建一個存取器函數，這是一個與狀態變數名稱相同的函數，用來獲取狀態變數的值。

- internal——internal 宣告的函數和狀態變數只能在當前合約中呼叫或在繼承的合約裡存取，也就是說只能透過內部呼叫的方式存取。

- private——private 函數和狀態變數僅在當前定義它們的合約中使用，並且不能被衍生合約使用。注意：所有在合約內的內容，在鏈層面都是可見的，將某些函數或變數標記為 private 僅阻止了其他合約來進行存取和修改，但並不能阻止其他人看到相關的資訊。

可見性識別符號的定義位置，對狀態變數來說是在類型後面，對於函數是在參數清單和返回關鍵字中間，如：

```
pragma solidity  >=0.4.16 <0.7.0;

contract C {
    function f(uint a) private pure returns (uint b) { return a + 1; }
    function setData(uint a) internal { data = a; }
    uint public data;
}
```

6.2.2 建構函數

建構函數是使用 constructor 關鍵字宣告的函數，它在創建合約時執行，用來運行合約初始化程式，如果沒有初始化程式也可以省略（此時，編譯器會增加一個預設的建構函數 constructor() public {}）。

對於狀態變數的初始化，也可以在宣告時進行指定，未指定時，預設為 0。

建構函數可以是公有函數 public，也可以是內建函數 internal，當建構函數為 internal 時，表示此合約不可以部署，僅作為一個抽象合約，在本書第 7 章，我們會進一步介紹合約繼承與抽象合約。

下面是一個建構函數的範例程式。

```
pragma solidity >=0.4.22 <0.7.0;

contract Base {
    uint x;
    constructor(uint _x) public { x = _x; }
}
```

6.2.3 使用 new 創建合約

創建合約常見的方式是透過 IDE（如 Remix）及錢包向零地址發起一個
創建合約交易，本書在第 5 章介紹過，如果我們需要用程式設計的方式
創建合約，可以使用 web3 介面來創建（其實這也是 IDE 背後使用的方
式），另外還可以在合約內透過 new 關鍵字來創建一個新合約，範例程式
如下。

```
pragma solidity ^0.5.0;

contract D {
    uint x;
    function D(uint a) public {
        x = a;
    }
}

contract C {
    D d = new D(4);              // 在C構造時被執行

    function createD(uint arg) public {
        D newD = new D(arg);
    }

}
```

6.2.4 constant 狀態常數

狀態變數可以被宣告為 constant。編譯器並不會為常數在 storage 上預留
空間，而是在編譯時使用對應的運算式值替換變數。

```
pragma solidity >=0.4.0 <0.7.0;

contract C {
```

```
    uint constant x = 32**22 + 8;
    string constant text = "abc";
}
```

如果在編譯期不能確定運算式的值，則無法給 constant 修飾的變數設定值，例如一些獲取鏈上狀態的運算式：now、address(this).balance、block.number、msg.value、gasleft() 等是不可以的。

不過對於內建函數，如 keccak256、sha256、ripemd160、ecrecover、addmod 和 mulmod，是允許的，因為這些函數運算的結構在編譯時就可以確定。（這些函數會在本書 7.5 節進一步介紹）下面這行程式碼就是合法的：

```
bytes32 constant myHash = keccak256("abc");
```

constant 目前僅支援修飾字串及數值類型。

6.2.5 immutable 不可變數

immutable 修飾的變數是在部署的時候確定變數的值，它在建構函數中設定值一次之後，就不再改變，這是一個執行時繫結，就可以解除之前 constant 不支援使用執行時期狀態設定值的限制。

immutable 不可變數同樣不會佔用狀態變數儲存空間，在部署時，變數的值會被追加到執行時期的位元組碼中，因此它比使用狀態變數便宜得多，同樣帶來了更多的安全性（確保了這個值無法再修改）。

這個特性在很多時候非常有用，最常見的如 ERC20 代幣（本書第 8 章會介紹 ERC20 代幣的實現）用來指示小數位置的 decimals 變數，它應該是一個不能修改的變數，很多時候我們需要在創建合約的時候指定它的值，這時 immutable 就大有用武之地，類似的還有保存創建者地址、連結合約地址等。

以下是 immutable 的宣告舉例。

```
contract Example {

    uint public constant decimals_constant;

    uint immutable decimals;
    uint immutable maxBalance;
    address immutable owner = msg.sender;

    function Example(uint _decimals, address _reference) public {
        decimals_constant = _decimals; // 這裡會顯示出錯，因為constant不支持
構造時設定值。
        decimals = _decimals;
        maxBalance = _reference.balance;
    }

    function isBalanceTooHigh(address _other) public view returns (bool) {
        return _other.balance > maxBalance;
    }

}
```

6.2.6 視圖函數

可以將函數宣告為 view，表示這個函數不會修改狀態，這個函數在透過
DApp 外部呼叫時可以獲得函數的返回值（對於會修改狀態的函數，我們
僅可以獲得交易的雜湊值）。

以下程式定義了一個名為 f() 的視圖函數：

```
pragma solidity  >=0.5.0 <0.7.0;
contract C {
    function f(uint a, uint b) public view returns (uint) {
        return a * (b + 42) + now;
```

```
      }
   }
```

以下操作被認為是修改狀態，在宣告為 view 的函數中進行以下操作時，編譯器會顯示出錯。

（1）修改狀態變數。

（2）觸發一個事件。

（3）創建其他合約。

（4）使用 selfdestruct。

（5）透過呼叫發送以太幣。

（6）呼叫任何沒有標記為 view 或 pure 的函數。

（7）使用低級呼叫。

（8）使用包含特定操作碼的內聯組合語言。

6.2.7 純函數

函數可以宣告為 pure，表示函數不讀取也不修改狀態。除了上一節列舉的狀態修改敘述之外，以下操作被認為是讀取狀態。

（1）讀取狀態變數。

（2）存取 address(this).balance 或 .balance。

（3）存取 block、tx、msg 中任意成員（除 msg.sig 和 msg.data 之外）。

（4）呼叫任何未標記為 pure 的函數。

（5）使用包含某些操作碼的內聯組合語言。

範例程式：

```
pragma solidity >=0.5.0 <0.7.0;

contract C {
    function f(uint a, uint b) public pure returns (uint) {
```

```
        return a * (b + 42);
    }
}
```

6.2.8 存取器函數（getter）

對於 public 類型的狀態變數，Solidity 編譯器會自動為合約創建一個存取器函數，這是一個與狀態變數名稱相同的函數，用來獲取狀態變數的值（不用再額外寫函數獲取變數的值）。

數值類型

如果狀態變數的類型是基本（值）類型，會生成一個名稱相同的無參數的 external 的視圖函數，如這個狀態變數：

```
uint public data;
```

會生成函數：

```
function data() external view returns (uint) {
}
```

陣列

對於狀態變數標記 public 的陣列，會生成帶有參數的存取器函數，參數會存取陣列的索引索引，即只能透過生成的存取器函數存取陣列的單一元素。如果是多維陣列，會有多個參數。如：

```
uint[] public myArray;
```

會生成函數：

```
function myArray(uint i) external view returns (uint) {
    return myArray[i];
}
```

如果我們要返回整個資料，需要額外增加函數，如：

```
// 返回整個陣列
function getArray() external view returns  (uint[] memory) {
    return myArray;
}
```

映射

對於狀態變數標記為 public 的映射類型，其處理方式和陣列一致，參數是鍵類型，返回數值類型。

```
mapping (uint => uint) public idScore;
```

會生成函數：

```
function idScore(uint i) external returns (uint) {
   return idScore[i];
}
```

來看一個稍微複雜一些的例子：

```
pragma solidity ^0.4.0 <0.7.0;
contract Complex {
    struct Data {
        uint a;
        bytes3 b;
        mapping (uint => uint) map;
    }
    mapping (uint => mapping(bool => Data[])) public data;
}
```

data 變數會生成以下函數：

```
function data(uint arg1, bool arg2, uint arg3) external returns (uint a,
bytes3 b) {
   a = data[arg1][arg2][arg3].a;
```

```
    b = data[arg1][arg2][arg3].b;
}
```

6.2.9 receive 函數（接收函數）

合約的 receive（接收）函數是一種特殊的函數，表示合約可以用來接收以太幣的轉帳，一個合約最多有一個接收函數，接收函數的宣告為：

```
receive() external payable { ... }
```

函數名稱只有一個 receive 關鍵字，而不需要 function 關鍵字，也沒有參數和返回值，並且必須具備外部可見性（external）和可支付（payable）。

在對合約沒有任何附加資料呼叫（通常是對合約轉帳）時就會執行 receive 函數，例如透過 addr.send() 或 addr.transfer() 呼叫時（addr 為合約地址），就會執行合約的 receive 函數。

如果合約中沒有定義 receive 函數，但是定義了 payable 修飾的 fallback 函數（見本書 6.2.10 小節），那麼在進行以太轉帳時，fallback 函數會被呼叫。

如果 receive 函數和 fallback 函數都沒有，這個合約就沒法透過轉帳交易接收以太幣（轉帳交易會拋出例外）。

一個例外：沒有定義 receive 函數的合約，可以作為 coinbase 交易（礦工區塊回報交易）的接收者或作為 selfdestruct（銷毀合約）的目標來接收以太幣。

下面是使用 receive 函數的例子。

```
pragma solidity ^0.6.0;

// 這個合約會保留所有發送給它的以太幣，沒有辦法取回
```

```
contract Sink {
  event Received(address, uint);
  receive() external payable {
    emit Received(msg.sender, msg.value);
  }
}
```

6.2.10 fallback 函數（回覆函數）

和接收函數類似，fallback 函數也是特殊的函數，中文一般稱為「回覆函數」，一個合約最多有一個 fallback 函數。fallback 函數的宣告如下：

```
fallback() external payable { ... }
```

注意，在 solidity 0.6 裡，回覆函數是一個無名函數（沒有函數名稱的函數），如果你看到一些老合約程式出現沒有名字的函數，不用感到奇怪，它就是回覆函數。

這個函數無參數，也無返回值，也沒有 function 關鍵字，必須滿足 external 可見性。

如果對合約函數進行呼叫，而合約並沒有實現對應的函數，那麼 fallback 函數會被呼叫。或是對合約轉帳，而合約又沒有實現 receive 函數，那麼此時標記為 payable 的 fallback 函數會被呼叫。

下面的這段程式可以幫助我們進一步了解 receive 函數與 fallback 函數。

```
pragma solidity >0.6.1 <0.7.0;
contract Test {
  // 發送到這個合約的所有訊息都會呼叫此函數（因為該合約沒有其他函數）
  // 向這個合約發送以太幣會導致異常，因為fallback函數沒有payable修飾符號
  fallback() external { x = 1; }
  uint x;
}
```

```
// 這個合約會保留所有發送給它的以太幣，沒有辦法返還
contract TestPayable {
  // 除了純轉帳外，所有的呼叫都會呼叫這個函數
  // 因為除了receive函數外，沒有其他的函數
  fallback() external payable { x = 1; y = msg.value; }
  // 純轉帳呼叫這個函數，例如對每個空empty calldata的呼叫
  receive() external payable { x = 2; y = msg.value; }
  uint x;
  uint y;
}
contract Caller {
  function callTest(Test test) public returns (bool) {
    (bool success,) = address(test).call(abi.encodeWithSignature
("nonExistingFunction()"));
    require(success);
    // test.x結果變成1
    // address(test)不允許直接呼叫send, 因為test沒有payable回覆函數
    // 轉化為address payable類型, 然後才可以呼叫send
    address payable testPayable = payable(address(test));
    // 以下這句將不會編譯，但如果有人向該合約發送以太幣，交易將失敗並拒絕以太幣
    // test.send(2 ether);
  }
  function callTestPayable(TestPayable test) public returns (bool) {
    (bool success,) = address(test).call(abi.encodeWithSignature
("nonExistingFunction()"));
    require(success);
    // test.x結果為1，test.y結果為0
    (success,) = address(test).call{value: 1}(abi.encodeWithSignature
("nonExistingFunction()"));
    require(success);
    // test.x結果為1，test.y結果為1
    // 發送以太幣，TestPayable的receive函數被呼叫
```

```
    require(address(test).send(2 ether));
    // test.x結果為2，test.y結果為2 ether
  }
}
```

需要注意的是，當在合約中使用 send（和 transfer）向合約轉帳時，僅會提供 2300 gas 來執行，如果 receive 或 fallback 函數的實現需要較多的運算量，會導致轉帳失敗。特別要說明的是，以下操作的消耗會大於 2300 gas。

（1）寫入儲存變數；

（2）創建合約；

（3）執行外部函數呼叫，會花費比較多的 gas；

（4）發送以太幣。

6.2.11 函數修改器

函數修改器可以用來改變函數的行為，比如用於在函數執行前檢查某種前置條件。熟悉 Python 的讀者會發現，函數修改器的作用和 Python 的裝飾器很相似。

函數修改器使用關鍵字 modifier，以下程式定義了 onlyOwner 函數修改器。onlyOwner 函數修改器定義了一個驗證：要求函數的呼叫者必須是合約的創建者，onlyOwner 的實現中使用了 require，可以參見本書 6.3 節。

```
pragma solidity >=0.5.0 <0.7.0;

contract owned {
    function owned() public { owner = msg.sender; }
    address owner;

    modifier onlyOwner {
```

```
        require(
            msg.sender == owner,
            "Only owner can call this function."
        );
        _;
    }

  function transferOwner(address _newO) public onlyOwner {
    owner = _newO;
  }
}
```

上面使用函數修改器 onlyOwner 修飾了 transferOwner()，這樣的話，只有在滿足創建者的情況下才能成功呼叫 transferOwner()。

函數修改器一般帶有特殊符號 "_;"，修改器所修飾的函數本體會被插入到 "_;" 的位置。

因此 transferOwner 擴充開就是：

```
function transferOwner(address _newO) public {
    require(
        msg.sender == owner,
        "Only owner can call this function."
    );
    owner = _newO;
}
```

修改器可繼承

修改器也是一種可被合約繼承的屬性，同時還可被繼承合約重新定義（Override）。例如：

```
contract mortal is owned {

    // 只有在合約裡保存的owner呼叫close函數，才會生效
```

```
function close() public onlyOwner {
    selfdestruct(owner);
}
}
```

mortal 合約從上面的 owned 繼承了 onlyOwner 修飾符號，並將其應用於 close 函數。

noReentrancy

onlyOwner 是一個常用的修改器，以下程式用 noReentrancy 來防止重複呼叫，這也同樣十分常見。

```
contract Mutex {
    bool locked;
    modifier noReentrancy() {
        require(
            !locked,
            "Reentrant call."
        );
        locked = true;
        _;
        locked = false;
    }

    function f() public noReentrancy returns (uint) {
        (bool success,) = msg.sender.call("");
        require(success);
        return 7;
    }
}
```

f() 函數中，使用底層的 call 呼叫，而 call 呼叫的目標函數也可能反過來呼叫 f() 函數（可能發生不可知問題），透過給 f() 函數加入互斥量 locked 保護，可以阻止 call 呼叫再次呼叫 f()。

注意：在 f() 函數中 return 7 敘述返回之後，修改器中的敘述 locked = false 仍會執行。

修改器帶有參數

修改器可以接收參數，例如：

```
contract testModifty {

    modifier over22(uint age) {
        require (age >= 22);
            _;

    }

    function marry(uint age) public over22(age) {
        // do something
    }
}
```

以上 marry() 函數只有滿足 age >= 22 才可以成功呼叫。

多個函數修改器

一個函數也可以被多個函數修改器修飾，這時我們就需要了解多個函數修改器的執行次序，另外，修改器或函數本體中顯性的 return 敘述僅跳出當前的修改器和函數本體，整個執行邏輯會在前一個修改器中定義的 "_;" 之後繼續執行。來看看下面的例子：

```
contract modifysample {
    uint a = 10;

    modifier mf1 (uint b) {
        uint c = b;
        _;
        c = a;
        a = 11;
```

```
    }

    modifier mf2 () {
        uint c = a;
        _;
    }

    modifier mf3() {
        a = 12;
        return ;
        _;
        a = 13;
    }

    function test1() mf1(a) mf2 mf3 public   {
        a = 1;
    }

    function get_a() public constant returns (uint)   {
        return a;
    }
}
```

上面的智慧合約在運行 test1() 之後，狀態變數 a 的值是多少？是 1、11、12 還是 13 呢？答案是 11，大家可以運行 get_a 獲取 a 的值。我們來分析一下 test1，它擴充之後是這樣的：

```
uint c = b;
    uint c = a;
        a = 12;
        return ;
        _;
        a = 13;
c = a;
a = 11;
```

這個時候透過展開之後的程式看 a 的值就一目瞭然了，最後 a 為 11。

6.2.12 函數多載（Function Overloading）

合約可以具有多個包含不同參數的名稱相同函數，稱為「多載」
（overloading）。以下範例展示了合約 A 中的多載函數 f()。

```
pragma solidity >=0.4.16 <0.7.0;

contract A {
    function f(uint _in) public pure returns (uint out) {
        out = _in;
    }

    function f(uint _in, bool _really) public pure returns (uint out) {
        if (_really)
            out = _in;
    }
}
```

需要注意的是，多載外部函數需要保證參數在 ABI 介面（見 7.4 節）層
面是不同的，例如下面是一個錯誤範例：

```
// 以下程式無法編譯
pragma solidity >=0.4.16 <0.7.0;

contract A {
    function f(B _in) public pure returns (B out) {
        out = _in;
    }

    function f(address _in) public pure returns (address out) {
        out = _in;
    }
}

contract B {
}
```

以上兩個 f() 函數多載時，一個使用合約類型，一個是地址類型，但是在對外的 ABI 表示時，都會被認為是地址類型，因此無法實現多載。

6.2.13 函數返回多個值

Solidity 內建支持元組（tuple），它是一個由數量固定、類型可以不同的元素組成的清單。使用元組可以用來返回多個值，也可以用於同時設定值給多個變數，範例如下。

```solidity
pragma solidity ^0.5.0;

contract C {

  function f() public pure returns (uint, bool, uint) {
    return (7, true, 2);
  }

  function g() public {
    // 宣告可設定值
    (uint x, bool b, uint y) = f();
  }

}
```

6.2.14 事件

事件（Event）是合約與外部一個很重要的介面，當我們向合約發起一個交易時，這個交易是在鏈上非同步執行的，無法立即知道執行的結果，透過在執行過程中觸發某個事件，可以把執行的狀態變化通知到外部（需要外部監聽事件變化）。

事件是透過關鍵字 event 來宣告的，event 不需要實現，我們可以認為事件是一個用來被監聽的介面。

```solidity
pragma solidity ^0.5.0;

contract testEvent {

    constructor() public {
    }

    event Deposit(address _from, uint _value);

    function deposit(uint value) public {
    // do something
        emit Deposit(msg.sender, value);
    }
  }
}
```

如果使用 Web3.js，則監聽 Deposit 事件的方法如下：

```javascript
var abi = /* 編譯器生成的abi */;
var addr = "0x1234...ab67"; /* 合約地址*/
var CI = new web3.eth.contract(abi, addr);

// 透過傳一個回呼函數來監聽Deposit
CI.event.Deposit(function(error, result){
   // result會包含除參數之外的一些其他資訊
   if (!error)
     console.log(result);
});
```

我們會在本書第 9 章進一步介紹如何監聽事件。

如果在事件中使用 indexed 修飾，表示對這個欄位建立索引，這樣就可以進行額外的過濾。

範例程式：

```
event PersonCreated(uint indexed age, uint indexed height);

 // 透過參數觸發
emit PersonCreated(26, 176);
```

要想過濾出所有 26 歲的人，方法如下：

```
var createdEvent = myContract.PersonCreated({age: 26});
createdEvent.watch(function(err, result) {
     if (err) {
     console.log(err)
     return;
     }
     console.log("Found ", result);
})
```

6.3 錯誤處理及異常

錯誤處理是指在程式發生錯誤時的處理方式。Solidity 處理錯誤和我們常見的語言（如 Java、JavaScript 等）有些不一樣，Solidity 是透過回覆狀態的方式來處理錯誤的，即如果合約在執行時期發生異常，則會取消當前交易所有呼叫（包含子呼叫）所改變的狀態，同時給呼叫者返回一個錯誤標識。

為什麼 Solidity 要這樣處理錯誤呢？我們可以把區塊鏈了解為分散式交易性資料庫。如果想修改這個資料庫中的內容，就必須創建一個交易。交易表示要做的修改（假如我們想同時修改兩個值）只能被全部應用，只修改部分是不行的。Solidity 錯誤處理就是要保證每次呼叫都是交易性的。

6.3.1 錯誤處理函數

Solidity 提供了兩個函數 assert() 和 require() 來進行條件檢查,並在條件不滿足時拋出例外。

assert 函數通常用來檢查(測試)內部錯誤(發生了這樣的錯誤,說明程式出現了一個 bug),而 require 函數用來檢查輸入變數或合約狀態變數是否滿足條件,以及驗證呼叫外部合約的返回值。另外,如果我們正確使用 assert 函數,那麼有一些 Solidity 分析工具可以幫我們分析出智慧合約中的錯誤。

還有另外一個觸發異常的方法:使用 revert 函數,它可以用來標記錯誤並恢復當前的呼叫。

詳細說明以下幾個函數。

- assert(bool condition):如果不滿足條件,會導致無效的操作碼,取消狀態更改,主要用於檢查內部錯誤。

- require(bool condition):如果條件不滿足,則取消狀態更改,主要用於檢查由輸入或外部元件引起的錯誤。

- require(bool condition, string memory message):如果條件不滿足,則取消狀態更改,主要用於檢查由輸入或外部元件引起的錯誤,可以同時提供一個錯誤訊息。

- revert():終止運行並取消狀態更改。

- revert(string memory reason):終止運行並取消狀態更改,可以同時提供一個解釋性的字串。

其實我們在前面介紹函數修改器的時候已經使用過 require,再透過一個範例程式來加深印象:

```
pragma solidity >=0.5.0 <0.7.0;

contract Sharer {
    function sendHalf(address addr) public payable returns (uint balance) {
        require(msg.value % 2 == 0, "Even value required.");
        uint balanceBeforeTransfer = this.balance;
        addr.transfer(msg.value / 2);
//由於轉移函數在失敗時拋出例外並且不能在這裡回呼，因此我們應該沒有辦法仍然有
一半的錢
        assert(this.balance == balanceBeforeTransfer - msg.value / 2);
        return this.balance;
    }
}
```

在 EVM 裡，處理 assert 和 require 兩種異常的方式是不一樣的，雖然它
們都會回覆狀態，不同點表現在：

（1）gas 消耗不同。assert 類型的異常會消耗掉所有剩餘的 gas，而
　　require 不會消耗掉剩餘的 gas（剩餘 gas 會返還給呼叫者）。
（2）運算符號不同。

當發生 assert 類型的異常時，Solidity 會執行一個無效操作（無效指
令 0xfe）。當發生 require 類型的異常時，Solidity 會執行一個回覆操作
（REVERT 指令 0xfd）。由此，我們可以知道，下面這兩行程式是等值
的：

```
if(msg.sender != owner) { revert(); }
require(msg.sender == owner);
```

下列情況將產生一個 assert 式異常。

■　存取陣列的索引太大或為負數（例如 x[i] 其中的 i >= x.length 或 i < 0）。
■　存取固定長度 bytesN 的索引太大或為負數。

- 用零當除數做除法或模運算（例如 5 / 0 或 23 % 0）。
- 移位負數字
- 將一個太大或負數值轉為一個列舉類型。
- 呼叫內建函數類型的零初始化變數。
- 呼叫 assert 的參數（運算式）最終結算為 false。
- 下列情況將產生一個 require 式異常。
- 呼叫 require 的參數（運算式）最終結算為 false。
- 透過訊息呼叫呼叫某個函數，但該函數沒有正確結束（它耗盡了 gas，沒有匹配函數，或本身拋出一個例外），上述函數不包括低級別的操作 call、send、delegatecall、staticcall。低級操作不會拋出例外，而透過返回 false 來指示失敗。
- 使用 new 關鍵字創建合約，但合約創建沒有正確結束（請參閱上筆有關「未正確結束」的解釋）。
- 執行外部函數呼叫的函數不包含任何程式。
- 合約透過一個沒有 payable 修飾符號的公有函數（包括建構函數和 fallback 函數）接收 Ether。
- 合約透過公有 getter 函數接收 Ether。
- .transfer() 失敗。

6.3.2　require 還是 assert?

以下是一些關於使用 require 還是 assert 的經驗複習。

這些情況優先使用 require()：

（1）用於檢查使用者輸入。

（2）用於檢查合約呼叫返回值，如 require(external.send(amount))。

（3）用於檢查狀態，如 msg.send == owner。

（4）通常用於函數的開頭。

（5）不知道使用哪一個的時候，就使用 require。

這些情況優先使用 assert()：

（1）用於檢查溢位錯誤，如 z = x + y ; assert(z >= x);。

（2）用於檢查不應該發生的異常情況。

（3）用於在狀態改變之後，檢查合約狀態。

（4）儘量少使用 assert。

（5）通常用於函數中間或結尾。

6.3.3 try/catch

Solidity 0.6 版本之後，加入 try/catch 來捕捉外部呼叫的異常，讓我們在編寫智慧合約時，有更多的靈活性，例如 try/catch 結構在以下場景很有用。

如果一個呼叫回覆（revert）了，我們不想終止交易的執行。

我們想在同一個交易中重試呼叫、儲存錯誤狀態、對失敗的呼叫做出處理等。

在 Solidity 0.6 之前，模擬 try/catch 僅有的方式是使用低級的呼叫，如 call、delegatecall 和 staticcall，這是一個簡單的範例，在 Solidity 0.6 之前實現某種 try/catch。

```
pragma solidity <0.6.0;
contract OldTryCatch {
    function execute(uint256 amount) external {
        // 如果執行失敗，低級的call會返回false
        (bool success, bytes memory returnData) = address(this).call(
```

```
            abi.encodeWithSignature(
                "onlyEven(uint256)",
                    amount
            )
        );
        if (success) {
            // handle success
        } else {
            // handle exception
        }
    }
    function onlyEven(uint256 a) public {
        // Code that can revert
        require(a % 2 == 0, "Ups! Reverting");
        // ...
    }
}
```

當呼叫 execute(uint256 amount)，輸入的參數 amount 會透過低級的 call
呼叫傳給 onlyEven(uint256) 函數，call 呼叫會返回布林值作為第一個參
數來指示呼叫的成功與否，而不會讓整個交易失敗。不過低級的 call 呼
叫會繞過一些安全檢查，需要謹慎使用。

在最新的編譯器中，可以這樣寫：

```
function execute(uint256 amount) external {
    try this.onlyEven(amount) {
        ...
    } catch {
        ...
    }
}
```

注意，try/catch 僅適用於外部呼叫，因此上面呼叫 this.onlyEven()，另外
try 大括號內的程式區塊是不能被 catch 本身捕捉的。

```
function callEx() public {
    try externalContract.someFunction() {
        // 儘管外部呼叫成功了，依舊會回覆交易，無法被catch
        revert();
    } catch {
        ...
    }
}
```

try/catch 獲得返回值

對外部呼叫進行 try/catch 時，允許獲得外部呼叫的返回值，範例程式：

```
contract CalledContract {
    function getTwo() public returns (uint256) {
        return 2;
    }
}


contract TryCatcher {
    CalledContract public externalContract;

    function execute() public returns (uint256, bool) {

        try externalContract.getTwo() returns (uint256 v) {
            uint256 newValue = v + 2;
            return (newValue, true);
        } catch {
            emit CatchEvent();
        }

        // ...
    }
}
```

注意本地變數 newValue 和返回值只在 try 程式區塊內有效。同理，也可以在 catch 區塊內宣告變數。

在 catch 敘述中也可以使用返回值，外部呼叫失敗時返回的資料將轉為 bytes，catch 中考慮了各種可能的 revert 原因，不過如果由於某種原因轉碼 bytes 失敗，則 try/catch 也會失敗，會回覆整個交易。

catch 敘述中使用以下語法：

```solidity
contract TryCatcher {

    event ReturnDataEvent(bytes someData);

    // ...

    function execute() public returns (uint256, bool) {

        try externalContract.someFunction() {
            // ...
        } catch (bytes memory returnData) {
            emit ReturnDataEvent(returnData);
        }
    }
}
```

指定 catch 條件子句

Solidity 的 try/catch 也可以包括特定的 catch 條件子句。例如：

```solidity
contract TryCatcher {

    event ReturnDataEvent(bytes someData);
    event CatchStringEvent(string someString);
    event SuccessEvent();

    // ...

    function execute() public {
```

```
    try externalContract.someFunction() {
        emit SuccessEvent();
    } catch Error(string memory revertReason) {
        emit CatchStringEvent(revertReason);
    } catch (bytes memory returnData) {
        emit ReturnDataEvent(returnData);
    }
  }
}
```

如果錯誤是由 require（condition，"reason string"）或 revert（"reason string"）引起的，則錯誤與 catch Error（string memory revertReason）子句匹配，然後與之匹配的程式區塊被執行。在任何其他情況下（例如 assert 失敗），都會執行更通用的 catch（bytes memory returnData）子句。

注意：catch Error（string memory revertReason）不能捕捉除上述兩種情況以外的任何錯誤。如果我們僅使用它（不使用其他子句），最終將遺失一些錯誤。通常需要將 catch 或 catch（bytes memory returnData）與 catch Error（string memory revertReason）一起使用，以確保我們涵蓋了所有可能的 revert 原因。

在一些特定的情況下，如果 catch Error（string memory revertReason）解碼返回的字串失敗，catch（bytes memory returnData）（如果存在）將能夠捕捉它。

處理 out-of-gas 失敗

首先要明確，如果交易沒有足夠的 gas 執行，則 out of gas 錯誤是不能捕捉到的。

在某些情況下，我們可能需要為外部呼叫指定 gas，因此即使交易中有足夠的 gas，如果外部呼叫的執行需要的 gas 比我們設定的多，內部 out of gas 錯誤可能會被低級的 catch 子句捕捉。

```solidity
pragma solidity <0.7.0;
contract CalledContract {
    function someFunction() public returns (uint256) {
        require(true, "This time not reverting");
    }
}


contract TryCatcher {
    event ReturnDataEvent(bytes someData);
    event SuccessEvent();
    CalledContract public externalContract;
    constructor() public {
        externalContract = new CalledContract();
    }

    function execute() public {
// 設定gas為20
        try externalContract.someFunction.gas(20)() {
            // ...
        } catch Error(string memory revertReason) {
            // ...
        } catch (bytes memory returnData) {
            emit ReturnDataEvent(returnData);
        }
    }
}
```

當 gas 設定為 20 時，try 呼叫的執行將用掉所有的 gas，最後一個 catch
敘述將捕捉異常：catch（bytes memory returnData）。如果將 gas 設定為
更大的量（例如 2000），執行 try 區塊將成功。

Chapter

07

Solidity 進階

前面第 6 章介紹了 Solidity 一些最常用的用法,本章將介紹一些進階的用法,如合約繼承、介面、函數庫的使用,另外還會介紹一些平時開發不怎麼使用的 ABI 及 Solidity 內聯組合語言,了解這些知識可以更進一步地幫助我們了解合約的運行以及閱讀他人的程式。

7.1 合約繼承

繼承是大多數高階語言都具有的特性,Solidity 同樣支援繼承,Solidity 繼承使用的是關鍵字 is(類似於 Java 等語言的 extends 或 implements),如 contract B is A 表示合約 B 繼承合約 A,稱 A 為父合約,B 為子合約或衍生合約。

當一個合約從多個合約繼承時,在區塊鏈上只有一個合約被創建,所有基礎類別合約的程式被編譯到創建的合約中,但是注意,這並不會連帶部署基礎類別合約。因此當我們使用 super.f() 來呼叫基礎類別的方法時,不是進行訊息呼叫,而僅是程式跳躍。

舉個例子來說明繼承的用法，範例程式如下。

```solidity
pragma solidity >=0.5.0 <0.7.0;

contract Owned {
    constructor() public { owner = msg.sender; }
    address payable owner;
}


// 使用is從另一個合約衍生
contract Mortal is Owned {
    function kill() public {
        if (msg.sender == owner) selfdestruct(owner);
    }
}
```

我們在本書 6.2.1 小節也曾介紹過，衍生合約可以存取基礎類別合約內的所有非私有（private）成員，因此內部（internal）函數和狀態變數在衍生合約裡是可以直接使用的，比如上面一段程式中的狀態變數 owner。

狀態變數不能在衍生的合約中覆蓋。舉例來說，上面一段程式中的衍生合約 Mortal 不可以再次宣告基礎類別合約中可見的狀態變數 owner。

7.1.1 多重繼承

Solidity 也支援多重繼承，即可以從多個基礎類別合約繼承，直接在 is 後面接多個基礎類別合約即可，例如：

```solidity
contract Named is Owned, Mortal {

}
```

注意：如果多個基礎類別合約之間也有繼承關係，那麼 is 後面的合約的書寫順序就很重要，順序應該是，基礎類別合約在前，衍生合約在後，不然就會像下面的程式一樣，將無法編譯。

```
pragma solidity >=0.4.0 <0.7.0;

contract X {}
contract A is X {}
// 編譯出錯
contract C is A, X {}
```

7.1.2 基礎類別建構函數

衍生合約繼承基礎類別合約時，如果實現了建構函數，基礎類別合約的程式會被編譯器拷貝到衍生合約的建構函數中，先看看最簡單的情況，也就是建構函數沒有參數的情況，用下面一段程式驗證。

```
contract A {
    uint public a;
    constructor() public {
        a = 1;
    }
}

contract B is A {
    uint public b ;
    constructor() public {
        b = 2;
    }
}
```

在部署 B 時候，可以查看到 a 為 1，b 為 2。

基礎類別合約建構函數如果有參數，會複雜一些，有兩種方式對建構函數傳參。

1. 直接在繼承列表中指定參數

範例程式如下。

```
contract A {
    uint public a;

    constructor(uint _a) internal {
        a = _a;
    }
}

contract B is A(1) {
    uint public b ;
    constructor() public {
     b = 2;
     }
}
```

即透過 contract B is A(1) 的方式對建構函數傳參進行初始化。

2. 在衍生合約的建構函數中使用修飾符號方式呼叫基礎類別合約

範例程式如下。

```
contract B is A {
    uint public b ;

    constructor() A(1)  public {
        b = 2;
    }
}
```

或是：

```
    constructor(uint _b) A(_b / 2)  public {
        b = _b;
    }
```

不過這樣就需要在部署 B 的時候，傳入參數。

7.1.3　抽象合約

如果一個合約有建構函數，且是內部（internal）函數，或合約包含沒有實現的函數，這個合約將被標記為抽象合約，使用關鍵字 abstract，抽象合約無法成功部署，它們通常是用作基礎類別合約。

範例程式如下。

```
abstract contract A {
    uint public a;

    constructor(uint _a) internal {
        a = _a;
    }
}
```

抽象合約可以宣告一個純虛擬函數[1]，純虛擬函數沒有具體實現程式的函數，其函數宣告用 " ; " 結尾，而非用 "{ }" 結尾，例如：

```
pragma solidity >=0.5.0 <0.7.0;

abstract contract A {
    function get() virtual public ;
}
```

如果合約繼承自抽象合約，並且沒有透過重新定義（overriding）來實現所有未實現的函數，那麼它本身就是抽象的，隱含了一個抽象合約的設計想法，即要求任何繼承都必須實施其方法。

1　純虛擬函數和用 virtual 關鍵字修飾的虛擬函數略有區別：virtual 關鍵字只表示該函數可以被重新定義，virtual 關鍵字可以修飾在除私有可見性（private）函數的任何函數上，無論函數是純虛擬函數還是普通的函數，即使是重新定義的函數，也依然可以用 virtual 關鍵字修飾，表示該重新定義的函數可以被再次重新定義。

7.1.4 函數重新定義（overriding）

父合約中的虛擬函數（函數使用了 virtual 修飾）可以在子合約重新定義
該函數，以更改它們在父合約中的行為。重新定義的函數需要使用關鍵
字 override 修飾。範例程式如下。

```
pragma solidity >=0.6.0 <0.7.0;

contract Base {
    function foo() virtual public {}
}

contract Middle is Base {}
contract Inherited is Middle {
    function foo() public override {}
}
```

對於多重繼承，如果有多個父合約有相同定義的函數，override 關鍵字後
必須指定所有的父合約名。

範例程式如下。

```
pragma solidity >=0.6.0 <0.7.0;

contract Base1 {
    function foo() virtual public {}
}

contract Base2 {
    function foo() virtual public {}
}

contract Inherited is Base1, Base2 {
    // 繼承自隔兩個基礎類別合約定義的foo()，必須顯性地指定override
    function foo() public override(Base1, Base2) {}
}
```

如果函數沒有標記為 virtual（本書 7.2 節介紹的介面除外，因為介面裡面
所有的函數會自動標記為 virtual），那麼衍生合約是不能重新定義來更改
函數行為的。另外 private 的函數是不可以標記為 virtual 的。

如果 getter 函數的參數和返回值都和外部函數一致，外部（external）函
數是可以被 public 的狀態變數重新定義的，範例程式如下。

```
pragma solidity >=0.6.0 <0.7.0;

contract A {
    function f() external pure virtual returns(uint) { return 5; }
}

contract B is A {
    uint public override f;
}
```

但是 public 的狀態變數不能被重新定義。

7.2 介面

介面和抽象合約類似，與之不同的是，介面不實現任何函數，同時還有
以下限制：

（1）無法繼承其他合約或介面。
（2）無法定義建構函數。
（3）無法定義變數。
（4）無法定義結構。
（5）無法定義列舉。

介面由關鍵字 interface 來表示，範例程式如下。

```
pragma solidity >=0.5.0 <0.7.0;

interface IToken {
    function transfer(address recipient, uint amount) external;
}
```

就像繼承其他合約一樣，合約可以繼承介面，介面中的函數都會隱式地標記為 virtual，表示它們會被重新定義。

合約間利用介面通訊

除了介面的抽象功能外，介面廣泛使用於合約之間的通訊，即一個合約呼叫另一個合約的介面。

舉例來說，有一個 SimpleToken 合約實現了上一節的 IToken 介面：

```
contract SimpleToken is IToken {
function transfer(address recipient, uint256 amount) public override {
....
}
```

另外一個獎例合約（假設合約名為 Award）則透過給 SimpleToken 合約給使用者發送獎金，獎金就是 SimpleToken 合約表示的代幣，這時 Award 就需要與 SimpleToken 通訊（外部函數呼叫），程式可以這樣寫：

```
contract Award {
  IToken immutable token;
  // 部署時傳入SimpleToken合約地址
  constrcutor(IToken t) public {
    token = t;
  }
  function sendBonus(address user) public {
    token.transfer(user, 100);
  }
}
```

sendBonus 函數用來發送獎金，透過介面函數呼叫 SimpleToken 實現轉帳。

7.3 函數庫

在開發合約的時候，總是會有一些函數經常被多個合約呼叫，這個時候可以把這些函數封裝為一個函數庫，函數庫使用關鍵字 library 來定義。舉例來說，下面的程式定義了一個 SafeMath 函數庫。

```
pragma solidity >=0.5.0 <0.7.0;
library SafeMath {
  function add(uint a, uint b) internal pure returns (uint) {
    uint c = a + b;
    require(c >= a, "SafeMath: addition overflow");
    return c;
  }
}
```

SafeMath 函數庫裡面實現了一個加法函數 add()，它可以在多個合約中重複使用，例如下面的 AddTest 合約就是使用 SafeMath 的 add() 函數來實現加法。

```
import "./SafeMath.sol";
contract AddTest {
    function add (uint x, uint y) public pure returns (uint) {
        return SafeMath.add(x, y);
    }
}
```

當然我們可以在函數庫裡封帳更多的函數，函數庫是一個很好的程式重複使用手段。同時要注意，函數庫僅由函數組成，它沒有自己的狀態（後面會進一步解釋）。

函數庫在使用中，根據場景的不用，一種是嵌入引用的合約裡部署（可以稱為「內嵌函數庫」），一種是單獨部署（可以稱為「程式庫」）。

7.3.1 內嵌函數庫

如果合約引用的函數庫函數都是內建函數（見本書 6.2.1 小節的 internal 介紹），那麼編譯器在編譯合約的時候，會把函數庫函數的程式嵌入合約裡，就像合約自己實現了這些函數，這時的函數庫並不會單獨部署，上面 AddTest 合約引用 SafeMath 函數庫就屬於這個情況。

7.3.2 程式庫

如果函數庫程式內有公共或外部函數（見本書 6.2.1 小節的 public 及 external 介紹），函數庫就會被單獨部署，在以太坊鏈上有自己的地址，此時合約引用函數庫是透過地址這個「連結」進行（在部署合約的時候，需要進行連結），大家應該還有印象，在本書第 6 章介紹地址類型時，有一個低級函數委託呼叫 delegatecall()，合約在呼叫函數庫函數時，就是採用委託呼叫的方式（這是底層的處理方式，在編寫程式時並不需要改動）。

前面提到，函數庫沒有自己的狀態，因為在委託呼叫的方式下函數庫合約函數是在發起合約（下文稱「主呼叫合約」，即發起呼叫的合約）的上下文中執行的，因此函數庫合約函數中使用的變數（如果有的話）都來自主呼叫合約的變數，函數庫合約函數使用的 this 也是主呼叫合約的地址。

我們也可以從另一個角度來了解，函數庫是單獨部署，而又會被多個合約引用（這也是函數庫最主要的功能：避免在多個合約裡重複部署，以節省 gas），如果函數庫擁有自己的狀態，那它一定會被多個呼叫合約修改狀態，將無法保證呼叫函數庫函數輸出結果的確定性。

現在我們把前面的 SafeMath 函數庫的 add 函數修改為外部函數，範例程式如下。

```
pragma solidity >=0.5.0 <0.7.0;
library SafeMath {
  function add(uint a, uint b) external pure returns (uint) {
    uint c = a + b;
    require(c >= a, "SafeMath: addition overflow");
    return c;
  }
}
```

AddTest 程式不用作任何的更改，因為 SafeMath 函數庫合約是獨立部署的，AddTest 合約要呼叫 SafeMath 函數庫就必須先知道後者的地址，這相當於 AddTest 合約會依賴於 SafeMath 函數庫，因此部署 AddTest 合約會有一點點不同，多了一個 AddTest 合約與 SafeMath 函數庫建立連結的步驟。

先來回顧一下合約的部署過程：第一步是由編譯器生成合約的位元組碼，第二步把位元組碼作為交易的附加資料提交交易。

> 編譯器在編譯引用了 SafeMath 函數庫的 AddTest 時，編譯出來的位元組碼會留一個空，部署 AddTest 時，需要用 SafeMath 函數庫地址把這個空給填上（這就是連結過程）。

感興趣的讀者可以用命令列編譯器 solc 操作一下，使用命令：solc --optimize --bin AddTest.sol 可以生成 AddTest 合約的位元組碼，其中有一段用雙底線留出的空，類似這樣：_ _SafeMath_ _，這個空就需要用 SafeMath 函數庫地址替換。

上面介紹的函數庫的部署、連結的過程，通常不需要手動編輯，開發者有更簡單的選擇，也就是用 Truffle（在本書第 9 章會作進一步介紹）來進行部署，這時僅需要下面 3 行部署敘述：

```
deployer.deploy(SafeMath);
deployer.link(SafeMath, AddTest);
deployer.deploy(AddTest);
```

如果不了解，可以在閱讀完第 9 章之後，再回頭看這 3 行部署敘述。

7.3.3 Using for

在上一節中，我們是透過 SafeMath.add(x, y) 這種方式來呼叫函數庫函數，還有一個方式是使用 using LibA for B，它表示把所有 LibA 的函數庫函數連結到類型 B。這樣就可以在 B 類型直接呼叫函數庫的函數，描述有一點抽象，請看程式範例。

```
contract testLib {
    using SafeMath for uint;
    function add (uint x, uint y) public pure returns (uint) {
        return x.add(y);
    }
}
```

使用 using SafeMath for uint; 後，就可以直接在 uint 類型的 x 上呼叫 x.add(y)，程式明顯更加簡潔了。

using LibA for * 則表示 LibA 中的函數可以連結到任意的類型上。使用 using...for... 看上去就像擴充了類型的能力。比如，我們可以替陣列增加一個 indexOf 函數，查看一個元素在陣列中的位置，範例程式如下。

```
pragma solidity >=0.4.16 <0.7.0;

library Search {
    function indexOf(uint[] storage self, uint value)
        public
        view
        returns (uint)
    {
        for (uint i = 0; i < self.length; i++)
            if (self[i] == value) return i;
```

```
        return uint(-1);
    }
}

contract C {
    using Search for uint[];
    uint[] data;

    function append(uint value) public {
        data.push(value);
    }

    function replace(uint _old, uint _new) public {
        // 執行函數庫函數呼叫
        uint index = data.indexOf(_old);
        if (index == uint(-1))
            data.push(_new);
        else
            data[index] = _new;
    }
}
```

這段程式中 indexOf 的第一個參數儲存變數 self，實際上對應著合約 C 的 data 變數。

7.4 應用程式二進位介面（ABI）

在以太坊（Ethereum）生態系統中，應用程式二進位介面（Application Binary Interface，ABI）是從區塊鏈外部與合約進行互動，以及合約與合約之間進行互動的一種標準方式。

7.4.1 ABI 編碼

在本書第 4 章，我們介紹以太坊交易和比特幣交易的不同時，以太坊交易多了一個 DATA 欄位，DATA 的內容會解析為對函數的訊息呼叫，DATA 的內容其實就是 ABI 編碼。

以下面這個簡單的合約為例來了解一下。

```solidity
pragma solidity ^0.5.0;
contract Counter {
    uint counter;

    constructor() public {
        counter = 0;
    }
    function count() public {
        counter = counter + 1;
    }

    function get() public view returns (uint) {
        return counter;
    }
}
```

按照本書第 5 章的方法，把合約部署到以太坊測試網路 Ropsten 上，並呼叫 count()，然後查看實際呼叫附帶的輸入資料，在區塊鏈瀏覽器 etherscan 上交易的資訊在該地址：https://ropsten.etherscan.io/tx/0xafcf79 373cb38081743fe5f0ba745c6846c6b08f375fda028556b4e52330088b，如圖 7-1 所示。

圖 7-1 呼叫資訊截圖

可以看到，交易透過攜帶附加資料 0x06661abd 來表示呼叫函數 count()，0x06661abd 被稱為「函數選擇器」（Function Selector）。

7.4.2 函數選擇器

在呼叫函數時，用前面 4 位元組的函數選擇器指定要呼叫的函數，函數選擇器是某個函數名稱（下文介紹）的 Keccak（SHA-3）雜湊的前 4 位元組，即：

```
bytes4(keccak256("count()"))
```

count() 的 Keccak 的雜湊結果是：06661abdecfcab6f8e8cf2e41182a05dfd130c76cb32b448d9306aa9791f3899，開發者可以用一個線上雜湊的工具 [2] 驗證下，取出前面 4 個位元組就是 0x06661abd。

---

2 該線上工具的連結：https://emn178.github.io/online-tools/keccak_256.html。

函數名稱是包含函數名稱及參數類型的字串，比如上文中的 count() 就是函數名稱，當函數有參數時，使用參數的基本類型，並且不需要變數名稱，因此函數 add(uint i) 的簽名是 add(uint256)，如果有多個參數，使用 "," 隔開，並且要去掉運算式中的所有空格。因此，foo(uint a, bool b) 函數的簽名是 foo(uint256,bool)，函數選擇器計算則是：

```
bytes4(keccak256("foo(uint256,bool)"))
```

公有或外部（public /external）函數都有成員屬性 .selector 來獲取函數的函數選擇器。

7.4.3 參數編碼

如果函數帶有參數，編碼的第 5 位元組開始是函數的參數。在前面的 Counter 合約裡增加一個帶有參數的方法：

```
function add(uint i) public {
    counter = counter + i;
}
```

重新部署之後，使用 16 作為參數呼叫 add 函數，呼叫方法如圖 7-2 所示。

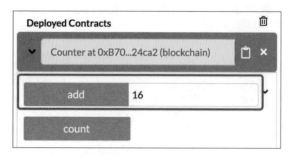

圖 7-2　Remix 呼叫 Add 函數

在 etherscan 上參看交易附加的輸入資料，查詢地址為：https://ropsten.
etherscan.io/tx/0x5f2a2c6d94aff3461c1e8251ebc5204619acfef66e53955dd2
cb81fcc57e12b6，該截圖如圖 7-3 所示。

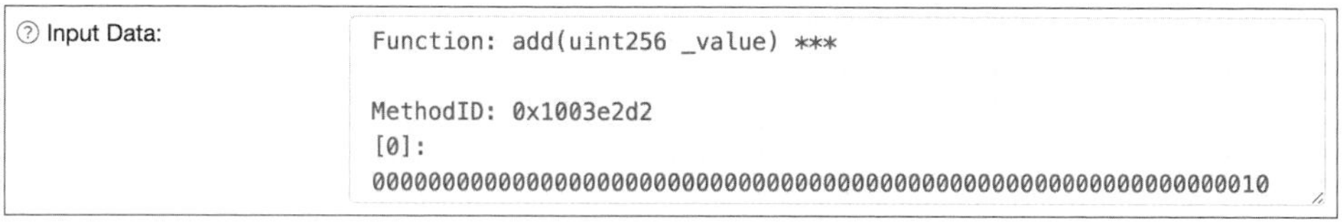

```
⑦ Input Data:          Function: add(uint256 _value) ***

                       MethodID: 0x1003e2d2
                       [0]:
                       0000000000000000000000000000000000000000000000000000000000000010
```

圖 7-3　函數呼叫的 ABI 編碼

輸入資料為：

0x1003e2d20000000000000000000000000000000000000000000000000000000000000010

其中，前 4 個位元組 0x1003e2d2 為 add 函數的函數選擇器，後面的 32
個位元組是參數 16 的二進位表示，會補充到 32 位元組長度。不同的類
型，其參數編碼方式會有所不同，詳細的編碼方式可以參考 ABI 編碼規
範：https://learnblockchain.cn/docs/solidity/abi-spec.html。

一般來說開發人員並不需要進行 ABI 編碼呼叫函數，只需要提供 ABI 的
介面描述 JSON 檔案，編碼由 web3 或 ether.js 函數庫來完成。

7.4.4 ABI 介面描述

ABI 介面描述是由編譯器編譯程式之後，生成的對合約所有介面和事件
描述的 JSON 檔案。

描述函數的 JSON 包含以下欄位。

- type：參數有 function、constructor、fallback，預設為 function。
- name：函數名稱。
- inputs：一系列物件，每個物件包含以下屬性。

- name：參數名稱。
- type：參數的規範類型。
- components：當 type 是元組（tuple）時，components 列出元組中每個元素的名稱（name）和類型（type）。

- outputs：一系列類似 inputs 的物件，無返回值時，可以省略。
- payable：true 表示函數可以接收以太幣，否則表示不能接收，預設值為 false。
- stateMutability：函數的可變性狀態，參數有：pure、view、nonpayable、payable。
- constant：如果函數被指定為 pure 或 view，則為 true。

事件描述的 JSON 包含以下欄位。

- type：總是 "event"。
- name：事件名稱。
- inputs：物件陣列，每個陣列物件會包含以下屬性。
  - name：參數名稱。
  - type：參數的權威類型。
  - components：供元組（tuple）類型使用。
- indexed：如果此欄位是日誌的主題，則為 true，否則為 false。
- anonymous：如果事件被宣告為 anonymous，則為 true。

在 Remix 的編譯器頁面，編譯輸出的 ABI 介面描述檔案，查看一下 Counter 合約的介面描述，只需要在如圖 7-4 所示方框處點擊 "ABI"，ABI 描述就會複製到剪貼簿上。

圖 7-4　獲取 ABI 資訊

下面是 ABI 描述程式範例。

```
[
    {
        "constant": false,
        "inputs": [],
        "name": "count",
        "outputs": [],
        "payable": false,
        "stateMutability": "nonpayable",
        "type": "function"
    },
    {
        "constant": true,
        "inputs": [],
        "name": "get",
        "outputs": [
            {
```

```
                "internalType": "uint256",
                "name": "",
                "type": "uint256"
            }
        ],
        "payable": false,
        "stateMutability": "view",
        "type": "function"
    },
    {
        "inputs": [],
        "payable": false,
        "stateMutability": "nonpayable",
        "type": "constructor"
    }
]
```

JSON 陣列中包含了 3 個函數描述，描述合約所有介面方法，在合約外部
（如 DAPP）呼叫合約方法時，就需要利用這個描述來獲得合約的方法，
本書第 9 章會進一步介紹 ABI JSON 的應用。

7.5 Solidity 全域 API

其實我們在前面的章節裡已經介紹過一些 Solidity 全域 API 的使用，
比如獲取一個地址的餘額：<addr>.balance，向一個地址轉帳：<addr>.
transfer() 以及錯誤處理相關的 require()、asset()、revert() 等。

Solidity 的全域 API 相當於很多語言的核心函數庫或標準函數庫，它們是
語言層面的 API，即語言附帶實現的一些函數或屬性，在編寫智慧合約時
可以直接呼叫它們。

除了在其他章節介紹的，Solidity 全域 API 還有以下屬性和方法，按照功能分成了 3 小節，大家可以把這 3 個小節當作 API 文件的索引目錄。

7.5.1 區塊和交易屬性 API

- blockhash(uint blockNumber) returns (bytes32)：獲得指定區塊的區塊雜湊，參數 blockNumber 僅支持傳入最新的 256 個區塊，且不包括當前區塊（備註：returns 後面表示的是函數返回的類型，下同）。

- block.coinbase (address)：獲得挖出當前區塊的礦工地址（備註：() 內表示獲取屬性的類型，下同）。

- block.difficulty (uint)：獲得當前區塊難度。

- block.gaslimit (uint)：獲得當前區塊最大 gas 限值。

- block.number (uint)：獲得當前區塊號。

- block.timestamp (uint)：獲得當前區塊以秒為單位的時間戳記。

- gasleft() returns (uint256)：獲得當前執行還剩餘多少 gas。

- msg.data (bytes)：獲取當前呼叫完整的 calldata 參數資料。

- msg.sender (address)：當前呼叫的訊息發送者。

- msg.sig (bytes4)：當前呼叫函數的識別符號。

- msg.value (uint)：當前呼叫發送的以太幣數量（以 wei 為單位）。

- tx.gasprice (uint)：獲得當前交易的 gas 價格。

- tx.origin (address payable)：獲得交易的起始發起者，如果交易只有當前一個呼叫，那麼 tx.origin 會和 msg.sender 相等，如果交易中觸發了多個子呼叫，msg.sender 會是每個發起子呼叫的合約地址，而 tx.origin 依舊是發起交易的簽名者。

7.5.2 ABI 編碼及解碼函數 API

- abi.decode(bytes memory encodedData, (⋯)) returns (⋯)：對指定的資料進行 ABI 解碼，而資料的類型在括號中第二個參數列出。舉例來說，(uint a, uint[2] memory b, bytes memory c) = abi.decode(data, (uint, uint[2], bytes)) 是從 data 資料中解碼出 3 個變數 a、b、c。

- abi.encode(⋯) returns (bytes)：對指定參數進行 ABI 編碼，即上一個方法的方向操作。

- abi.encodePacked(⋯) returns (bytes)：對指定參數執行 ABI 編碼，和上一個函數編碼時會把參數填充到 32 個位元組長度不同，encodePacked 編碼的參數資料會緊密地拼在一起。

- abi.encodeWithSelector(bytes4 selector, ⋯) returns (bytes)：從第二個參數開始進行 ABI 編碼，並在前面加上指定的函數選擇器（參數）一起返回。

- abi.encodeWithSignature(string signature, ⋯) returns (bytes) 等於 abi.encodeWithSelector(bytes4(keccak256(signature), ⋯)。

ABI 編碼函數主要是用於構造函數呼叫資料（而不實際呼叫），另外有時我們需要一些資料進行密碼學雜湊計算（如接下來 7.5.3 小節中的雜湊函數），這些雜湊計算通常需要 bytes 類型的資料，這時我們就可以使用上面的 ABI 編碼函數把需要雜湊的資料類型轉化為 bytes 類型。

7.5.3 數學和密碼學函數 API

- addmod(uint x, uint y, uint k) returns (uint)：計算 (x + y) % k，即先求和再求模。求和可以在任意精度下執行，即求和的結果可以超過 uint 的最大值（2 的 256 次方）。求模運算會對 k != 0 作驗證。

■ mulmod(uint x, uint y, uint k) returns (uint)：計算 (x * y) % k，即先作乘法再求模，乘法可在任意精度下執行，即乘法的結果可以超過 uint 的最大值。求模運算會對 k != 0 作驗證。

■ keccak256((bytes memory) returns (bytes32)：用 Keccak-256 演算法計算雜湊。

■ sha256(bytes memory) returns (bytes32)：計算參數的 SHA-256 雜湊。

■ ripemd160(bytes memory) returns (bytes20)：計算參數的 RIPEMD-160 雜湊。

■ ecrecover(bytes32 hash, uint8 v, bytes32 r, bytes32 s) returns (address)：利用橢圓曲線簽名恢復與公開金鑰相關的地址（即透過簽名資料獲得地址），錯誤返回零值。函數參數對應於 ECDSA 簽名的值：

- r = 簽名的前 32 位元組
- s = 簽名的第 2 個 32 位元組
- v = 簽名的最後一個位元組

7.6 使用內聯組合語言

本節的內容在智慧合約開發中使用較少，讀者也可以選擇跳過，本節亦是拋磚引玉，內聯組合語言 Yul 仍然在不斷地進化，對這部分內容感興趣的讀者最好是閱讀官方的第一手資料[3]。

3　參見 https://solidity.readthedocs.io/en/latest/yul.html。

7.6.1 組合語言基礎概念

實際上很多高階語言（例如 C、Go 或 Java）編寫的程式，在執行之前都將先編譯為「組合語言」。組合語言與 CPU 或虛擬機器綁定實現指令集，透過指令來告訴 CPU 或虛擬機器執行一些基本任務。

Solidity 語言可以視為是以太坊虛擬機器 EVM 指令集的抽象，讓我們編寫智慧合約更容易。而組合語言則是 Solidity 語言和 EVM 指令集的中間形態，Solidity 也支持直接使用內聯組合語言，下面是在 Solidity 程式中使用組合語言程式碼的例子。

```
contract Assembler {
 function do_something_cpu() public {
   assembly {
   // 編寫組合語言程式碼
   }
 }
}
```

在 Solidity 中使用組合語言程式碼有這樣一些好處。

1. 進行細粒度控制

可以在組合語言程式碼中使用組合語言操作碼直接與 EVM 進行互動，從而對智慧合約執行的操作實現更精細的控制。組合語言提供了更多的控制權來執行某些僅靠 Solidity 不可能實現的邏輯，例如控制指向特定的記憶體插槽。在編寫函數庫程式時，細粒度控制特別有用，例如這兩個函數庫的實現：String Utils（連結：https://github.com/Arachnid/solidity-stringutils/blob/master/src/strings.sol）和 Bytes Utils（連結：https://github.com/GNSPS/solidity-bytes-utils/blob/master/contracts/BytesLib.sol）。

2. 更少的 Gas 消耗

我們透過一個簡單的加法運算比較兩個版本的 gas 消耗，一個版本是僅使用 Solidity 程式，一個版本是僅使用內聯 Assembly。

```
function addAssembly(uint x, uint y) public pure returns (uint) {
    assembly {
        let result := add(x, y)      // x+y
        mstore(0x0, result)          // 在記憶體中保存結果
        return(0x0, 32)              // 從記憶體中返回32位元組
    }
}

function addSolidity(uint x, uint y) public pure returns (uint) {
    return x + y;
}
```

gas 的消耗如圖 7-5 所示。

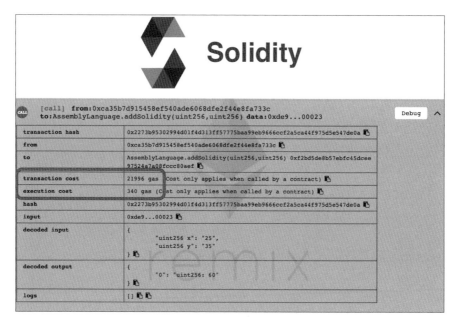

圖 7-5　gas 消耗比較圖

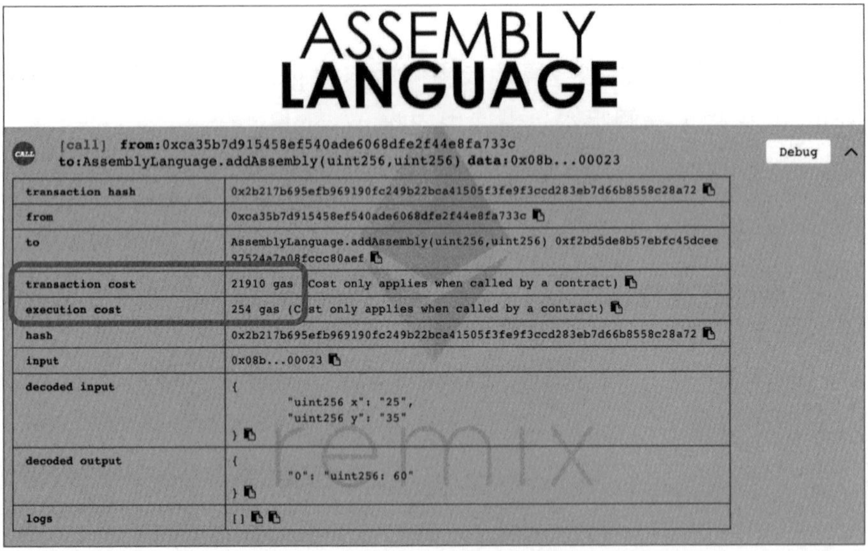

圖 7-5　gas 消耗比較圖（續）

從圖 7-5 可以看到，使用內聯組合語言可以節省 86 的 gas。對這個簡單的加法操作來說，減少的 gas 並不多，但可以幫助我們明白直接使用內聯組合語言將消耗更少的 gas，更複雜的邏輯能更顯著地節省 gas。

7.6.2　Solidity 中引入組合語言

前面已經有個實例，可以在 Solidity 中使用 assembly{} 來嵌入組合語言程式碼段，這被稱為內聯組合語言。

```
assembly {
  // some assembly code here
}
```

在 assembly 區塊內的程式開發語言被稱為 Yul。

Solidity 可以引入多個組合語言程式碼區塊，不過組合語言程式碼區塊之間不能通訊，也就是說在一個組合語言程式碼區塊裡定義的變數，在另一個組合語言程式碼區塊中不可以存取。

因此這段程式的 b 無法獲取到 a 的值：

```
assembly {
    let a := 2
}


assembly {
    let b := a              // Error
}
```

再來一個使用內聯組合語言程式碼完成加法的例子，我們重新定義 addSolidity 函數：

```
function addSolidity(uint x, uint y) public pure returns (uint) {
 assembly {
    let result := add(x, y)     // ① x + y
    mstore(0x0, result)         // ② 將結果存入記憶體
    return(0x0, 32)             // ③
 }
}
```

對上面這段程式作一個簡單的說明：①創建一個新的變數 result，透過 add 操作碼計算 x+y，並將計算結果值設定給變數 result；②使用 mstore 操作碼將 result 變數的值存入地址 0x0 的記憶體位置；③表示從記憶體地址 0x 返回 32 位元組。

7.6.3 組合語言變數定義與設定值

在 Yul 語言中，使用 let 關鍵字定義變數。使用 := 運算符號給變數設定值。

```
assembly {
 let x := 2
}
```

Solidity 只需要用 =，因此不要忘了 ":"。如果沒有使用給變數設定值，那麼變數會被初始化為 0。

```
assembly {
  let x                  // 自動初始化為x = 0
  x := 5                 // x 現在的值是5
}
```

也可以用運算式給變數設定值，例如：

```
assembly {
  let a := add(x, 3)
}
```

7.6.4 組合語言中的區塊和作用域

在 Yul 組合語言中，用一對大括號來表示一個程式區塊，變數的作用域是當前的程式區塊，即變數在當前的程式區塊中有效。

```
assembly {
    let x := 3            // 變數x一直可見
  {
    let y := x            // 正確
  }                       // 到此處會銷毀y

  {
    let z := y            // 錯誤
  }
}
```

在上面的範例程式中，y 和 z 都是僅在所在區塊內有效，因此 z 獲取不到 y 的值。

不過在函數和循環中，作用域規則有些不一樣，在接下來的循環及函數部分會介紹。

7.6.5 組合語言中存取變數

在組合語言中，只需要使用變數名稱就可以存取區域變數（指在函數內部定義的變數），無論該變數是定義在組合語言區塊中，還是在 Solidity 程式中，範例程式如下。

```
function localvar() public pure {
 uint b = 5;

 assembly {
     let x := add(2, 3)
     let y := mul(x, b)    // 使用了外面的b
     let z := add(x, y)    // 存取了內部定義的x,y
 }
}
```

7.6.6 for 迴圈

Yul 同樣支持 for 迴圈，這段範例程式表示對 value+2 計算 n 次：

```
function forloop(uint n, uint value) public pure returns (uint) {
    assembly {
     for { let i := 0 } lt(i, n) { i := add(i, 1) } {
         value := add(2, value)
     }
     mstore(0x0, value)
     return(0x0, 32)
    }
}
```

for 迴圈的條件部分包含 3 個元素：

- 初始化條件：let i := 0。
- 判斷條件：lt(i, n)，這是函數式風格，表示 i 小於 n。
- 疊代後續步驟：add(i, 1)。

可以看出，for 迴圈中變數的作用範圍和前面介紹的作用域略有不同。在初始化部分定義的變數在循環條件的其他部分都有效。在 for 迴圈的其他部分宣告的變數依舊遵守 7.6.4 節介紹的作用域規則。此外，組合語言中沒有 while 迴圈。

7.6.7 if 判斷敘述

組合語言支持使用 if 敘述來設定程式執行的條件，但是沒有 else 分支，同時每個條件對應的執行程式都需要用大括號包起來。

```
assembly {
    if slt(x, 0) { x := sub(0, x) }    // 正確
    if eq(value, 0) revert(0, 0)       // 錯誤，需要大括號
}
```

7.6.8 組合語言 Switch 敘述

EVM 組合語言中也有 switch 敘述，它將運算式的值與多個常數進行比較，並選擇對應的程式分支來執行。switch 敘述支援預設分支 default，當運算式的值不匹配任何其他分支條件時，將執行預設分支的程式。

```
assembly {
    let x := 0
    switch calldataload(4)
    case 0 {
        x := calldataload(0x24)
    }
    default {
        x := calldataload(0x44)
    }
    sstore(0, div(x, 2))
}
```

switch 敘述的分支條件類型相同但值不同，同分時支條件涵蓋所有可能的值，那麼不允許再出現 default 條件。

要注意的是，Solidity 語言中是沒有 switch 敘述的。

7.6.9 組合語言函數

可以在內聯組合語言中定義自訂底層函數，呼叫這些自訂的函數和使用內建的操作碼一樣。

下面的組合語言函數用來分配指定長度（length）的記憶體，並返回記憶體指標 pos。

```
assembly {
    function alloc(length) -> pos {    // ①
        pos := mload(0x40)
        mstore(0x40, add(pos, length))
    }
    let free_memory_pointer := alloc(64) // ②
}
```

上面的程式：①定義了 alloc 函數，函數使用 -> 指定返回值變數，不需要顯性 return 返回敘述；②使用了定義的函數。

定義的函數不需要指定組合語言函數的可見性，因為它們僅在定義所在的組合語言程式碼區塊內有效。

7.6.10 元組

組合語言函數可以返回多個值，它們被稱為一個元組（tuple），可以透過元組一次給多個變數設定值，如：

```
assembly {
    function f() -> a, b {}
    let c, d := f()
}
```

7.6.11 組合語言缺點

上面我們介紹了組合語言的一些基本語法,可以幫助我們在智慧合約中實現簡單的內聯組合語言程式碼。不過,一定要謹記,內聯組合語言是一種以較低等級存取以太坊虛擬機器的方法。它會繞過例如 Solidity 編譯器的安全檢查。只有在我們對自身能力非常有信心且必需時才使用它。

智慧合約實戰

我們在第 6 章、第 7 章學習了 solidity 語言的語法及特性，這一章我們用前面學習的知識來實踐開發幾個經典的合約。這些合約實踐還涉及這些內容：如何使用其他人製造的「輪子」（例如如何以 OpenZeppelin 為基礎開發）、代幣相關的標準（如 ERC20、ERC721、ERC777 等）以及支付通道的概念。

8.1 OpenZeppelin

OpenZeppelin 是以太坊生態中一個非常了不起的專案，OpenZeppelin 提供了很多經過社區反覆稽核及驗證的合約範本（如 ERC20、ERC721）及函數庫（SafeMath），我們在開發過程中，透過重複使用這些程式，不僅提高了效率，也可以顯著提高合約的安全性。

為使用 OpenZeppelin 函數庫，可以透過 npm 來安裝 OpenZeppelin。

```
npm install @openzeppelin/contracts
```

安裝完成之後，在專案的 node_modules/@openzeppelin/contract 目錄下可以找到合約原始程式，不同用途的合約分成了 11 個資料夾，如圖 8-1 所示。

各個資料夾提供的合約功能如下。

- cryptography：提供加密、解密工具，實現了橢圓曲線簽名及 Merkle 證明工具。
- introspection：合約自省功能，說明合約自身提供了哪些函數介面，主要實現了 ERC165 和 ERC1820。
- math：提供數學運算工具，包含 Math.sol 和 SafeMath.sol。
- token：實現了 ERC20、ERC721、ERC777 三個標準代幣。
- ownership：實現了合約所有權。
- access：實現了合約函數存取控制功能。
- crowdsale：實現了合約眾籌、代幣定價等功能。
- lifecycle：實現宣告週期功能，如可暫定、可銷毀等操作。
- payment：實現合約資金託管，如支付（充值）、取回、懸賞等功能。
- utils：實現工具方法，如判斷是否為合約地址、陣列操作、函數可重入的控制等。

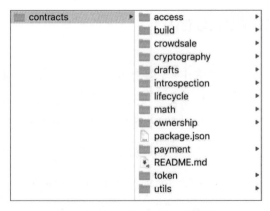

圖 8-1　OpenZeppelin 函數庫

本書使用的 OpenZeppelin 是 2.3.0 版本，隨著版本的升級，內容可能有所變化，OpenZeppelin 使用起來很簡單，透過 import 關鍵字引入對應的程式即可，以下程式為智慧合約加入所有權功能。

```
pragma solidity ^0.5.0;
import "@openzeppelin/contracts/ownership/Ownable.sol";
contract MyContract is Ownable {
  ...
}
```

如果需要修改 OpenZeppelin 程式，找到 OpenZeppelin 程式庫 GitHub 地址（https://github.com/OpenZeppelin/openzeppelin-contracts），透過 git clone 把程式拷貝到本地進行修改。

OpenZeppelin 涉及的內容較多，本章只挑選一些最常用的功能介紹，包括對整數運算進行安全檢查的 SafeMath 函數庫、地址工具的使用、用來發佈合約介面的 ERC165，以及 3 個最常用的代幣標準：ERC20、ERC777、ERC721。

8.2 SafeMath 安全算數運算

SafeMath 針對 256 位元整數進行加減乘除運算增加了額外的異常處理，避免整數溢位漏洞，SafeMath 的程式如下：

```
pragma solidity ^0.5.0;

library SafeMath {
    //  加法運算，溢位時拋出例外
    function add(uint256 a, uint256 b) internal pure returns (uint256) {
        uint256 c = a + b;
        require(c >= a, "SafeMath: addition overflow");
```

```
        return c;
    }

    // 減法運算，溢位時拋出例外
    function sub(uint256 a, uint256 b) internal pure returns (uint256) {
        require(b <= a, "SafeMath: subtraction overflow");
        uint256 c = a - b;
        return c;
    }

    // 乘法運算，溢位時拋出例外
    function mul(uint256 a, uint256 b) internal pure returns (uint256) {
        if (a == 0) {
            return 0;
        }

        uint256 c = a * b;
        require(c / a == b, "SafeMath: multiplication overflow");
        return c;
    }

    // 除法運算，除0異常
    function div(uint256 a, uint256 b) internal pure returns (uint256) {
        require(b > 0, "SafeMath: division by zero");
        uint256 c = a / b;
        return c;
    }
}
```

由於 SafeMath 是一個函數庫，可以使用 using...for... 把這幾個函數連結到
uint256 上：

```
pragma solidity ^0.5.0;

import "@openzeppelin/contracts/contracts/math/SafeMath.sol";
```

```
contract MyContract {
  using SafeMath for uint256;
  uint counter;

  function add(uint i) public {
      //  使用SafeMath的add方法
      counter = counter.add(i);
    }

}
```

8.3 地址工具

Address.sol 提供 isContract() 函數來判斷一個地址是否為合約地址，判斷的方法是查看合約是否有對應的連結程式，Address 原始程式如下：

```
pragma solidity ^0.5.0;

library Address {
    function isContract(address account) internal view returns (bool) {
        uint256 size;
        assembly { size := extcodesize(account) }
        return size > 0;
    }
}
```

Address.sol 使用了第 7 章介紹的內聯組合語言來實現，extcodesize 函數取得輸入參數 account 地址所連結的 EVM 程式的位元組碼長度，因為只有合約帳戶才有對應的位元組碼，其長度才大於 0。

注意：如果在合約的建構函數中對當前的合約呼叫 isContract，會返回 false，因為在建構函數執行完之前，合約的程式還沒有保存。

使用 Address.sol 的範例程式如下。

```
pragma solidity ^0.5.0;

import "@openzeppelin/contracts/contracts/utils/Address.sol";

contract MyToken {
  using Address for address;
  function send(address recipient, uint256 amount) external {
      if (recipient.isContract()) {
        // do something
      }
  }
}
```

MyToken 合約中，如果接受代幣的地址是合約地址，可以進行額外的操作。

8.4 ERC165 介面發現

ERC165 表示的是 EIP165（第 165 個提案）確定的標準，這裡簡單介紹一下以太坊上的應用標準是怎麼形成的。以太坊是去中心化網路，任何人都可以提出改進提案（EIP：Ethereum Improvement Proposals），提案就是在 EIP GitHub 函數庫（地址：https://github.com/ethereum/EIPs）提出一個 Issues，Issues 的編號就是提案的編號，提案根據解決問題的不同，會分為協定改進和應用標準（通常為合約介面標準）等類型。協定改進的提案在經過社區投票採納後，會實現到以太坊的用戶端。而應用標準就是 ERC，它的全稱是 Ethereum Request for Comment（以太坊徵求意見稿），它是一個推薦大家使用的建議（不強制使用），是由社區形成的共識標準。

ERC165 提案主要用途是宣告合約實現了哪些介面，提案的介面定義如下：

```solidity
pragma solidity ^0.5.0;

interface IERC165 {
    // @param interfaceID  參數：介面ID
    function supportsInterface(bytes4 interfaceID) external view returns
(bool);
}
```

實現 ERC165 標準的合約可以透過 supportsInterface 介面來查詢它是否實現了某個函數，函數的參數 interfaceID 是函數選擇器（參考第 7 章），當合約實現了函數選擇器對應的函數，supportsInterface 介面需要返回 true，否則為 false（特殊情況下，如果參數 interfaceID 為 0xffffffff，也需要返回 false）。

ERC165 提案同時要求，實現 supportsInterface 函數消耗的 gas 應該在 30000 gas 以內。

ERC165 參考實現

OpenZeppelin 中的 ERC165Reg 是對 ERC165 的實現，程式如下：

```solidity
pragma solidity ^0.5.0;
import "./IERC165.sol";
contract ERC165Reg is IERC165 {
    /*
     * bytes4(keccak256('supportsInterface(bytes4)')) == 0x01ffc9a7
     */
    bytes4 private constant _INTERFACE_ID_ERC165 = 0x01ffc9a7;
    mapping(bytes4 => bool) private _supportedInterfaces;
    constructor () internal {
        _registerInterface(_INTERFACE_ID_ERC165);
```

```
        _registerInterface(this.test.selector);  //  註冊合約對外介面
    }
    function supportsInterface(bytes4 interfaceId) external view returns
(bool) {
        return _supportedInterfaces[interfaceId];
    }
    function _registerInterface(bytes4 interfaceId) internal {
        require(interfaceId != 0xffffffff, "ERC165: invalid interface id");
        _supportedInterfaces[interfaceId] = true;
    }
    function test() external returns (bool) {

    }
}
```

在上面的實現中，使用了一個 mapping 來儲存合約支援的介面，支援
的介面透過呼叫 _registerInterface 進行註冊（只有註冊之後，才能透
過 supportsInterface 查詢到），在上面的程式中註冊了兩個函數，一
個是 ERC165 標準定義的函數 supportsInterface，一個是自訂的函數
test()，當我們需要實現 ERC165 標準時，可以繼承 ERC165Reg，並呼叫
_registerInterface 來註冊我們自己實現的函數。

8.5 ERC20 代幣

ERC20 Token 是目前最為廣泛使用的代幣標準，所有的錢包和交易所都
是按照這個標準對代幣進行支持的。ERC20 標準約定了代幣名稱、總量
及相關的交易函數。

```
pragma solidity ^0.5.0;
interface IERC20 {
    function name() public view returns (string);
```

```
function symbol() public view returns (string);

function decimals() public view returns (uint8);

function totalSupply() external view returns (uint256);

function balanceOf(address account) external view returns (uint256);

function transfer(address recipient, uint256 amount) external returns
(bool);

function allowance(address owner, address spender) external view
returns (uint256);

function approve(address spender, uint256 amount) external returns
(bool);

function transferFrom(address sender, address recipient, uint256
amount) external returns (bool);

event Transfer(address indexed from, address indexed to, uint256 value);

event Approval(address indexed owner, address indexed spender,
uint256 value);
}
```

ERC20 介面定義中，有一些介面是不強制要求實現的（下面的解釋說明中標記了可選的介面），ERC20 介面各函數說明如下。

- name()：（可選）函數返回代幣的名稱，如 "MyToken"。
- symbol()：（可選）函數返回代幣符號，如 "MT"。
- decimals：（可選）函數返回代幣小數點位數。
- totalSupply()：發行代幣總量。
- balanceOf()：查看對應帳號的代幣餘額。
- transfer()：實現代幣轉帳交易，成功轉帳必須觸發事件 Transfer。
- transferFrom()：給被授權的使用者（合約）使用，成功轉帳必須觸發 Transfer 事件。
- allowance()：返回授權給某使用者（合約）的代幣使用額度。
- approve()：授權使用者可代表我們花費多少代幣，必須觸發 Approval 事件。

OpenZeppelin 實現程式如下：

```solidity
pragma solidity ^0.5.0;
import "./IERC20.sol";
import "../../math/SafeMath.sol";
contract ERC20 is IERC20 {
    using SafeMath for uint256;

    mapping (address => uint256) private _balances;
    mapping (address => mapping (address => uint256)) private _allowances;
    uint256 private _totalSupply;
    function totalSupply() public view returns (uint256) {
        return _totalSupply;
    }
    function balanceOf(address account) public view returns (uint256) {
        return _balances[account];
    }
    function transfer(address recipient, uint256 amount) public returns
(bool) {
        _transfer(msg.sender, recipient, amount);
        return true;
    }
    function allowance(address owner, address spender) public view
returns (uint256) {
        return _allowances[owner][spender];
    }
    function approve(address spender, uint256 value) public returns
(bool) {
        _approve(msg.sender, spender, value);
        return true;
    }
    function transferFrom(address sender, address recipient, uint256
amount) public returns (bool) {
        _transfer(sender, recipient, amount);
        _approve(sender, msg.sender, _allowances[sender][msg.sender].
sub(amount));
```

```
        return true;
    }
    function _transfer(address sender, address recipient, uint256 amount)
internal {
        require(sender != address(0), "ERC20: transfer from the zero
address");
        require(recipient != address(0), "ERC20: transfer to the zero
address");
        _balances[sender] = _balances[sender].sub(amount);
        _balances[recipient] = _balances[recipient].add(amount);
        emit Transfer(sender, recipient, amount);
    }
    function _mint(address account, uint256 amount) internal {
        require(account != address(0), "ERC20: mint to the zero address");
        _totalSupply = _totalSupply.add(amount);
        _balances[account] = _balances[account].add(amount);
        emit Transfer(address(0), account, amount);
    }
    function _approve(address owner, address spender, uint256 value)
internal {
        require(owner != address(0), "ERC20: approve from the zero
address");
        require(spender != address(0), "ERC20: approve to the zero
address");
        _allowances[owner][spender] = value;
        emit Approval(owner, spender, value);
    }
}
```

ERC20.sol 包含標準中所有的必須要實現的函數，可選的函數則放在另一個檔案 ERC20Detailed.sol 中（後面也會貼出程式）。

ERC20 實現的關鍵是使用了兩個 mapping:_balances 和 _allowances，_balances 用來保存某個地址的餘額，_allowances 用來保存某個地址授權給另一個地址可使用的餘額。

transfer() 用來實現代幣轉帳的轉帳,它有兩個參數:轉帳的目標(接收者)及數量。在執行 transfer() 的時候(對照 _transfer() 的實現),主要是修改控制帳號餘額的 _balances 變數,修改方法為:發送方帳號(即交易的發起人)的餘額減去對應的金額,同時目標帳號的餘額加上對應的金額,加減法使用了 safemath 來防止溢位,transfer() 的實現需要觸發 Transfer 事件。

approve() 函數和 transferFrom() 函數需要配合使用,使用場景是這樣的:我們先透過 approve() 授權第三方可以轉移我們的幣,然後第三方透過 transferFrom() 去轉移幣。舉一個通俗的例子:假如使用代幣來發送薪水,總經理就可以授權財務使用部分代幣(使用 approve() 函數),財務把代幣發放給員工(使用 transferFrom() 函數)。

目前最常用的場景是去中心化交易(以下簡稱 DEX,它使用智慧合約來處理代幣之間的兌換)。假如 Bob 要使用 DEX 智慧合約用 100 個代幣 A 購買 150 個代幣 B,那麼通常操作步驟是:Bob 先把 100 個 A 授權給 DEX,然後呼叫 DEX 的兌換函數,在兌換函數裡使用 transferFrom() 函數把 Bob 的 100 個 A 轉走,之後再轉給 Bob150 個 B。

approve() 函數透過修改 _allowances 變數來控制被授權人及授權代幣數量(請對照上面程式的 _approve() 函數),_allowances[owner][spender]=value; 的意思是:owner 帳號授權 spender 帳號可消費數量為 value 的代幣。

transferFrom() 是由被授權人發起呼叫,transferFrom() 的第一個參數 sender 是真正扣除代幣的帳號(也就是 _allowances 中的 owner)。

ERC20Detailed 的實現比較簡單,僅初始化代幣名稱、代幣符號、小數位數這 3 個變數,程式如下:

```
pragma solidity ^0.5.0;
import "./IERC20.sol";
```

```
contract ERC20Detailed is IERC20 {
    string private _name;
    string private _symbol;
    uint8 private _decimals;
    constructor (string memory name, string memory symbol, uint8 decimals)
public {
        _name = name;
        _symbol = symbol;
        _decimals = decimals;
    }
    function name() public view returns (string memory) {
        return _name;
    }
    function symbol() public view returns (string memory) {
        return _symbol;
    }
    function decimals() public view returns (uint8) {
        return _decimals;
    }
}
```

ERC20 實現

有了 ERC20.sol 和 ERC20Detailed.sol，實現一個自己的代幣就很簡單了，現在我們實現一個有 4 位小數、名稱為 My Token 的代幣，只需要以下幾行程式：

```
pragma solidity ^0.5.0;
import "@openzeppelin/contracts/ERC20Detailed.sol"
import "@openzeppelin/contracts/ERC20.sol"
contract MyToken is  ERC20 , ERC20Detailed("My Token", "MT", 4) {
    constructor() public {
        _mint(msg.sender, 1000000000 * 10 ** 4);
    }
}
```

第 6 行的 _mint() 函數是在 ERC20.sol 中實現的，用來初始化代幣發行量。

8.6 ERC777 功能型代幣

ERC20 代幣簡潔實用，非常合適用它來代表某種權益，不過有時候在 ERC20 增加一些功能就會顯得有些力不從心，舉兩個典型的場景：

（1）使用 ERC20 代幣購買商品時，ERC20 合約上無法記錄購買具體商品的資訊，那就需要額外用其他的方式記錄，勢必增加整個過程的成本。

（2）在經典的「存幣生息」Defi 應用中，理想的情況是代幣在轉入存幣生息合約之後，後者就開始計息，然而由於 ERC20 代幣的缺陷，存幣生息合約實際上無法知道有人向它轉帳，因此也無法開始計息。

> 如果要解決場景（2）的問題，在 ERC20 標準中必須把存幣生息分解為兩步，第一步：讓使用者用 approve() 函數授權存幣生息合約可以轉移使用者的幣；第二步：再次讓使用者呼叫存幣生息合約的計息函數，計息函數中透過 transferFrom 把代幣轉移到自身合約內，開始計息。

除此之外，ERC20 還有一個缺陷：ERC20 誤轉入一個合約後，如果目標合約沒有對代幣作對應的處理，則代幣將永遠鎖死在合約裡，沒有辦法把代幣從合約裡取出來。

ERC777 極佳地解決了這些問題，同時 ERC777 也相容 ERC20 標準。建議大家在開發新的代幣時使用 ERC777 標準。

ERC777 定義了 send（dest, value, data）函數來進行代幣的轉帳。

> ERC777 標準特意避開和 ERC20 標準使用同樣的 transfer() 函數，這樣就能讓使用者同時實現兩個函數以相容兩個標準。

send() 函數有一個額外的參數 data 用來攜帶轉帳的附加資訊，同時 send 函數在轉帳時還會對代幣的持有者和接收者發送通知，以方便在轉帳發生時，持有者和接收者可以進行額外的處理。

▍代幣的持有者和接收者需要實現額外的函數才能收到轉帳通知。

send 函數的通知是透過 ERC1820 介面登錄檔合約來實現的，所以我們先介紹 ERC1820。

8.6.1 ERC1820 介面登錄檔

前文介紹的 ERC165 標準可以宣告合約實現了哪些介面，卻無法為普通帳戶地址宣告實現了哪些介面。ERC1820 標準透過一個全域的登錄檔合約來記錄任何地址宣告的介面，其實現機制類似於 Windows 的系統登錄，登錄檔記錄的內容包含地址（宣告實現介面的地址）、註冊的介面、介面實現在哪個合約地址（可以和第一個地址一樣）。

ERC1820 是一個全域的合約，它在鏈上有一個固定的合約地址，並且在所有的以太坊網路（包含測試、以太坊經典等）上都具有相同合約地址，這個地址總是：0x1820a4B7618BdE71Dce8cdc73aAB6C95905faD24，因此總是可以在這個合約上查詢地址實現了哪些介面。

▍ERC1820 是透過非常巧妙的方式（被稱為無金鑰部署方法）部署的。有興趣
▍可以閱讀 ERC1820 標準 - 部署方法部分，連結：https://learnblockchain.cn/
▍docs/eips/eip-1820.html。

需要注意的是，ERC1820 標準是一個實現了的合約，前面講到的如 ERC20 標準定義的是介面，需要使用者來實現部署（例如參考 OpenZeppelin 的範本來實現）。

對於 ERC1820 合約，除了地址、介面、合約三個部分，還需要了解幾個要點。

（1）ERC1820 引入了管理員角色，由管理員來設定哪個合約在哪個地址實現了哪一個介面。

（2）ERC1820 要求實現介面的合約，必須實現 canImplementInterfaceForAddress 函數，來宣告其實現的介面，並且當使用者查詢其實現的介面時，必須返回常數 ERC1820_ACCEPT_MAGIC。

（3）ERC1820 也相容 ERC165，即也可以在 ERC1820 合約上查詢 ERC165 介面，為此 ERC1820 使用了函數名稱的完整 Keccak256 雜湊來表示介面（下方程式的 interfaceHash），而非 ERC165 介面定義的前 4 個位元組的函數選擇器。

在了解上面的要點後，了解下方 ERC1820 合約的官方實現程式就比較容易了，看看它是如何實現介面註冊的。為了方便了解，程式中已經加入註釋。

```solidity
pragma solidity 0.5.3;
contract ERC1820Registry {
    bytes4 constant internal INVALID_ID = 0xffffffff;
    bytes4 constant internal ERC165ID = 0x01ffc9a7;
    // 標準定義的常數，如果合約實現了某地址的介面，則返回這個常數
    bytes32 constant internal ERC1820_ACCEPT_MAGIC = keccak256(abi.
encodePacked("ERC1820_ACCEPT_MAGIC"));
    // 記錄地址、介面及實現合約地址，分別對應著登錄檔要記錄的3個內容
    mapping(address => mapping(bytes32 => address)) internal interfaces;
    // 映射地址到管理者
    mapping(address => address) internal managers;
    // 每個地址和ERC165介面的flag，表示是否快取了"某地址實現的ERC165介面"
這樣一筆記錄
    mapping(address => mapping(bytes4 => bool)) internal erc165Cached;
    // 介面實現事件
```

```
    event InterfaceImplementerSet(address indexed addr, bytes32 indexed
interfaceHash, address indexed implementer);
    // 更改管理事件
    event ManagerChanged(address indexed addr, address indexed newManager);

    // 獲取指定地址及介面的實現合約地址
    function getInterfaceImplementer(address _addr, bytes32
_interfaceHash) external view returns (address) {
        address addr = _addr == address(0) ? msg.sender : _addr;
        if (isERC165Interface(_interfaceHash)) {
            bytes4 erc165InterfaceHash = bytes4(_interfaceHash);
            return implementsERC165Interface(addr, erc165InterfaceHash) ?
addr : address(0);
        }
        return interfaces[addr][_interfaceHash];
    }

    // 設定某個地址的介面由哪個合約實現，需要由管理員來設定
    function setInterfaceImplementer(address _addr, bytes32 _interfaceHash,
address _implementer) external {
        address addr = _addr == address(0) ? msg.sender : _addr;
        require(getManager(addr) == msg.sender, "Not the manager");
        require(!isERC165Interface(_interfaceHash), "Must not be an
ERC165 hash");
        if (_implementer != address(0) && _implementer != msg.sender) {
            require(
                ERC1820ImplementerInterface(_implementer)
                    .canImplementInterfaceForAddress(_interfaceHash,
addr) == ERC1820_ACCEPT_MAGIC,
                "Does not implement the interface"
            );
        }
        interfaces[addr][_interfaceHash] = _implementer;
```

```
        emit InterfaceImplementerSet(addr, _interfaceHash, _implementer);
    }
    // 為地址_addr設定新的管理員地址
    function setManager(address _addr, address _newManager) external {
        require(getManager(_addr) == msg.sender, "Not the manager");
        managers[_addr] = _newManager == _addr ? address(0) : _newManager;
        emit ManagerChanged(_addr, _newManager);
    }


    // 獲取地址_addr的管理員
    function getManager(address _addr) public view returns(address) {
        // By default the manager of an address is the same address
        if (managers[_addr] == address(0)) {
            return _addr;
        } else {
            return managers[_addr];
        }
    }
    // 返回介面的keccak256雜湊值
    function interfaceHash(string calldata _interfaceName) external pure
returns(bytes32) {
        return keccak256(abi.encodePacked(_interfaceName));
    }
    /* --- ERC165相關方法--- */
    // 更新合約是否實現了ERC165介面的快取
    function updateERC165Cache(address _contract, bytes4 _interfaceId)
external {
        interfaces[_contract][_interfaceId] =
implementsERC165InterfaceNoCache(
            _contract, _interfaceId) ? _contract : address(0);
        erc165Cached[_contract][_interfaceId] = true;
    }
    // 檢查合約是否實現ERC165介面
```

```solidity
    function implementsERC165Interface(address _contract, bytes4
_interfaceId) public view returns (bool) {
        if (!erc165Cached[_contract][_interfaceId]) {
            return implementsERC165InterfaceNoCache(_contract,
_interfaceId);
        }
        return interfaces[_contract][_interfaceId] == _contract;
    }
    // 在不使用快取的情況下檢查合約是否實現ERC165介面
    function implementsERC165InterfaceNoCache(address _contract,
bytes4 _interfaceId) public view returns (bool) {
        uint256 success;
        uint256 result;
        (success, result) = noThrowCall(_contract, ERC165ID);
        if (success == 0 || result == 0) {
            return false;
        }
        (success, result) = noThrowCall(_contract, INVALID_ID);
        if (success == 0 || result != 0) {
            return false;
        }
        (success, result) = noThrowCall(_contract, _interfaceId);
        if (success == 1 && result == 1) {
            return true;
        }
        return false;
    }
    // 檢查_interfaceHash是否為ERC165介面
    function isERC165Interface(bytes32 _interfaceHash) internal pure
returns (bool) {
        return _interfaceHash & 0x00000000FFFFFFFFFFFFFFFFFFFFFFFFFFFFFFFF
FFFFFFFFFFFFFFFFFFFFFFFF == 0;
    }
```

```
// 呼叫合約介面，如果函數不存在也不拋出例外
function noThrowCall(address _contract, bytes4 _interfaceId)
    internal view returns (uint256 success, uint256 result)
{
    bytes4 erc165ID = ERC165ID;
    assembly {
        let x := mload(0x40)
        mstore(x, erc165ID)
        mstore(add(x, 0x04), _interfaceId)
        success := staticcall(
            30000,
            _contract,
            x,
            0x24,
            x,
            0x20
        )

        result := mload(x)
    }
}
```

ERC1820 合約中的兩個函數 ──setInterfaceImplementer 和 getInterface
Implementer 最值得關注，setInterfaceImplementer 用來設定某個地址
（參數 _addr）的某個介面（參數 _interfaceHash）由哪個合約實現（參
數 _implementer），檢查狀態成功後，資訊會記錄到 interfaces 映射中
（interfaces[addr][_interfaceHash]=_implementer;），getInterfaceImplementer
則是在 interfaces 映射中查詢介面的實現。

另一方面，如果一個合約要為某個地址（或自身）實現某個介面，則需
要實現下面這個介面。

```
interface ERC1820ImplementerInterface {
    function canImplementInterfaceForAddress(bytes32 interfaceHash,
address addr) external view returns(bytes32);
}
```

在合約實現 ERC1820ImplementerInterface 介面後，如果呼叫 canImplement InterfaceForAddress 返 回 ERC1820_ACCEPT_MAGIC，這 表 示 該 合 約 在地址（參數 addr）上實現了 interfaceHash 對應的介面，在 ERC1820 合 約 中 的 setInterfaceImplementer 函 數 在 設 定 介 面 實 現 時，會 透 過 canImplementInterfaceForAddress 檢查合約是否實現了介面。

8.6.2 ERC777 標準

本節的主題是 ERC777，因為 ERC777 依賴 ERC1820 來實現轉帳時對持有者和接受者的通知，才插入了上面 ERC1820 的介紹。回到 ERC777，我們先透過 ERC777 的介面定義來進一步了解 ERC777 標準。

```
interface ERC777Token {
    function name() external view returns (string memory);
    function symbol() external view returns (string memory);
    function totalSupply() external view returns (uint256);
    function balanceOf(address holder) external view returns (uint256);
    // 定義代幣最小的劃分粒度
    function granularity() external view returns (uint256);
    // 操作員相關的操作（操作員是可以代持有者發送和銷毀代幣的帳號地址）
    function defaultOperators() external view returns (address[] memory);
    function isOperatorFor(
        address operator,
        address holder
    ) external view returns (bool);
    function authorizeOperator(address operator) external;
    function revokeOperator(address operator) external;
```

```
// 發送代幣
function send(address to, uint256 amount, bytes calldata data) external;
function operatorSend(
    address from,
    address to,
    uint256 amount,
    bytes calldata data,
    bytes calldata operatorData
) external;
// 銷毀代幣
function burn(uint256 amount, bytes calldata data) external;
function operatorBurn(
    address from,
    uint256 amount,
    bytes calldata data,
    bytes calldata operatorData
) external;
// 發送代幣事件
event Sent(
    address indexed operator,
    address indexed from,
    address indexed to,
    uint256 amount,
    bytes data,
    bytes operatorData
);
// 鑄幣事件
event Minted(
    address indexed operator,
    address indexed to,
    uint256 amount,
    bytes data,
    bytes operatorData
```

```
    );
    // 銷毀代幣事件
    event Burned(
        address indexed operator,
        address indexed from,
        uint256 amount,
        bytes data,
        bytes operatorData
    );
    // 授權操作員事件
    event AuthorizedOperator(
        address indexed operator,
        address indexed holder
    );
    // 取消操作員事件
    event RevokedOperator(address indexed operator, address indexed holder);
}
```

介面定義在程式庫（https://github.com/OpenZeppelin/openzeppelin-contracts）
路徑為 contracts/token/ERC777/IERC777.sol 的檔案中。

所有的 ERC777 合約必須實現上述介面，同時透過 ERC1820 標準
註冊 ERC777 Token 介面，註冊方法是：呼叫 ERC1820 註冊合約的
setInterfaceImplementer 方法，參數 _addr 及 _implementer 均是合約的地
址，_interfaceHash 是 "ERC777Token" 的 keccak256 雜湊值（0xac7fbab5f5
4a3ca8194167523c6753bfeb96a445279294b6125b68cce2177054）。

ERC777 與 ERC20 代幣標準保持向後相容，因此標準的介面函數是分
開的，可以選擇一起實現，ERC20 函數應該僅限於從老合約中呼叫，
ERC777 要實現 ERC20 標準，同樣透過 ERC1820 合約呼叫 setInterface
Implementer 方法來註冊 ERC20 Token 介面，介面雜湊是 ERC20 Token
的 keccak256 雜湊（0xaea199e31a596269b42cdafd93407f14436db6e4cad65
417994c2eb37381e05a）。

ERC777 標準的 name()、symbol()、totalSupply()、balanceOf（address）函數的含義和 ERC20 中完全一樣，granularity() 用來定義代幣最小的劃分粒度（>=1），必須在創建時設定，之後不可以更改。它表示的是代幣最小的操作單位，即不管是在鑄幣、轉帳還是銷毀環節，操作的代幣數量必需是粒度的整數倍。

> granularity 和 ERC20 的 decimals 函數不一樣，decimals 用來定義小數位數，是內部儲存單位，舉例來說，0.5 個代幣在合約裡儲存的值為 500000000000000000(0.5×10^{18})。decimals() 是 ERC20 可選函數，為了相容 ERC20 代幣，decimals 函數要求必須返回 18。
>
> 而 granularity 表示的是最小操作單位，它是在儲存單位上的劃分粒度，如果粒度 granularity 為 2，則必須將 2 個儲存單位的代幣作為一份來轉帳。

操作員

ERC777 引入了一個操作員角色（前文所說介面的 operator），操作員定義為操作代幣的角色。每個地址預設是自己代幣的操作員。不過，將持有人和操作員的概念分開，可以提供更大的靈活性。

> 與 ERC20 中的 approve、transferFrom 不同，ERC20 未明確定義批准地址的角色。

此外，ERC777 還可以定義預設操作員（預設操作員清單只能在代幣創建時定義的，並且不能更改），預設操作員是被所有持有人授權的操作員，這可以為專案方管理代幣帶來方便。當然，持有人也有權取消預設操作員。

操作員相關的函數有以下幾個。

- defaultOperators()：獲取代幣合約預設的操作員清單。
- authorizeOperator(address operator)：設定一個地址作為 msg.sender 的操作員，需要觸發 AuthorizedOperator 事件。

- revokeOperator(address operator)：移除 msg.sender 上 operator 操作員
的許可權，需要觸發 RevokedOperator 事件。
- isOperatorFor(address operator, address holder)：驗證是否為某個持有
者的操作員。

發送代幣

發送代幣功能上和 ERC20 的轉帳類似，但是 ERC777 的發送代幣可以攜
帶更多的參數，ERC777 發送代幣使用以下兩個方法：

```
send(address to, uint256 amount, bytes calldata data) external

function operatorSend(
    address from,
    address to,
    uint256 amount,
    bytes calldata data,
    bytes calldata operatorData
) external
```

operatorSend 可以透過參數 operatorData 攜帶操作者的資訊，發送代幣除
了執行持有者和接收者帳戶的餘額加減和觸發事件之外，還有下列規定：

（1）如果持有者有透過 ERC1820 註冊 ERC777TokensSender 實現介面，
ERC777 實現合約必須呼叫其 tokensToSend() 鉤子函數（英文中稱為
Hook 函數）。
（2）如果接收者有透過 ERC1820 註冊 ERC777TokensRecipient 實現介
面，ERC777 實現合約必須呼叫其 tokensReceived() 鉤子函數。
（3）如果有 tokensToSend() 鉤子函數，必須在修改餘額狀態之前呼叫。
（4）如果有 tokensReceived() 鉤子函數，必須在修改餘額狀態之後呼叫。
（5）呼叫鉤子函數及觸發事件時，data 和 operatorData 必須原樣傳遞，因
為 tokensToSend 和 tokensReceived 函數可能根據這個資料取消轉帳
（觸發 revert）。

如果持有者希望在轉帳時收到代幣轉移通知，需要實現 ERC777Tokens
Sender 介面，ERC777TokensSender 介面定義如下：

```
interface ERC777TokensSender {
    function tokensToSend(
        address operator,
        address from,
        address to,
        uint256 amount,
        bytes calldata userData,
        bytes calldata operatorData
    ) external;
}
```

此介面定義在程式庫的路徑為 contracts/token/ERC777/IERC777Sender.sol
的檔案中。

在合約實現 tokensToSend() 函數後，呼叫 ERC1820 登錄檔合約上的
setInterface Implementer（address _addr, bytes32 _interfaceHash, address
_implementer） 函 數，_addr 使 用 持 有 者 地 址，_interfaceHash 使 用
ERC777TokensSender 的 keccak256 雜湊值（0x29ddb589b1fb5fc7cf394961
c1adf5f8c6454761adf795e67fe149f658abe895），_implementer 使用的是實
現 ERC777TokensSender 的合約地址。

有 一 個 地 方 需 要 注 意： 對 於 所 有 的 ERC777 合 約， 一 個 持 有 者 地
址 只 能 註 冊 一 個 合 約 來 實 現 ERC777TokensSender 介 面。 但 是 實 現
ERC777TokensSender 介面的合約可能會被多個 ERC777 合約呼叫，在
tokensToSend 函數的實現合約裡，msg.sender 是 ERC777 合約地址，而非
操作者。

如果接收者希望在轉帳時收到代幣轉移通知，需要實現 ERC777Tokens
Recipient 介面，ERC777TokensRecipient 介面定義如下：

```
interface ERC777TokensRecipient {
    function tokensReceived(
        address operator,
        address from,
        address to,
        uint256 amount,
        bytes calldata data,
        bytes calldata operatorData
    ) external;
}
```

介面定義在程式庫的路徑為 contracts/token/ERC777/IERC777Recipient.sol 的檔案中。

在合約實現 ERC777TokensRecipient 介面後，使用和上面一樣的方式註冊，不過介面的雜湊使用 ERC777TokensRecipient 的 keccak256 雜湊值（0xb281fc8c12954d22544db45de3159a39272895b169a852b314f9cc762e44c53b）。

如果接收者是一個合約地址，則合約必須要註冊及實現 ERC777Tokens Recipient 介面（這可以防止代幣被鎖死），如果沒有實現，ERC777 代幣合約需要回覆交易。

鑄幣與銷毀

鑄幣（挖礦）是產生新幣的過程，銷毀代幣則相反。

在 ERC20 中，沒有明確定義這兩個行為，通常會用 transfer 方法和 Transfer 事件來表達。來自全零地址的轉帳是鑄幣，轉給全零地址則是銷毀。

ERC777 則定義了代幣從鑄幣、轉移到銷毀的整個生命週期。

ERC777 沒有定義鑄幣的方法名稱，只定義了 Minted 事件，因為很多代幣是在創建的時候就確定好了代幣的數量。如果有需要，合約可以定義自己的鑄幣函數，ERC777 要求在實現鑄幣函數時必須要滿足以下要求：

（1）必須觸發 Minted 事件；

（2）發行量需要加上鑄幣量，如果接收者是不為 0 的地址，則把鑄幣量加到接收者的餘額中；

（3）如果接收者有透過 ERC1820 註冊 ERC777TokensRecipient 實現介面，代幣合約必須呼叫其 tokensReceived() 鉤子函數。

ERC777 定義了兩個函數用於銷毀代幣（burn 和 operatorBurn），可以方便錢包和 DAPPs 有統一的介面互動。burn 和 operatorBurn 的實現同樣有要求：

（1）必須觸發 Burned 事件；

（2）總供應量必須減去代幣銷毀量，持有者的餘額必須減少代幣銷毀的數量；

（3）如果持有者透過 ERC1820 註冊了 ERC777TokensSender 介面的實現，必須呼叫持有者的 tokensToSend() 鉤子函數；

注意：0 個代幣數量的交易（不管是轉移、鑄幣與銷毀）也是合法的，同樣滿足粒度（granularity）的整數倍，因此需要正確處理。

8.6.3 ERC777 實現

可以看出 ERC777 在實現時相比 ERC20 有更多的要求，增加我們實現的難度，幸運的是，OpenZeppelin 幫我們做好了範本，以下是 OpenZeppelin 實現的 ERC777 合約範本：

```
pragma solidity ^0.5.0;
```

```solidity
import "./IERC777.sol";
import "./IERC777Recipient.sol";
import "./IERC777Sender.sol";
import "../../token/ERC20/IERC20.sol";
import "../../math/SafeMath.sol";
import "../../utils/Address.sol";
import "../../introspection/IERC1820Registry.sol";

// 合約實現相容了ERC20
contract ERC777 is IERC777, IERC20 {
    using SafeMath for uint256;
    using Address for address;

    // ERC1820登錄檔合約地址
    IERC1820Registry private _erc1820 = IERC1820Registry(0x1820a4B7618Bd
E71Dce8cdc73aAB6C95905faD24);

    mapping(address => uint256) private _balances;

    uint256 private _totalSupply;

    string private _name;
    string private _symbol;

    // 強制寫入keccak256("ERC777TokensSender")為了減少gas
    bytes32 constant private TOKENS_SENDER_INTERFACE_HASH =
        0x29ddb589b1fb5fc7cf394961c1adf5f8c6454761adf795e67fe149f658
abe895;

    // keccak256("ERC777TokensRecipient")
    bytes32 constant private TOKENS_RECIPIENT_INTERFACE_HASH =
        0xb281fc8c12954d22544db45de3159a39272895b169a852b314f9cc762e44c53b;

    // 保存預設操作者列表
    address[] private _defaultOperatorsArray;
```

```
    // 為了索引預設操作者狀態使用的mapping
    mapping(address => bool) private _defaultOperators;

    // 保存授權的操作者
    mapping(address => mapping(address => bool)) private _operators;
    // 保存取消授權的預設操作者
    mapping(address => mapping(address => bool)) private
_revokedDefaultOperators;

    // 為了相容ERC20（保存授權資訊）
    mapping (address => mapping (address => uint256)) private _allowances;

    /**
     * defaultOperators是預設操作員，可以為空
     */
    constructor(
        string memory name,
        string memory symbol,
        address[] memory defaultOperators
    ) public {
        _name = name;
        _symbol = symbol;

        _defaultOperatorsArray = defaultOperators;
        for (uint256 i = 0; i < _defaultOperatorsArray.length; i++) {
            _defaultOperators[_defaultOperatorsArray[i]] = true;
        }

        // 註冊介面
        _erc1820.setInterfaceImplementer(address(this),
keccak256("ERC777Token"), address(this));
        _erc1820.setInterfaceImplementer(address(this),
keccak256("ERC20Token"), address(this));
    }
```

```
function name() public view returns (string memory) {
    return _name;
}

function symbol() public view returns (string memory) {
    return _symbol;
}

// 為了相容ERC20
function decimals() public pure returns (uint8) {
    return 18;
}

// 預設粒度為1
function granularity() public view returns (uint256) {
    return 1;
}

function totalSupply() public view returns (uint256) {
    return _totalSupply;
}

function balanceOf(address tokenHolder) public view returns (uint256) {
    return _balances[tokenHolder];
}

// 同時觸發ERC20的Transfer事件
function send(address recipient, uint256 amount, bytes calldata data)
external {
    _send(msg.sender, msg.sender, recipient, amount, data, "", true);
}

// 為相容ERC20的轉帳，同時觸發Sent事件
function transfer(address recipient, uint256 amount) external returns
```

```
(bool) {
        require(recipient != address(0), "ERC777: transfer to the zero
address");

        address from = msg.sender;

        _callTokensToSend(from, from, recipient, amount, "", "");

        _move(from, from, recipient, amount, "", "");

        //最後一個參數表示不要求接收者實現鉤子函數tokensReceived
        _callTokensReceived(from, from, recipient, amount, "", "", false);

        return true;
    }

    // 為了相容ERC20，觸發Transfer事件
    function burn(uint256 amount, bytes calldata data) external {
        _burn(msg.sender, msg.sender, amount, data, "");
    }

    // 判斷是否為操作員
    function isOperatorFor(
        address operator,
        address tokenHolder
    ) public view returns (bool) {
        return operator == tokenHolder ||
            (_defaultOperators[operator] && !_revokedDefaultOperators
[tokenHolder][operator]) ||
            _operators[tokenHolder][operator];
    }

    // 授權操作員
    function authorizeOperator(address operator) external {
        require(msg.sender != operator, "ERC777: authorizing self as
```

```
operator");

        if (_defaultOperators[operator]) {
            delete _revokedDefaultOperators[msg.sender][operator];
        } else {
            _operators[msg.sender][operator] = true;
        }

        emit AuthorizedOperator(operator, msg.sender);
    }

    // 取消操作員
    function revokeOperator(address operator) external {
        require(operator != msg.sender, "ERC777: revoking self as
operator");

        if (_defaultOperators[operator]) {
            _revokedDefaultOperators[msg.sender][operator] = true;
        } else {
            delete _operators[msg.sender][operator];
        }

        emit RevokedOperator(operator, msg.sender);
    }

    // 預設操作者
    function defaultOperators() public view returns (address[] memory) {
        return _defaultOperatorsArray;
    }

    // 轉移代幣，需要有操作者許可權，觸發Sent和Transfer事件
    function operatorSend(
        address sender,
        address recipient,
        uint256 amount,
```

```
        bytes calldata data,
        bytes calldata operatorData
    )
    external
    {
        require(isOperatorFor(msg.sender, sender), "ERC777: caller is not
an operator for holder");
        _send(msg.sender, sender, recipient, amount, data, operatorData,
true);
    }

    // 銷毀代幣
    function operatorBurn(address account, uint256 amount, bytes calldata
data, bytes calldata operatorData) external {
        require(isOperatorFor(msg.sender, account), "ERC777: caller is
not an operator for holder");
        _burn(msg.sender, account, amount, data, operatorData);
    }

    // 為了相容ERC20，獲取授權
    function allowance(address holder, address spender) public view
returns (uint256) {
        return _allowances[holder][spender];
    }

    // 為了相容ERC20，進行授權
    function approve(address spender, uint256 value) external returns
(bool) {
        address holder = msg.sender;
        _approve(holder, spender, value);
        return true;
    }

    // 注意，操作員沒有許可權呼叫 (除非經過approve)
    // 觸發Sent和Transfer事件
```

```solidity
    function transferFrom(address holder, address recipient, uint256
amount) external returns (bool) {
        require(recipient != address(0), "ERC777: transfer to the zero
address");
        require(holder != address(0), "ERC777: transfer from the zero
address");
        address spender = msg.sender;
        _callTokensToSend(spender, holder, recipient, amount, "", "");
        _move(spender, holder, recipient, amount, "", "");
        _approve(holder, spender, _allowances[holder][spender].
sub(amount));
        _callTokensReceived(spender, holder, recipient, amount, "", "",
false);
        return true;
    }

    // 鑄幣函數（即常說的"挖礦"）
    function _mint(
        address operator,
        address account,
        uint256 amount,
        bytes memory userData,
        bytes memory operatorData
    )
    internal
    {
        require(account != address(0), "ERC777: mint to the zero address");

        // Update state variables
        _totalSupply = _totalSupply.add(amount);
        _balances[account] = _balances[account].add(amount);

        _callTokensReceived(operator, address(0), account, amount,
userData, operatorData, true);
```

```
        emit Minted(operator, account, amount, userData, operatorData);
        emit Transfer(address(0), account, amount);
    }


    // 轉移token
    // 最後一個參數requireReceptionAck表示是否必須實現ERC777TokensRecipient
    function _send(
        address operator,
        address from,
        address to,
        uint256 amount,
        bytes memory userData,
        bytes memory operatorData,
        bool requireReceptionAck
    )
        private
    {
        require(from != address(0), "ERC777: send from the zero address");
        require(to != address(0), "ERC777: send to the zero address");

        _callTokensToSend(operator, from, to, amount, userData,
operatorData);

        _move(operator, from, to, amount, userData, operatorData);

        _callTokensReceived(operator, from, to, amount, userData,
operatorData, requireReceptionAck);
    }

    // 銷毀代幣實現
    function _burn(
        address operator,
        address from,
        uint256 amount,
```

```solidity
    bytes memory data,
    bytes memory operatorData
)
    private
{
    require(from != address(0), "ERC777: burn from the zero address");

    _callTokensToSend(operator, from, address(0), amount, data,
operatorData);

    // Update state variables
    _totalSupply = _totalSupply.sub(amount);
    _balances[from] = _balances[from].sub(amount);

    emit Burned(operator, from, amount, data, operatorData);
    emit Transfer(from, address(0), amount);
}

// 轉移所有權
function _move(
    address operator,
    address from,
    address to,
    uint256 amount,
    bytes memory userData,
    bytes memory operatorData
)
    private
{
    _balances[from] = _balances[from].sub(amount);
    _balances[to] = _balances[to].add(amount);

    emit Sent(operator, from, to, amount, userData, operatorData);
    emit Transfer(from, to, amount);
}
```

```
    function _approve(address holder, address spender, uint256 value)
private {
        // TODO: restore this require statement if this function becomes
internal, or is called at a new callsite. It is
        // currently unnecessary.
        //require(holder != address(0), "ERC777: approve from the zero
address");
        require(spender != address(0), "ERC777: approve to the zero
address");

        _allowances[holder][spender] = value;
        emit Approval(holder, spender, value);
    }

    // 嘗試呼叫持有者的tokensToSend()函數
    function _callTokensToSend(
        address operator,
        address from,
        address to,
        uint256 amount,
        bytes memory userData,
        bytes memory operatorData
    )
        private
    {
        address implementer = _erc1820.getInterfaceImplementer(from,
TOKENS_SENDER_INTERFACE_HASH);
        if (implementer != address(0)) {
            IERC777Sender(implementer).tokensToSend(operator, from, to,
amount, userData, operatorData);
        }
    }

    // 嘗試呼叫接收者的tokensReceived()
```

```
function _callTokensReceived(
    address operator,
    address from,
    address to,
    uint256 amount,
    bytes memory userData,
    bytes memory operatorData,
    bool requireReceptionAck
)
    private
{
    address implementer = _erc1820.getInterfaceImplementer(to,
TOKENS_RECIPIENT_INTERFACE_HASH);
    if (implementer != address(0)) {
        IERC777Recipient(implementer).tokensReceived(operator, from,
to, amount, userData, operatorData);
    } else if (requireReceptionAck) {
        require(!to.isContract(), "ERC777: token recipient contract
has no implementer for ERC777TokensRecipient");
    }
}
}
```

大家可以在 OpenZeppelin 程式庫的路徑為 contracts/token/ERC777/
ERC777.sol 的檔案中找到以上程式。以上是一個範本實現，以 ERC777
範本為基礎，可以很容易實現一個自己的 ERC777 代幣，例如實現一個
發行 21000000 個的 M7 代幣的程式範例如下。

```
pragma solidity ^0.5.0;

import "@openzeppelin/contracts/token/ERC777/ERC777.sol";

contract MyERC777 is ERC777 {
    constructor(
        address[] memory defaultOperators
```

```
    )
        ERC777("MyERC777", "M7", defaultOperators)
        public
    {
        uint initialSupply = 21000000 * 10 ** 18;
        _mint(msg.sender, msg.sender, initialSupply, "", "");
    }
}
```

8.6.4 實現鉤子函數

前面我們介紹了如果想要收到轉帳等操作的通知，就需要實現鉤子函數，如果不需要通知，普通帳戶之間是可以不實現鉤子函數的，但是轉入到合約則要求合約一定要實現 ERC777TokensRecipient 介面定義的 tokensReceived() 鉤子函數，我們假設有這樣一個需求：寺廟實現了一個功德箱合約，功德箱合約在接受代幣的時候要記錄每位施主的善款金額。

實現 ERC777TokensRecipient

下面就來實現下功德箱合約，範例程式如下。

```
pragma solidity ^0.5.0;

import "@openzeppelin/contracts/token/ERC777/IERC777Recipient.sol";
import "@openzeppelin/contracts/token/ERC777/IERC777.sol";
import "@openzeppelin/contracts/introspection/IERC1820Registry.sol";

contract Merit is IERC777Recipient {

  mapping(address => uint) public givers;
  address _owner;
  IERC777 _token;

  IERC1820Registry private _erc1820 = IERC1820Registry(0x1820a4B7618BdE71
```

```
Dce8cdc73aAB6C95905faD24);
  // keccak256("ERC777TokensRecipient")

  bytes32 constant private TOKENS_RECIPIENT_INTERFACE_HASH =
      0xb281fc8c12954d22544db45de3159a39272895b169a852b314f9cc762e44c53b;
  constructor(IERC777 token) public {
    _erc1820.setInterfaceImplementer(address(this), TOKENS_RECIPIENT_
INTERFACE_HASH, address(this));
    _owner = msg.sender;
    _token = token;
  }

  function tokensReceived(
      address operator,
      address from,
      address to,
      uint amount,
      bytes calldata userData,
      bytes calldata operatorData
  ) external {
    givers[from] += amount;
  }

// 方丈取回功德箱token
  function withdraw () external {
    require(msg.sender == _owner, "no permision");
    uint balance = _token.balanceOf(address(this));
    _token.send(_owner, balance, "");
  }
}
```

功德箱合約在構造的時候，呼叫 ERC1820 登錄檔合約的 setInterface
Implementer 註冊介面，這樣在收到代幣時，會呼叫 tokensReceived 函
數，tokensReceived 函數透過 givers mapping 來保存每個施主的善款金
額。

注意：如果是在本地的開發者網路環境，可能會沒有 ERC1820 登錄檔合約，如果沒有，需要先部署 ERC1820 登錄檔合約 [1]。

代理合約實現 ERC777TokensSender

如果持有者想對發出去的代幣有更多的控制，可以使用一個代理合約來對發出的代幣進行管理，假設這樣一個需求，如果發現接收的地址在黑名單內，轉帳進行阻止，來看看如何實現。

根據 ERC1820 標準，只有帳號的管理者才可以為帳號註冊介面實現合約，在剛剛實現 ERC777TokensRecipient 時，由於每個地址都是自身的管理者，因此可以在建構函數裡直接呼叫 setInterfaceImplementer 設定介面實現，按照剛剛的假設需求，實現 ERC777TokensSender 有些不一樣，程式如下：

```solidity
pragma solidity ^0.5.0;

import "@openzeppelin/contracts/token/ERC777/IERC777Sender.sol";
import "@openzeppelin/contracts/token/ERC777/IERC777.sol";
import "@openzeppelin/contracts/introspection/IERC1820Registry.sol";
import "@openzeppelin/contracts/introspection/IERC1820Implementer.sol";

contract SenderControl is IERC777Sender, IERC1820Implementer {

  IERC1820Registry private _erc1820 = IERC1820Registry(0x1820a4B7618BdE71
Dce8cdc73aAB6C95905faD24);
  bytes32 constant private ERC1820_ACCEPT_MAGIC = keccak256(abi.
encodePacked("ERC1820_ACCEPT_MAGIC"));

  //    keccak256("ERC777TokensSender")
  bytes32 constant private TOKENS_SENDER_INTERFACE_HASH =
```

---

1 EIP1820 提案：https://learnblockchain.cn/docs/eips/eip-1820.html。

```
      0x29ddb589b1fb5fc7cf394961c1adf5f8c6454761adf795e67fe149f658abe895;

mapping(address => bool) blacklist;
address _owner;

constructor() public {
  _owner = msg.sender;
}

//  account call erc1820.setInterfaceImplementer
function canImplementInterfaceForAddress(bytes32 interfaceHash, address
account) external view returns (bytes32) {
  if (interfaceHash == TOKENS_SENDER_INTERFACE_HASH) {
    return ERC1820_ACCEPT_MAGIC;
  } else {
    return bytes32(0x00);
  }
}

function setBlack(address account, bool b) external {
  require(msg.sender == _owner, "no premission");
  blacklist[account] = b;
}

function tokensToSend(
    address operator,
    address from,
    address to,
    uint amount,
    bytes calldata userData,
    bytes calldata operatorData
) external {
  if (blacklist[to]) {
    revert("ohh... on blacklist");
  }
```

```
    }

}
```

這個合約要代理某個帳號完成黑名單功能，按照前面 ERC1820 要求，在呼叫 setInterfac eImplementer 時，如果一個 msg.sender 和實現合約不是一個地址時，則實現合約需要實現 canImplementInterfaceForAddress 函數，並對實現的函數返回 ERC1820_ACCEPT_MAGIC。

剩下的實現就很簡單了，合約函數 setBlack() 用來設定黑名單，它使用一個 mapping 狀態變數來管理黑名單，在 tokensToSend 函數的實現裡，先檢查接收者是否在黑名單內，如果在，則 revert 回覆交易，阻止轉帳。

給帳號（假設為 A）設定代理合約的方法為：先部署代理合約，獲得代理合約地址，然後用 A 帳號去呼叫 ERC1820 的 setInterfaceImplementer 函數，參數分別是 A 的地址、介面的 keccak256 即 0x29ddb589b1fb5fc7cf394961c1adf5f8c6454761adf795e67fe149f658abe895 以及代理合約地址。

透過實現 ERC777TokensSender 和 ERC777TokensRecipient 可以延伸出很多有意思的玩法，各位讀者可以自行探索。

8.7 ERC721

前面介紹的 ERC20 及 ERC777，每一個幣都是無差別的，稱為同質化代幣，總是可以使用一個幣去替換另一個幣，現實中還有另一類資產，如獨特的藝術品、虛擬收藏品、歌手演唱的歌曲、畫家的一幅畫、領養的一隻寵物。這類資產的特點是每一個資產都是獨一無二的，且不可以再分割，這類資產就是非同質化資產（Non-Fungible），ERC721 就使用 Token 來表示這類資產。

8.7.1 ERC721 代幣規範

```
pragma solidity ^0.5.0;

contract IERC721 is IERC165 {
    // 當任何NFT的所有權更改時 (不管哪種方式),就會觸發此事件
    event Transfer(address indexed from, address indexed to, uint256
indexed tokenId);

    // 當更改或確認NFT的授權地址時觸發
    event Approval(address indexed owner, address indexed approved,
uint256 indexed tokenId);

    //所有者啟用或禁用操作員時觸發 (操作員可管理所有者所持有的NFTs)
    event ApprovalForAll(address indexed owner, address indexed operator,
bool approved);

    // 統計所持有的NFTs數量
    function balanceOf(address _owner) external view returns (uint256);

    // 返回所有者
    function ownerOf(uint256 _tokenId) external view returns (address);

    // 將NFT的所有權從一個地址轉移到另一個地址
    function safeTransferFrom(address _from, address _to, uint256
_tokenId, bytes data) external payable;

    // 將NFT的所有權從一個地址轉移到另一個地址,功能同上,不帶data參數
    function safeTransferFrom(address _from, address _to, uint256
_tokenId) external payable;

    // 轉移所有權──呼叫者負責確認_to是否有能力接收NFTs,否則可能永久遺失
    function transferFrom(address _from, address _to, uint256 _tokenId)
external payable;

    // 更改或確認NFT的授權地址
```

```
    function approve(address _approved, uint256 _tokenId) external payable;

    // 啟用或禁用第三方（操作員）管理msg.sender所有資產
    function setApprovalForAll(address _operator, bool _approved) external;

    // 獲取單一NFT的授權地址
    function getApproved(uint256 _tokenId) external view returns (address);

    // 查詢一個地址是否是另一個地址的授權操作員
    function isApprovedForAll(address _owner, address _operator) external
view returns (bool);
}
```

如果合約（應用）要接受 NFT 的安全轉帳，則必須實現以下介面。

```
// 按ERC-165標準，介面id為0x150b7a02
interface ERC721TokenReceiver {
    // 處理接收NFT
    // ERC721智慧合約在transfer完成後，在接收者地址上呼叫這個函數
    /// @return正確處理時返回`bytes4(keccak256("onERC721Received(address,
address,uint256,bytes)"))`
    function onERC721Received(address _operator, address _from, uint256
_tokenId, bytes _data) external returns(bytes4);
}
```

以下詮譯資訊（描述代幣本身的資訊）擴充是可選的，但是可以提供一
些資產代表的資訊以便查詢。

```
/// @title ERC-721非同質化代幣標準, 可選詮譯資訊擴充
///  Note: 按ERC-165標準，介面id為0x5b5e139f
interface ERC721Metadata /* is ERC721 */ {
    // NFTs集合的名字
    function name() external view returns (string _name);

    // NFTs縮寫代號
```

```
function symbol() external view returns (string _symbol);

    // 一個指定資產的唯一的統一資源識別項(URI)
    // 如果_tokenId無效，拋出例外
    /// URI也許指向一個符合"ERC721中繼資料JSON Schema"的JSON檔案
    function tokenURI(uint256 _tokenId) external view returns (string);
}
```

以下是 "ERC721 中繼資料 JSON Schema" 描述：

```
{
    "title": "Asset Metadata",
    "type": "object",
    "properties": {
        "name": {
            "type": "string",
            "description": "指示NFT代表什麼"
        },
        "description": {
            "type": "string",
            "description": "描述NFT代表的資產"
        },
        "image": {
            "type": "string",
            "description": "指向NFT表示資產的資源的URI（MIME類型為
image/*），可以考慮寬度在320到1080像素之間，長寬比在1.91:1到4:5之間的圖型。"
        }
    }
}
```

非同質資產不能像帳本中的數字那樣「集合」在一起，每個資產必須單獨追蹤所有權，因此需要在合約內部用唯一 uint256 ID 標識碼來標識每個資產，該標識碼在整個合約期內不得更改。標準並沒有限定 ID 標識碼的規則，不過開發者可以選擇實現下面的列舉介面，方便使用者查詢 NFTs 的完整列表。

```
/// @title ERC-721非同質化代幣標準列舉擴充資訊（可選介面）
///   Note: 按ERC-165標準，介面id為0x780e9d63
interface ERC721Enumerable /* is ERC721 */ {
    // NFTs計數
    /// @return返回合約有效追蹤（所有者不為零地址）的NFT數量
    function totalSupply() external view returns (uint256);

    // 列舉索引NFT
    // 如果_index >= totalSupply() 則拋出例外
    function tokenByIndex(uint256 _index) external view returns (uint256);

    // 列舉索引某個所有者的NFTs
    function tokenOfOwnerByIndex(address _owner, uint256 _index) external
view returns (uint256);
}
```

8.7.2 ERC721 實現

以下是 OpenZeppelin 實現的 ERC721，程式可以在 openzeppelin 合約程
式庫[2] 的 token/ERC721 目錄下找到。

```
pragma solidity ^0.5.0;

import "./IERC721.sol";
import "./IERC721Receiver.sol";
import "../../math/SafeMath.sol";
import "../../utils/Address.sol";
import "../../drafts/Counters.sol";
import "../../introspection/ERC165.sol";

contract ERC721 is ERC165, IERC721 {
    using SafeMath for uint256;
```

---

2 程式庫地址：https://github.com/OpenZeppelin/openzeppelin-contracts。

```
    using Address for address;
    using Counters for Counters.Counter;

    // 等於bytes4(keccak256("onERC721Received(address,address,uint256,
bytes)"))
    // 也是IERC721Receiver(0).onERC721Received.selector
    bytes4 private constant _ERC721_RECEIVED = 0x150b7a02;

    // 記錄id及所有者
    mapping (uint256 => address) private _tokenOwner;

    // 記錄id及對應的授權地址
    mapping (uint256 => address) private _tokenApprovals;

    // 某個地址擁有的token數量
    mapping (address => Counters.Counter) private _ownedTokensCount;

    //所有者的授權操作員清單
    mapping (address => mapping (address => bool)) private
_operatorApprovals;

    // 實現的介面
    /*
     *    bytes4(keccak256('balanceOf(address)')) == 0x70a08231
     *    bytes4(keccak256('ownerOf(uint256)')) == 0x6352211e
     *    bytes4(keccak256('approve(address,uint256)')) == 0x095ea7b3
     *    bytes4(keccak256('getApproved(uint256)')) == 0x081812fc
     *    bytes4(keccak256('setApprovalForAll(address,bool)')) ==
0xa22cb465
     *    bytes4(keccak256('isApprovedForAll(address,address)')) ==
0xe985e9c
     *    bytes4(keccak256('transferFrom(address,address,uint256)')) ==
0x23b872dd
     *    bytes4(keccak256('safeTransferFrom(address,address,uint256)'))
== 0x42842e0e
```

```
*       bytes4(keccak256('safeTransferFrom(address,address,uint256,
bytes)')) == 0xb88d4fde
*
*       => 0x70a08231 ^ 0x6352211e ^ 0x095ea7b3 ^ 0x081812fc ^
*          0xa22cb465 ^ 0xe985e9c ^ 0x23b872dd ^ 0x42842e0e ^
0xb88d4fde == 0x80ac58cd
*/
bytes4 private constant _INTERFACE_ID_ERC721 = 0x80ac58cd;

// 建構函數
constructor () public {
    // 註冊支援的介面
    _registerInterface(_INTERFACE_ID_ERC721);
}

// 返回持有數量
function balanceOf(address owner) public view returns (uint256) {
    require(owner != address(0), "ERC721: balance query for the zero
address");

    return _ownedTokensCount[owner].current();
}

// 返回持有者
function ownerOf(uint256 tokenId) public view returns (address) {
    address owner = _tokenOwner[tokenId];
    require(owner != address(0), "ERC721: owner query for nonexistent
token");

    return owner;
}

// 授權另一個地址可以轉移對應的token，授權給零地址表示token不授權給其他
地址
```

```
function approve(address to, uint256 tokenId) public {
    address owner = ownerOf(tokenId);
    require(to != owner, "ERC721: approval to current owner");

    require(msg.sender == owner || isApprovedForAll(owner, msg.sender),
        "ERC721: approve caller is not owner nor approved for all"
    );

    _tokenApprovals[tokenId] = to;
    emit Approval(owner, to, tokenId);
}

// 獲取單一NFT的授權地址
function getApproved(uint256 tokenId) public view returns (address) {
    require(_exists(tokenId), "ERC721: approved query for nonexistent
token");

    return _tokenApprovals[tokenId];
}

// 啟用或禁用操作員管理msg.sender所有資產
function setApprovalForAll(address to, bool approved) public {
    require(to != msg.sender, "ERC721: approve to caller");

    _operatorApprovals[msg.sender][to] = approved;
    emit ApprovalForAll(msg.sender, to, approved);
}

// 查詢一個地址operator是否是owner的授權操作員
function isApprovedForAll(address owner, address operator) public
view returns (bool) {
    return _operatorApprovals[owner][operator];
}

// 轉移所有權
```

```
    function transferFrom(address from, address to, uint256 tokenId)
public {
        //solhint-disable-next-line max-line-length
        require(_isApprovedOrOwner(msg.sender, tokenId), "ERC721:
transfer caller is not owner nor approved");

        _transferFrom(from, to, tokenId);
    }

    // 安全轉移所有權，如果接受的是合約，必須有onERC721Received實現

    function safeTransferFrom(address from, address to, uint256 tokenId)
public {
        safeTransferFrom(from, to, tokenId, "");
    }

    function safeTransferFrom(address from, address to, uint256 tokenId,
bytes memory _data) public {
        transferFrom(from, to, tokenId);
        require(_checkOnERC721Received(from, to, tokenId, _data),
"ERC721: transfer to non ERC721Receiver implementer");
    }

    // token是否存在
    function _exists(uint256 tokenId) internal view returns (bool) {
        address owner = _tokenOwner[tokenId];
        return owner != address(0);
    }

    // 檢查spender是否經過授權
    function _isApprovedOrOwner(address spender, uint256 tokenId)
internal view returns (bool) {
        require(_exists(tokenId), "ERC721: operator query for nonexistent
token");
        address owner = ownerOf(tokenId);
```

```
        return (spender == owner || getApproved(tokenId) == spender ||
isApprovedForAll(owner, spender));
    }

    // 挖出一個新的幣
    function _mint(address to, uint256 tokenId) internal {
        require(to != address(0), "ERC721: mint to the zero address");
        require(!_exists(tokenId), "ERC721: token already minted");

        _tokenOwner[tokenId] = to;
        _ownedTokensCount[to].increment();

        emit Transfer(address(0), to, tokenId);
    }

    // 銷毀
    function _burn(address owner, uint256 tokenId) internal {
        require(ownerOf(tokenId) == owner, "ERC721: burn of token that is
not own");

        _clearApproval(tokenId);

        _ownedTokensCount[owner].decrement();
        _tokenOwner[tokenId] = address(0);

        emit Transfer(owner, address(0), tokenId);
    }

    function _burn(uint256 tokenId) internal {
        _burn(ownerOf(tokenId), tokenId);
    }

    // 實作方式轉移所有權的方法
    function _transferFrom(address from, address to, uint256 tokenId)
internal {
```

```
        require(ownerOf(tokenId) == from, "ERC721: transfer of token that
is not own");
        require(to != address(0), "ERC721: transfer to the zero address");

        _clearApproval(tokenId);

        _ownedTokensCount[from].decrement();
        _ownedTokensCount[to].increment();

        _tokenOwner[tokenId] = to;

        emit Transfer(from, to, tokenId);
    }

    // 檢查合約帳號接收token時，是否實現了onERC721Received
    function _checkOnERC721Received(address from, address to, uint256
tokenId, bytes memory _data)
        internal returns (bool)
    {
        if (!to.isContract()) {
            return true;
        }

        bytes4 retval = IERC721Receiver(to).onERC721Received(msg.sender,
from, tokenId, _data);
        return (retval == _ERC721_RECEIVED);
    }

    // 清除授權
    function _clearApproval(uint256 tokenId) private {
        if (_tokenApprovals[tokenId] != address(0)) {
            _tokenApprovals[tokenId] = address(0);
        }
    }
}
```

以下是詮譯資訊實現：

```solidity
pragma solidity ^0.5.0;

import "./ERC721.sol";
import "./IERC721Metadata.sol";
import "../../introspection/ERC165.sol";

contract ERC721Metadata is ERC165, ERC721, IERC721Metadata {
    // Token名字
    string private _name;

    // Token代號
    string private _symbol;

    // Optional mapping for token URIs
    mapping(uint256 => string) private _tokenURIs;

    /*
     *     bytes4(keccak256('name()')) == 0x06fdde03
     *     bytes4(keccak256('symbol()')) == 0x95d89b41
     *     bytes4(keccak256('tokenURI(uint256)')) == 0xc87b56dd
     *
     *     => 0x06fdde03 ^ 0x95d89b41 ^ 0xc87b56dd == 0x5b5e139f
     */
    bytes4 private constant _INTERFACE_ID_ERC721_METADATA = 0x5b5e139f;

    constructor (string memory name, string memory symbol) public {
        _name = name;
        _symbol = symbol;

        _registerInterface(_INTERFACE_ID_ERC721_METADATA);
    }

    function name() external view returns (string memory) {
        return _name;
```

```
    }

    function symbol() external view returns (string memory) {
        return _symbol;
    }

    // 返回token資源URI
    function tokenURI(uint256 tokenId) external view returns (string
memory) {
        require(_exists(tokenId), "ERC721Metadata: URI query for
nonexistent token");
        return _tokenURIs[tokenId];
    }

    function _setTokenURI(uint256 tokenId, string memory uri) internal {
        require(_exists(tokenId), "ERC721Metadata: URI set of nonexistent
token");
        _tokenURIs[tokenId] = uri;
    }

    function _burn(address owner, uint256 tokenId) internal {
        super._burn(owner, tokenId);

        // Clear metadata (if any)
        if (bytes(_tokenURIs[tokenId]).length != 0) {
            delete _tokenURIs[tokenId];
        }
    }
}
```

以下是實現列舉 token ID：

```
pragma solidity ^0.5.0;

import "./IERC721Enumerable.sol";
import "./ERC721.sol";
```

```
import "../../introspection/ERC165.sol";

contract ERC721Enumerable is ERC165, ERC721, IERC721Enumerable {
    // 所有者擁有的token ID列表
    mapping(address => uint256[]) private _ownedTokens;

    // token ID對應的索引號（在擁有者下）
    mapping(uint256 => uint256) private _ownedTokensIndex;

    //所有的token ID
    uint256[] private _allTokens;

    // token ID在所有token中的索引號
    mapping(uint256 => uint256) private _allTokensIndex;

    /*
     *     bytes4(keccak256('totalSupply()')) == 0x18160ddd
     *     bytes4(keccak256('tokenOfOwnerByIndex(address,uint256)')) ==
0x2f745c59
     *     bytes4(keccak256('tokenByIndex(uint256)')) == 0x4f6ccce7
     *
     *     => 0x18160ddd ^ 0x2f745c59 ^ 0x4f6ccce7 == 0x780e9d63
     */
    bytes4 private constant _INTERFACE_ID_ERC721_ENUMERABLE = 0x780e9d63;

    constructor () public {
        // register the supported interface to conform to
ERC721Enumerable via ERC165
        _registerInterface(_INTERFACE_ID_ERC721_ENUMERABLE);
    }

    /**
     * @dev用持有者索引獲取到token id
     */
    function tokenOfOwnerByIndex(address owner, uint256 index) public
```

```
view returns (uint256) {
        require(index < balanceOf(owner), "ERC721Enumerable: owner index
out of bounds");
        return _ownedTokens[owner][index];
    }

    // 合約一共管理了多少token
    function totalSupply() public view returns (uint256) {
        return _allTokens.length;
    }

    /**
     * @dev用索引獲取到token id
     */
    function tokenByIndex(uint256 index) public view returns (uint256) {
        require(index < totalSupply(), "ERC721Enumerable: global index
out of bounds");
        return _allTokens[index];
    }

    function _transferFrom(address from, address to, uint256 tokenId)
internal {
        super._transferFrom(from, to, tokenId);

        _removeTokenFromOwnerEnumeration(from, tokenId);

        _addTokenToOwnerEnumeration(to, tokenId);
    }

    function _mint(address to, uint256 tokenId) internal {
        super._mint(to, tokenId);

        _addTokenToOwnerEnumeration(to, tokenId);

        _addTokenToAllTokensEnumeration(tokenId);
```

```
    }

    function _burn(address owner, uint256 tokenId) internal {
        super._burn(owner, tokenId);

        _removeTokenFromOwnerEnumeration(owner, tokenId);
        // Since tokenId will be deleted, we can clear its slot in
_ownedTokensIndex to trigger a gas refund
        _ownedTokensIndex[tokenId] = 0;

        _removeTokenFromAllTokensEnumeration(tokenId);
    }

    function _tokensOfOwner(address owner) internal view returns
(uint256[] storage) {
        return _ownedTokens[owner];
    }

    /**
     * @dev填加token id到對應的所有者下進行索引
     */
    function _addTokenToOwnerEnumeration(address to, uint256 tokenId)
private {
        _ownedTokensIndex[tokenId] = _ownedTokens[to].length;
        _ownedTokens[to].push(tokenId);
    }

    // 填加token id到token清單內進行索引
    function _addTokenToAllTokensEnumeration(uint256 tokenId) private {
        _allTokensIndex[tokenId] = _allTokens.length;
        _allTokens.push(tokenId);
    }

    // 移除對應的索引
    function _removeTokenFromOwnerEnumeration(address from, uint256
```

```
tokenId) private {

        uint256 lastTokenIndex = _ownedTokens[from].length.sub(1);
        uint256 tokenIndex = _ownedTokensIndex[tokenId];

        if (tokenIndex != lastTokenIndex) {
            uint256 lastTokenId = _ownedTokens[from][lastTokenIndex];

            _ownedTokens[from][tokenIndex] = lastTokenId; // Move the
last token to the slot of the to-delete token
            _ownedTokensIndex[lastTokenId] = tokenIndex; // Update the
moved token's index
        }

        _ownedTokens[from].length--;

    }

    function _removeTokenFromAllTokensEnumeration(uint256 tokenId)
private {

        uint256 lastTokenIndex = _allTokens.length.sub(1);
        uint256 tokenIndex = _allTokensIndex[tokenId];

        uint256 lastTokenId = _allTokens[lastTokenIndex];

        _allTokens[tokenIndex] = lastTokenId; // Move the last token to
the slot of the to-delete token
        _allTokensIndex[lastTokenId] = tokenIndex; // Update the moved
token's index

        _allTokens.length--;
        _allTokensIndex[tokenId] = 0;
    }
}
```

8.8 簡單的支付通道

上面案例都是以 OpenZepplin 函數庫程式為基礎來實現的，這節我們來獨立實現一個支付通道，支付通道是一個鏈上鏈下相互結合的案例。我們透過一個場景來了解它，假設有這樣一個場景，小明經常要去樓下的咖啡店喝咖啡，小明每次除了支付 0.05 以太幣的咖啡費用之外，還需要支付一筆手續費給礦工。為了節省手續費，小明可以在他與咖啡店之間創建一個支付通道，透過加密簽名來實現重複安全的以太幣轉帳，而不用每次都支付手續費。小明可以這樣做：

- 創建一個支付通道合約，並存入 2 個以太幣（鏈上進行）。
- 每次買咖啡時簽名一筆交易資訊給老闆，交易資訊包含的內容有：總共要支付多少錢給老闆及簽名資料本身。這是在鏈下進行的，不用支付手續費。
- 每次買咖啡時，小明都重複步驟 2（只需要不超出 2 個以太幣），而老闆任何時候都可以把小明的簽名資訊發送給鏈上的支付通道合約，提取小明支付的咖啡費用（同時也表示老闆不想後續收款，選擇關閉支付通道）。
- 小明不想喝咖啡了，取回支付通道的餘額。

透過這樣一條支付通道，小明可以節省大量的手續費。我們看看它如何實現。

8.8.1 創建支付通道智慧合約

首先，由小明創建一個支付通道智慧合約，支付通道合約指定費用的接收者以及合約有效期。合約程式如下（各函數的說明直接以註釋形式列出）。

```solidity
pragma solidity >=0.4.22 <0.7.0;

contract PaymentChannel {
    address payable public sender;        // 付款方
    address payable public recipient;     // 收款方
    uint256 public expiration;            // 有效期，以防收款人沒有關閉通道

    // payable可以在創建合約時，存入資金
    constructor (address payable _recipient, uint256 duration)
        public
        payable
    {
        sender = msg.sender;
        recipient = _recipient;
        expiration = now + duration;
    }

    // 判斷是否是付款方的簽名資料
    function isValidSignature(uint256 amount, bytes memory signature)
        internal
        view
        returns (bool)
    {
        bytes32 message = prefixed(keccak256(abi.encodePacked(this,
amount)));

        return recoverSigner(message, signature) == sender;
    }

    // 收款方（本例是店主）用收到的簽名資料呼叫合約進行收款，同時關閉合約
    function close(uint256 amount, bytes memory signature) public {
        require(msg.sender == recipient);
        require(isValidSignature(amount, signature));
```

```
    recipient.transfer(amount);
    selfdestruct(sender);
}


//   付款方可以延長有效期
function extend(uint256 newExpiration) public {
    require(msg.sender == sender);
    require(newExpiration > expiration);

    expiration = newExpiration;
}


//如果過期時間已到，而收款人沒有關閉通道，可執行此函數，銷毀合約並返還餘額
function claimTimeout() public {
    require(now >= expiration);
    selfdestruct(sender);
}


// 從簽名資訊中分離出v、r、s
function splitSignature(bytes memory sig)
    internal
    pure
    returns (uint8 v, bytes32 r, bytes32 s)
{
    require(sig.length == 65);

    assembly {
        r := mload(add(sig, 32))
        s := mload(add(sig, 64))
        v := byte(0, mload(add(sig, 96)))
    }

    return (v, r, s);
```

```
    }

    // 從簽名資料獲得簽名者地址
    function recoverSigner(bytes32 message, bytes memory sig)
        internal
        pure
        returns (address)
    {
        (uint8 v, bytes32 r, bytes32 s) = splitSignature(sig);
        return ecrecover(message, v, r, s);
    }

    ///   加入一個字首，因為在eth_sign簽名的時候會加上
    function prefixed(bytes32 hash) internal pure returns (bytes32) {
        return keccak256(abi.encodePacked("\x19Ethereum Signed Message:
\n32", hash));
    }
}
```

小明在創建合約時，就需要打入以太幣，因此 constructor() 建構函數需
要用 payable 修飾，小明支付咖啡費是透過轉給店主一個簽名的資訊（就
像小明給了一張簽名的支票到店主一樣，下一節會介紹如何進行支付簽
名），然後店主使用簽名資訊呼叫合約的 close() 函數進行提款。close() 函
數會先驗證簽名資訊的有效性（防止店主偽造資訊），然後再放款。同時
為了安全性的考慮，合約加入了一個有效期，要求咖啡店必須在有效期
內進行收款，如果沒有消費或咖啡店主一直不收款，小明可取回資金。

8.8.2 支付簽名

小明向店主發送付款的簽名資訊，小明用自己的私密金鑰簽名，然後直
接傳輸給店主，這是線下進行的，而非以太坊上的鏈上交易。

每筆簽名資訊需要包含以下資訊：

- 智慧合約的地址，用於防止交換合約重放攻擊（防止一個支付通道的訊息被用於不同的通道）。
- 到目前為止所要支付的以太幣總數。

在很多次支付之後，如果店主想要提取資金，他就可以使用最後一次簽名資訊（包含累計消費金額）提交到智慧合約（呼叫合約的 close 函數），一次贖回所有的資金。

我們已經知道哪些資訊需要包含到簽名資訊裡，需要先把這些資訊合併在一起，然後計算雜湊，最後進行簽名，以下是 JavaScript 用來構造簽名資訊的程式：

```
function constructPaymentMessage(contractAddress, amount) {
    return abi.soliditySHA3(
        ["address", "uint256"],
        [contractAddress, amount]
    );
}


function signMessage(message, callback) {
    web3.eth.personal.sign(
        "0x" + message.toString("hex"),
        web3.eth.defaultAccount,
        callback
    );
}


// contractAddress是合約地址
// amount是以太幣總數，wei是單位
// callback是簽名完成的回呼函數
function signPayment(contractAddress, amount, callback) {
```

```
    var message = constructPaymentMessage(contractAddress, amount);
    signMessage(message, callback);
}
```

constructPaymentMessage 函 數 使 用 了 ethereumjs-abi 函 數 庫（ 程 式：
https://github.com/ethereumjs/ethereumjs-abi）的 soliditySHA3 用來進行資
訊拼接與雜湊，signMessage 函數使用 Web.js[3] 的 eth.personal.sign 函數進
行簽名。

這樣我們就完成了讓合約來擔當支付通道的角色，當然，本案例還有一
些不完整的地方，比如店家需要有方法在每次收款時及時驗證小明簽名
的正確性，讀者可以思考如何實現。

3　參考文件：https://learnblockchain.cn/docs/web3.js/web3-eth-personal.html。

去中心化 DAPP 實戰

透過本書前面的內容，我們知道如何使用 Solidity 來開發智慧合約，嚴格地講，智慧合約不是一個獨立的應用，而只是業務邏輯的一部分，一個完整的應用還應該包括友善的使用者互動介面。在智慧合約之上建構的應用，我們稱之為 DAPP。本章就來介紹如何開始建構一個 DAPP。

9.1 什麼是 DAPP

現在的網際網路應用通常都有對應的中心化伺服器，在應用端（前端）展現內容的時候，通常是應用端發送一個請求到伺服器，伺服器返回對應的內容到應用端。整個應用實際上是由中心化的伺服器控制的。

DAPP，即 Decentralized APP，意為「去中心化應用」，它運行在去中心化的網路節點上，其應用端其實和現有的網際網路應用一樣，不過應用的後端不再是中心化的伺服器，而是去中心化的網路節點。這個節點可

以是網路中任意的節點，應用端發給節點的請求，當節點收到交易請求
之後，會把請求廣播到整個網路，交易在網路達成共識之後才算是真正
得到執行（即處理請求的是整個網路，連接的節點不能獨立處理請求）。
傳統 APP 與 DAPP 架構上的異同如圖 9-1 所示。

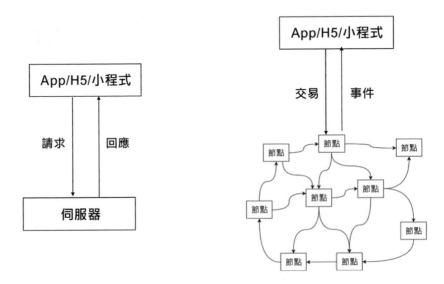

圖 9-1　DAPP 架構與 APP 架構的比較

在去中心化應用中，發送給節點的請求通常稱為「交易」，交易和普通的
請求有幾個很大的不同：交易的資料經過使用者個人簽名（因此需要連
結錢包）之後發送到節點；另外，普通的請求大多數都是同步的（及時
拿到結果），而交易大多數都是非同步的（主要是因為網路共識比較耗
時），從節點上獲得資料狀態（比如交易的結果），一般是透過事件回呼
來獲得。

如何開發 DAPP

在開發中心化應用過程中，最重要的兩部分是用戶端和後端的服務程
式，用戶端透過 HTTP 請求連結到後端服務程式，後端服務程式運行在
伺服器上，比如 Nginx、Apache 等。

開發去中心化應用，最重要的也是兩部分：用戶端及智慧合約。智慧合約的作用就像後端服務程式，智慧合約運行在節點的以太坊虛擬機器（EVM）上，用戶端呼叫智慧合約，是透過向節點發起請求完成的。

我們將兩者作一個比較：

用戶端 <=> 用戶端

HTTP 請求 <=> RPC 請求

後端服務程式 <=> 智慧合約

Nginx/Apache <=> 節點伺服器

DAPP 用戶端的開發和現有網際網路應用一樣。此外，透過上一章的學習，我們已經了解如何進行智慧合約的開發，所以我們現在只需要了解用戶端如何與智慧合約互動。互動是透過對以太坊節點發起 RPC（遠端程序呼叫）請求來進行的。以太坊節點其實會提供一系列 JSON-RPC 介面，對於開發者來講，通常需要使用 JSON-RPC 介面封裝 Web3 函數庫，如 Web3 提供的介面包含獲取節點狀態、獲取帳號資訊、呼叫合約、監聽合約事件等，目前的主流語言都支援 Web3 的實現，例如：

（1）web3.js 是 JSON-RPC 介面 JavaScript 版本的封裝（程式庫：https://github.com/ethereum/web3.js）。

（2）web3j 是 JSON-RPC 介面 Java 版本的封裝（程式庫：https://github.com/web3j/web3j）。

（3）web3.py 是 JSON-RPC 介面 Python 版本的封裝（程式庫：https://github.com/ethereum/web3.py）。

還有更多版本可以在 GitHub 上找到，本章主要以 Web 應用介紹，將使用 web3.js 函數庫。

小知識：當前網際網路應用通常稱為 Web2.0，而以合約為基礎的網際網路應用是一場大升級，因此取名為 Web3.0。

9.2 Web3.js

9.2.1 Web3.js 簡介

web3.js 函數庫是一系列模組的集合，服務於以太坊生態系統的各個功能，舉幾個例子。

- web3-eth：用來與以太坊區塊鏈及合約的互動；
- web3-shh：包含了 Whisper 協定（點對點通訊協定）相關的 API；
- web3-bzz：包含了 Swarm 協定（去中心化檔案儲存協定）相關的 API；
- web3-utils：包含一些常用的工具方法，比如貨幣單位 wei 與 ether 之間的轉換等。

本書並不會說明所有 Web3.js 中的 API，大家應該養成從 API 文件中尋找函數用法的習慣，Web3.js 文件的連結為：https://web3js.readthedocs.io/，如果英文不是很好，推薦登鏈社區翻譯的版本：https://learnblockchain. cn/docs/web3.js/。

其實我們在前面「進入以太坊世界」一章介紹 Geth 時，已經使用了 Web3.js，這是因為在 Geth 函數庫用戶端中整合了 web3.js 函數庫，比如 Geth 的查看餘額命令：eth.getBalance(eth.accounts[0]) 就使用了以下的 API：

```
web3.eth.getBalance(address[,defaultBlock][,callback])
```

因為與鏈的互動多是非同步作業，很多方法都帶有一個回呼函數作為最後一個參數，有一點需要注意，web3.js 有兩個不相容的版本：0.20.x 及 1.x。1.x 對 0.20.x 版本做了重構，並且引入了 Promise（這是一個「承諾將來會執行」的物件）來簡化非同步程式設計，避免層層的回呼巢狀結構。

做一個比較，下面使用兩個版本來獲取當前區塊號：

```
// 0.20.x版本
web3.eth.getBlockNumber(function callback(err, value) {
    console.log("BlockNumber:" + value)
});

// 1.x版本
web3.eth.getBlockNumber().then(console.log);
```

使用兩個版本來獲取帳號餘額：

```
// 0.20.x版本
web3.eth.getAccounts(function callback1(error, result){
    web3.eth.getBalance(result[0], function callback2(error, value) {
        console.log("value" + value);
    });
})

// 1.x版本
web3.eth.getAccounts()
  .then((res) => web3.eth.getBalance(res[0]))
  .then((value) => console.log(value) );
```

使用 1.x 版本程式上要比 0.20.x 版本簡潔一些。

9.2.2 引入 Web3.js

如果應用中需要和鏈進行互動，需要先引入 web3.js 函數庫。根據專案的不同，使用不同的方式引入 Web3.js，例如：

- npm 專案，使用命令 npm install web3 來安裝 Web3.js。
- meteor 專案，使用命令 meteor add ethereum:web3 來安裝 Web3.js。
- 純 js 專案，直接用 <script> 標籤引入 web3.js 檔案。

引入 web3.js 函數庫之後就可以創建 web3 實例，程式如下。

```
//如果在node.js環境
//var Web3 = require('web3');
var web3 = new Web3(Web3.givenProvider || "ws://localhost:8545");
```

創建 web3 實例時，需要給 Web3 設定一個提供者（Provider）參數，它用來指定 Web3 和哪一個節點通訊，有了 Web3 實例之後，就可以呼叫 web3 的成員方法，如上面 9.2.1 節的獲取帳戶餘額。

9.2.3 用 web3.js 跟合約互動

1. 呼叫合約函數

要呼叫合約函數，需要先創建一個對應合約的實例，使用以下方法：

```
var myContract = new web3.eth.Contract (ABI, [, address][, options])
```

- 第一個參數 ABI 是合約的介面描述，在第 7 章 Solidity 進階介紹過，它會由編譯器輸出。
- 第二個參數是合約部署後的地址。

有了合約實例之後，就可以透過 myContract.methods.myMethod() 呼叫合約的函數，例如要呼叫前面在探索智慧合約編寫的 Counter 合約的 count() 函數，程式如下：

```
var CounterObject = new web3.eth.Contract(CounterABI, Counter合約地址);
// 呼叫合約的count()方法,讓計數器加1
CounterObject.methods.count().send(
    {from: '0xde....'}
)

// 呼叫合約的get()方法,獲得當前計數器結果
CounterObject.methods.get().call(
```

```
    {from: '0xde...'}
 )
```

你也許注意到以上程式呼叫合約的方法有點不同，呼叫合約其實有兩種方式：call() 及 send()。

- call()：用來呼叫合約的視圖方法，它不會修改鏈上的資料。
- send()：用來呼叫合約中會修改狀態的方法。
- call() 和 send() 都帶一個可選的 options 物件參數，options 物件包含下面幾個欄位。
- from：用來指定發起呼叫的帳號。
- gasPrice（可選）：指定發起呼叫的單位 gas 的價格。
- gas（可選）：指定發起呼叫最多能使用的 gas（gas limit）。
- value（可選）：指定交易附加的以太幣（僅 send 方式有效）。

2. 監聽事件

監聽是獲取區塊鏈狀態變化的主要方式，web3.js 提供了 web3.eth. subscribe 介面來訂閱區塊鏈的狀態，例如下面的程式監聽了區塊頭生成事件，當節點收到一個新區塊時，將回呼我們傳入的函數。

```
var subscription = web3.eth.subscribe('newBlockHeaders', function(error,
result){})
```

下面介紹如何監聽合約的自訂事件。假設合約有 MyEvent 事件，透過 web3.eth.Contract 創建合約實例 myContract，以下程式就可以監聽合約 MyEvent 事件。

```
myContract.events.MyEvent({可選選項},function(error, event){ console.
log(event); })
```

當鏈上發生了 MyEvent 事件，我們傳入的函數（上述程式的第 2 個參數）就會被呼叫，可選選項部分可以指定從哪一個區塊開始監聽，或指定監聽的資料等。使用者監聽事件的程式通常需要常駐後台運行，否則將可能錯過一些事件的發生，在 9.6 節我們會列出一個監聽合約的範例，幫助大家了解事件，關於 web3.js API 介面的詳情，還需要多多閱讀文件。

9.3 DAPP 開發工具

透過前面幾章的介紹，我們基本可以透過以下兩步開發一個 DAPP：

（1）在 Remix 完成合約的編寫、編譯、部署；
（2）編寫前端，同時利用 Web3 介面呼叫合約方法。

當我們按照這個步驟去開發應用的時候，專案會很難管理，因為在開發過程中，合約是需要更改的，這樣合約的 ABI 及合約地址也會變化，而前端依賴的合約 ABI 及地址也需要進行對應的更改。因此，大一點的專案需要用到對應的框架和腳手架命令來幫助進行專案管理。

9.3.1 Truffle

Truffle 是目前最流行的以太坊 DAPP 開發及測試框架，它可以幫我們簡化開發流程，處理大量開發中的瑣事，Truffle 的功能包括：

- 內建智慧合約編譯、連結、部署和二進位（檔案）管理。
- 可快速開發自動化智慧合約測試框架。
- 可指令稿化、可擴充的部署和遷移框架。
- 可管理多個不同的以太坊網路，可部署到任意數量的公共主網和私有網路。
- 使用 ERC190 標準，使用 EthPM 和 NPM 進行套件安裝管理。

- 支持透過命令主控台直接與智慧合約進行互動。
- 支援在 Truffle 環境中使用外部指令稿運行器執行指令稿。

透過使用 Truffle 提供的命令,可以方便進行合約編譯、部署、測試、打包 DAPP。Truffle 本身是使用 Node 開發的,因此可以使用 npm 命令來安裝 Truffle,使用以下命令:

```
npm install -g truffle
```

9.3.2 Ganache

Ganache 是另一個開發者工具,它可以很容易地幫我們在本機模擬出一個以太坊私有鏈。Ganache 是一個圖形介面的應用,安裝之後,打開的介面如圖 9-2 所示。

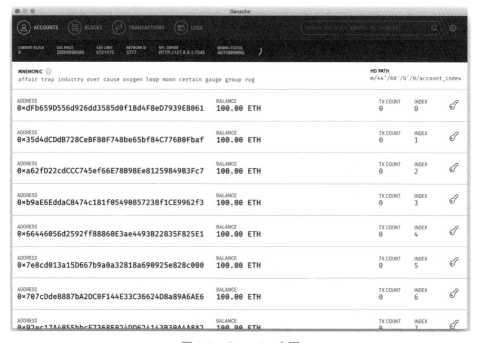

圖 9-2　Ganache 介面

從圖中可以看到，Ganache 會預設創建 10 個帳戶，RPC 服務地址是 http://127.0.0.1:7545，在應用上可以即時看到當前的區塊高度、帳號等資訊。

Ganache 提供了多個平台的版本，大家可到官網（https://www.trufflesuite.com/ganache）進行下載和安裝。

9.4 DAPP 投票應用

安裝好前面的工具，就可以進行實際的 DAPP 開發，我們透過幾個真實的案例來介紹如何使用前面的工具來進行開發。第一個案例是 DAPP 投票應用，投票最擔心的是暗箱操作，我們可以利用區塊鏈的去中心化技術來實現一個 DAPP，保證投票的公平、公正。本案例會用到 Solidity 中的映射（mapping）、結構（struct）及事件（event），可以回顧本書第 6、7 章相關的知識。

9.4.1 投票應用需求

要實現一個投票 DAPP，一般的基本需求是：

（1）每人（帳號）只能投一票；
（2）記下一共有多少候選人；
（3）記錄每個候選人的得票數。

在使用者介面上，需要看到每個候選人的得票數以及選擇候選人進行投票，需求設計效果如圖 9-3 所示。

圖 9-3　投票 DAPP 效果圖

9.4.2　創建專案

先為 DAPP 創建一個目錄，進入目錄使用 truffle init 初始化專案，範例程式如下。

```
→home > mkdir election
→home > cd election
→election > truffle init

✓ Preparing to download
✓ Downloading
✓ Cleaning up temporary files
✓ Setting up box

Unbox successful. Sweet!

Commands:

  Compile:        truffle compile
  Migrate:        truffle migrate
  Test contracts: truffle test
```

truffle init 命令會為我們下載一個空的專案範本來創建專案，專案下會自動創建以下目錄和檔案。

- contracts：為智慧合約的資料夾，所有的智慧合約檔案都放置在這裡。
- migrations：用來指示如何部署（遷移）智慧合約。
- test：智慧合約測試使用案例資料夾。
- truffle-config.js：設定檔，設定 truffle 連接的網路及編譯選項。
- src：web 網頁檔案原始程式資料夾。

truffle init 是從零創建一個專案，這種方式創建的專案通常還需要用 npm init，以便後面安裝一些依賴的 npm 軟體套件。如果大家使用作者 GitHub 上的完整程式（地址：https://github.com/xilibi2003/election），可以直接 npm install 安裝所有的依賴。

truffle 還提供了一些 Box（一個打包好的樣板專案）為我們設定好了數個對應的前端依賴（例如 React、Vue 等），因此也可以基於已有的 Box 來創建專案。舉例來說，開發 React 專案時，可以使用以下命令創建專案：

```
> truffle unbox react
```

9.4.3 編寫智慧合約

在專案的 contracts 目錄下新建一個合約檔案：Election.sol，合約程式如下：

```
pragma solidity ^0.5.0;

contract Election {
    // 記錄候選人及得票數
    struct Candidate {
        uint id;
        string name;      // 候選人的名字
```

```solidity
        uint voteCount;  // 得票數
    }

    // 定義一個mapping記錄投票記錄：每人（帳號）只能投一票
    mapping(address => bool) public voters;

    // 透過id作為key存取映射candidates來獲取候選人名單
    mapping(uint => Candidate) public candidates;

    // 共有多少個候選人
    uint public candidatesCount;

    // 投票事件
    event votedEvent (
        uint indexed _candidateId
    );

    // 創建合約時執行，增加2個候選人
    constructor () public {
        addCandidate("Tiny 熊");
        addCandidate("Big 熊");
    }

    // 增加一個候選人就加入candidates映射中，同時候選人數量加1
    function addCandidate (string memory _name) private {
        candidatesCount ++;
        candidates[candidatesCount] = Candidate(candidatesCount, _name, 0);
    }

    // 投票就是在對應候選人的voteCount加1
    function vote (uint _candidateId) public {
        require(!voters[msg.sender]);
        require(_candidateId > 0 && _candidateId <= candidatesCount);

        // 記錄誰投票了
```

```
        voters[msg.sender] = true;

        // 候選人的voteCount加1
        candidates[_candidateId].voteCount ++;

        // 觸發投票事件
        emit votedEvent(_candidateId);
    }
}
```

投票合約 Election 程式中也加入了註釋，閱讀起來應該不困難，讀者最好自己在電腦上演練，以便加深印象。

Election 合約有 3 個函數：

（1）constructor() 建構函數，用來初始化兩個候選人。

（2）addCandidate() 函數，用來增加候選人。

（3）vote() 函數，用來給投票人投票。

9.4.4 合約編譯及部署

Truffle 提供了命令來編譯合約，在專案目錄下使用 truffle compile 就可以編譯合約，範例程式如下。

```
> truffle compile

Compiling your contracts...
===========================
> Compiling ./contracts/Election.sol
> Compiling ./contracts/Migrations.sol
> Artifacts written to election/build/contracts
> Compiled successfully using:
  - solc: 0.5.8+commit.23d335f2.Emscripten.clang
```

如果合約沒有語法錯誤，會在 build/contracts 目錄下生成包含合約 ABI 及合約位元組碼的建構檔案：Election.json，之後與合約互動時用到 ABI，就需要引入這個檔案。

9.4.5 合約部署

如果沒有編譯錯誤，合約就可以部署到區塊鏈網路上。部署需要進行兩步：

（1）連接區塊鏈網路；
（2）編寫一個部署指令稿，說明部署規則。

1. 連接區塊鏈網路

在專案初始化時，Truffle 會幫我們創建 truffle-config.js 檔案，在這個檔案裡就可以設定在 Truffle 中連接的網路。truffle-config.js 支援設定多個網路，通常開發時使用本地開發網路，灰階發佈時使用以太坊測試網路，產品發佈上線使用以太坊主網。

使用本地開發者網路

開發者網路是 Truffle 連接的預設網路，設定一個開發者網路（對應以下程式的 development）的程式如下。

```
module.exports = {
  networks: {
    development: {
      host: "127.0.0.1",
      port: 7545,
      network_id: "5777",    // 網路id
      gas: 5500000           // 交易的gas limit
      gasPrice: 10000000000,  // 10 Gwei發起交易的gas價格
    }
  }
}
```

開發者網路一般會設定為連結到本地網路，上面的程式使用了 Ganache RPC 服務的地址及通訊埠（透過設定 host 及 port 也可以連結到其他用戶端，如 Geth），表示在部署時將連接到 Ganache 進行部署，設定網路時，還可以指定一些可選的參數，例如：

- gas：指定部署的 gas limit。預設為 4712388。
- gasPrice：指定部署的 gas 價格。預設為 100000000000，即 100 Gwei。
- network_id：指定網路（以太坊每一個網路會有一個對應的編號，以便網路節點之間相互檢驗）。舉例來説，1 為以太坊主網，3 為 Ropsten 網路，上例使用的 5777 是 Ganache 的網路 ID。

當 Truffle 執行部署時，會使用 Ganache 帳號列表中的第一個帳號進行部署（即使用第一個帳號進行交易簽名並支付部署合約的費用）。如果網路設定是連接到 Geth 節點，也同樣使用 Geth 載入的第一個帳號（Geth 需要使用者輸入密碼解鎖帳號簽名交易，Ganache 則會自動進行交易簽名）。

使用 Infura 節點連結到以太坊網路

在 truffle-config.js 的 networks 欄位中加入一個連接以太坊測試網路 Ropsten 的設定，如果我們本地有 Geth 節點連接了 Ropsten 網路，則和上面設定開發者網路類似；如果沒有架設自己的節點，可以使用 Infura 提供的節點。Infura 是以太坊基礎服務提供者，在 Infura 官網註冊一個用於存取 Infura 服務的 token，註冊後創建一個專案，複製節點地址（ENDPOINT），如圖 9-4 所示。

Infura 僅提供節點服務，我們還需要一個部署交易的帳號，以便將交易的本地簽名打包後提交到 Infura 節點，軟體套件 HDWalletProvider 可以幫助我們完成這些工作。

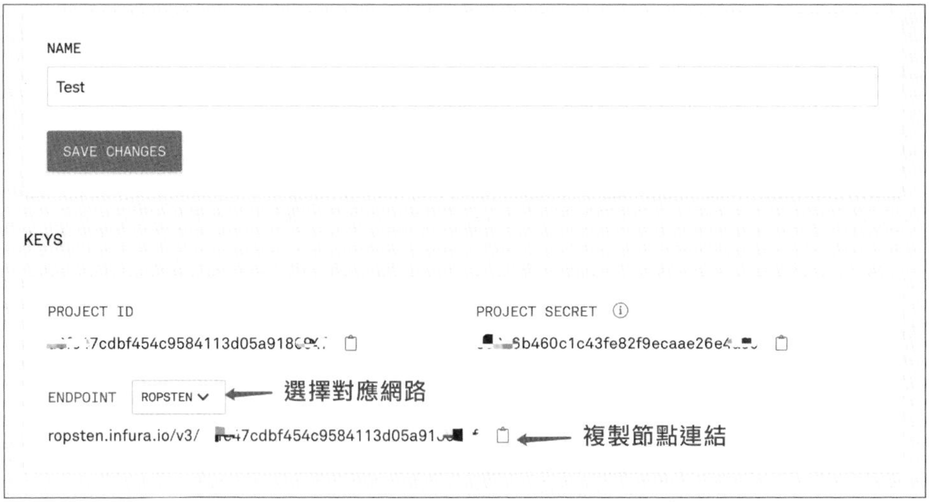

圖 9-4　使用 Infura 服務節點

透過在專案根目錄下執行以下命令安裝 HDWalletProvider：

```
npm install truffle-hdwallet-provider
```

然後修改 truffle-config.js 加入一個新網路，這個新的網路使用 HDWallet
Provider 來設定：

```
...

// 先引入HDWalletProvider
var HDWalletProvider = require("truffle-hdwallet-provider");
// 設定簽名的錢包助記詞
var mnemonic = "orange apple banana ... ";


  ropsten: {
    provider: function() {
        //  使用助記詞及前面複製的Infura節點連結
        return new HDWalletProvider(mnemonic, "https://ropsten.infura.io/
v3/xxx");
```

```
  },
  network_id: '3',
  ...
 },
...
```

如上，Ropsten 網路是透過 provider 來進行設定的，它利用 HDWalletProvider 來連接網路，HDWalletProvider 的第一個參數是助記詞，第二個參數是上面複製的 Infura 節點服務地址。

> 注意，在部署合約前，要確保帳號有足夠的餘額。另外，本書為了方便，直接在 truffle-config.js 設定檔中使用的是明文的助記詞，在正式的專案中，專案通常有多人開發，truffle-config.js 通常也會被上傳到程式伺服器中，洩露助記詞可能讓我們遺失以太幣，因此最好是把助記詞保存在一個不被 git 管理的檔案中。

對於 truffle-config.js 中的每個網路（networks），可以指定 host/port 或 provider 這兩種方式來設定，我們在開發者網路中使用了 host/port，在 Ropsten 網路使用了指定 provider 的方式，但是我們不能在同一個網路中同時指定兩個方式。

2. 編寫部署指令稿

在 Truffle 知道了如何連接網路後，就可以編寫部署指令稿（也被稱為遷移指令稿）。部署指令稿的作用是告訴 Truffle 如何處理我們的合約，比如部署合約的先後順序、給合約傳參數或給合約程式庫等。

部署指令稿通常都會放置在 migrations 資料夾，如果你動手操作，也許已經發現，在 migrations 資料夾下已經有一個名為 1_initial_migration.js 的部署指令稿，用來部署 Migrations.sol 合約（我們稍後介紹 Migrations 合約的作用）。

部署指令稿名稱前面的序號是用來表示部署指令稿的順序，部署時按照序號從小到大來運行指令稿，各個部署指令稿不需要保持連續。

現在參照 1_initial_migration.js 創建一個部署 Election 合約的指令稿 2_deploy_contracts.js，2_deploy_contracts.js 內容如下：

```
var Election = artifacts.require("./Election.sol");

module.exports = function(deployer) {
  deployer.deploy(Election);
}
```

指令稿開始處透過 artifacts.require() 方法告訴 Truffle 我們想要與哪些合約進行互動。這個方法類似於 Node 的 require()，require() 中可以指定合約檔案名稱或合約名（Truffle 要求檔案名稱與合約名一致）。

部署指令稿透過 module.exports 語法匯出函數，Truffle 就是透過這個匯出函數來執行部署，函數會接受 deployer 物件作為它的第一個參數。deployer 物件是用於部署任務最主要的介面，用 deploy 函數進行部署。deploy 函數的原型如下：

```
deployer.deploy(contract, args…, options)
```

args 參數用來指定合約的初始化參數（如果合約的 constructor 有參數，就使用 args 傳入），options 可以指定部署合約交易的一些屬性，例如指定交易的 gas 等，更多進階用法可以參考 https://learnblockchain.cn/docs/truffle/getting-started/running-migrations.html。

9.4.6 執行部署

設定好區塊鏈網路和部署好指令稿後，接下來就可以使用 truffle migrate 命令執行部署。truffle migrate 預設會使用開發者網路（注意要先運行

Ganache），執行 truffle migrate 命令的範例程式如下。

```
> truffle migrate

Compiling your contracts...
===========================
> Everything is up to date, there is nothing to compile.



Starting migrations...
======================
> Network name:    'development'
> Network id:      5777
> Block gas limit: 0x6691b7



1_initial_migration.js
======================

....

2_deploy_contracts.js
=====================

  Deploying 'Election'
  --------------------
  > transaction hash:    0x8ec9530468420b2203c2e9ade5fa838672e08fd8796da
290fc24190ec10507d5
  > Blocks: 0            Seconds: 0
  > contract address:    0x93Ea90D926e263c76dA738327C5A8...B7
  > block number:        3
  > block timestamp:     1574261257
  > account:             0x6C545240Cf99aD139...
  > balance:             99.984713
  > gas used:            460934
  > gas price:           20 gwei
  > value sent:          0 ETH
```

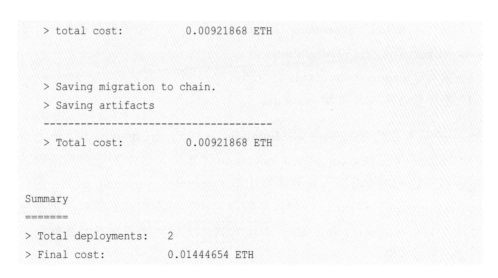

```
 > total cost:            0.00921868 ETH


 > Saving migration to chain.
 > Saving artifacts
 ------------------------------------
 > Total cost:            0.00921868 ETH


Summary
=======
> Total deployments:   2
> Final cost:          0.01444654 ETH
```

執行 truffle migrate 時，在主控台會顯示部署的詳情，如部署交易的 hash、部署的合約地址、消耗的 gas 費用、部署在哪一個區塊上，等等。

回到 Ganache，我們也會看到區塊號增長到了 4，如圖 9-5 所示。你一定會好奇，明明只用 2 個部署指令稿部署了 2 個合約，應該增長 2 個區塊才對。

圖 9-5　部署後 Ganache 區塊號增長

這就需要解釋一下 Migrations.sol 合約（這個合約可以在 contracts 目錄下找到）的作用，Migrations.sol 是 Truffle 用來避免重複部署的合約，它作為第一個合約進行部署（因為是使用字首為 1 的指令稿 1_initial_migration.js 進行部署的），每當 Truffle 執行完一個部署後，就會把部署的需要寫入 Migrations 合約，因此在 truffle migrate 執行時期實際會發生 4 筆交易：

（1）運行 1_initial_migration.js 進行部署；

（2）把序號 1 寫入合約 Migrations；

（3）運行 2_deploy_contracts.js 進行部署；

（4）把序號 2 寫入合約 Migrations。

把序號寫入合約是透過呼叫 Migrations 合約的 setCompleted 函數完成的，序號保存在 last_completed_migration 變數中，表示的是最後部署的指令稿序號，之後再加入其他部署檔案，假設是 3_yourcontract.js，運行 truffle migrate 時，Truffle 就會首先讀取上一次部署到哪個檔案，再繼續運行比 last_completed_migration 序號大的（所有）部署檔案，這樣就可以避免重複部署。

> 如果需要強制從某一個序號的部署檔案開始執行，可以使用 truffle migrate-f 序號，即透過 -f 來指定部署序號，Truffle 此時將忽略 last_completed_migration 的值。舉例來說，truffle migrate-f2 會從第 2 個遷移檔案開始部署。

在完成部署後，部署資訊如合約地址會寫入之前編譯生成的建構檔案 Election.json 中。

如果要部署其他的網路，可以透過 --network 來指定網路，例如部署到 Ropsten 網路，則使用命令：truffle migrate--network ropsen，參數 ropsten 對應 truffle-config.js 在 networks 欄位下定義的網路。

9.4.7 合約測試

Truffle 使用 Mocha 測試框架，支援使用 JavaScript 和 Solidity 來編寫測試使用案例。

Mocha 是 JavaScript 的一種單元測試框架，既可以在瀏覽器環境下運行，也可以在 Node.js 環境下運行。Mocha 可以自動運行所有的測試，並列出測試結果。

以下是一個 JavaScript 測試指令稿，用 contract() 函數對一個合約進行
測試，裡面可以包含多個測試使用案例，每一個測試使用案例使用 it 指
定。舉例來說，下面的測試程式用來驗證合約的時候提供了兩個候選人。

```javascript
var Election = artifacts.require("./Election.sol");

contract("Election", function(accounts) {
  var electionInstance;

  // it定義一個測試使用案例
  it("初始化兩個候選人", function() {
    return Election.deployed().then(function(instance) {
      return instance.candidatesCount();
    }).then(function(count) {
     // 滿足斷言¹則測試使用案例通過
      assert.equal(count, 2);
    });
  });
  ...
});
```

如果不熟悉 JavaScript，也可以選 Solidity 來編寫測試，以下是使用
Solidity 完成同樣功能的測試使用案例指令稿。

```solidity
pragma solidity ^0.5.0;

import "truffle/Assert.sol";              // 引入的斷言
import "truffle/DeployedAddresses.sol";   // 用來獲取被測試合約的地址
import "../contracts/Election.sol";       // 被測試合約

contract TestElection {
// 獲得部署後的合約實例
```

1　斷言：用於判斷一個運算式，在運算式結果為 False 時觸發異常。

```
Election election = Election(DeployedAddresses.Election());

// 定義一個測試使用案例
function testInitCandidates() public {
  uint count = election.candidatesCount();

  uint expected = 2;
  // 滿足斷言則測試使用案例通過
  Assert.equal(count, expected, "應該有兩個候選人");
  }
}
```

測試使用案例指令稿編寫完之後，使用命令 truffle test 運行測試使用案例，它會在主控台列印出測試使用案例的通過情況，範例程式如下。

```
> truffle test
Using network 'development'.

Compiling your contracts...
===========================
> Compiling ./test/election.sol
> Artifacts written to /var/folders/nv/33j646sj3xsc0trt3t5nn0nh0000gp/T/
test-1191021-6160-1orurfk.xyww
> Compiled successfully using:
   - solc: 0.5.8+commit.23d335f2.Emscripten.clang

  TestElection
    √testInitCandidates (62ms)

  Contract: Election
    √initializes with two candidates

  2 passing (6s)
```

最後一行說明通過了兩個測試使用案例。

如果説傳統的網際網路應用程式開發中，開發和測試的時間比是 1：1，那麼在智慧合約開發中，測試的時間應該是開發時間的 3 倍，智慧合約的測試需要更加重視，盡可能覆蓋每一行敘述，因為一旦合約中出現 bug，就不像傳統的網際網路應用那樣容易升級，你可能目睹駭客攻擊而無能為力。

9.4.8 編寫應用前端

在專案目錄下新建一個 src 目錄用來放置前端程式，新建一個 html 檔案，使用 table 標籤顯示候選人清單（程式有刪減，可對照作者在 Github 上提供的原始程式[2]）：

```
<table class="table">
  <thead>
    <tr>
      <th scope="col">#</th>
      <th scope="col">候選人</th>
      <th scope="col">得票數</th>
    </tr>
  </thead>
  <tbody id="candidatesResults">
  </tbody>
</table>
```

candidatesResultsid 對應 tbody 的內容，稍後在 JavaSript 使用 web3.js 從合約中讀取候選人資訊後動態填入。使用 form 標籤來進行投票操作：

```
<form onSubmit="App.castVote(); return false;">
  <div class="form-group">
    <label for="candidatesSelect">選擇候選人</label>
```

2　原始程式地址：https://github.com/xilibi2003/election。

```
   <select class="form-control" id="candidatesSelect">
   </select>
 </div>
 <button type="submit" class="btn btn-primary">投票</button>
 <hr />
</form>
```

本案例的介面只需要這兩段 HTML 就可以完成，接下來使用 JavaScript 來完成動態操作的部分。

9.4.9 前端與合約互動

新建一個檔案 app.js 用來完成互動部分的功能，主要涉及三個部分的內容：

- 初始化 web3 及合約
- 獲取候選人填充到前端頁面
- 使用者提交投票

app.js 定義一個 APP 類別，在類別中使用不同的函數完成上面的功能。

1. web3 及合約初始化

為了簡單專案使用到的 web3.js 及 truffle-contract.js，我已經在投票合約原始程式碼提供了，大家可以透過 HTML 標籤 <script> 直接引入，大一些的專案通常會使用 npm 來依賴套件，在下一個案例會介紹。

在 APP 類別中使用 initWeb3 函數，完成 web3 的初始化，範例程式如下。

```
initWeb3: async function() {
  // 檢查瀏覽器ethereum物件
  if (window.ethereum) {
    App.web3Provider = window.ethereum;
    try {
```

```
  // 請求帳號存取權限
  await window.ethereum.enable();
} catch (error) {
  console.error("User denied account access")
 }
}
// 用於相容老的瀏覽器錢包外掛程式
else if (window.web3) {
 App.web3Provider = window.web3.currentProvider;
 }
 else {
  App.web3Provider = new Web3.providers.HttpProvider('http://
localhost:7545');
 }
 web3 = new Web3(App.web3Provider);
 return App.initContract();
}
```

initContract 用來進行合約初始化，範例程式如下。

```
initContract: function() {
 $.getJSON("Election.json", function(election) {
  App.contracts.Election = TruffleContract(election);
  App.contracts.Election.setProvider(App.web3Provider);
  return App.render();
 });
}
```

Election.json 是之前編譯部署生成的建構檔案，其中記錄了合約的 ABI 及
合約地址資訊，initContract 中使用 jQuery 函數獲得 Election.json 的內容
進而構造 TruffleContract 物件。

> 提示：Truffle 生成的建構檔案（本例中的 Election.json）非常大，包含了合約的原始程式、編譯後的位元組碼、編譯器資訊、文件等，在正式的產品中，一定要對建構檔案進行精簡再使用，否則將嚴重影響前端頁面的載入速度。筆者在 GitHub 中開源了一段用於精簡建構檔案的指令稿，讀者可以使用，指令稿地址：https://github.com/xilibi2003/truffle-min。

在 Truffle 專案中，我們通常會使用 TruffleContract 與合約互動，在前面 9.2.3 節我們介紹了 web3.js 與合約互動，TruffleContract 其實是對 web3.js 與合約互動相關的 API 再進一步進行了封裝，結合 Truffle 生成的建構檔案，與合約互動的 API 更直觀和精煉。舉例來說，使用 web3.js 獲取候選人個數的程式大概是這樣的：

```
// 構造合約Election
var Election = new web3.eth.Contract(ElectionABI, Election部署合約地址地
址);
var count = Election.methods.candidatesCount().call()
```

而使用 TruffleContract 的話，程式大概是這樣的：

```
// 構造合約Election
var Election = TruffleContract("Election.json");
var count = Election.candidatesCount()
```

TruffleContract 使用方法簡單，如果要了解更多，可以查看 Truffle 的文件：

https://learnblockchain.cn/docs/truffle/reference/contract-abstractions.html。

2. 介面繪製

有了合約物件就可以呼叫合約函數，獲取候選人進行介面繪製，這就是 render() 函數完成的事情，範例程式如下。

```
render: function() {
  var electionInstance;
```

```
App.contracts.Election.deployed().then(function(instance) {
 electionInstance = instance;
 return electionInstance.candidatesCount(); // ①
}).then(function(candidatesCount) {
 var candidatesResults = $("#candidatesResults");
 candidatesResults.empty();

 var candidatesSelect = $('#candidatesSelect');
 candidatesSelect.empty();

 for (var i = 1; i <= candidatesCount; i++) {
  electionInstance.candidates(i).then(function(candidate) { // ②
   var id = candidate[0];
   var name = candidate[1];
   var voteCount = candidate[2];

   // 繪製候選人
   var candidateTemplate = "<tr><th>" + id + "</th><td>" + name +
"</td><td>" + voteCount + "</td></tr>"
   candidatesResults.append(candidateTemplate); // ③

   // Render candidate ballot option
   var candidateOption = "<option value='" + id + "' >" + name +
"</ option>"
   candidatesSelect.append(candidateOption); // ④
  });
 }
}
```

程式中的幾處註釋分別表示：

① 獲取候選人數量；
② 依次獲取每一個候選人資訊；
③ 將候選人資訊寫入候選人表格內；
④ 將候選人資訊寫入投票選項。

9.4.10 運行 DAPP

由於本案例是一個 Web 應用，我們需要為它準備一個 Web 伺服器，這裡
選擇最簡單的 lite-server，使用 npm 安裝 lite-server，命令如下：

```
> npm install lite-server
```

增加一個伺服器設定檔：bs-config.json，這裡主要是用來告訴 lite-server
伺服器從哪些位置載入網頁檔案，bs-config.json 設定如下：

```
{
  "server": {
    "baseDir": ["./src", "./build/contracts"]
  }
}
```

baseDir 就是用來設定 lite-server 的載入目錄，./src 是網頁檔案目錄，./
build/contracts 是 Truffle 編譯部署合約輸出的建構檔案的目錄。

與此同時，在 package.json 檔案的 scripts 中增加 dev 命令，以便我們使
用 npm 命令啟動 lite-server，內容如下：

```
"scripts": {
  "dev": "lite-server",
  "test": "echo \"Error: no test specified\" && exit 1"
},
```

之後就可以使用命令 npm run dev，啟動 DAPP：

```
> npm run dev

> pet-shop@1.0.0 dev /election
> lite-server

** browser-sync config **
{ injectChanges: false,
```

```
files: [ './**/*.{html,htm,css,js}' ],
watchOptions: { ignored: 'node_modules' },
server:
 { baseDir: [ './src', './build/contracts' ],
  middleware: [ [Function], [Function] ] } }
[Browsersync] Access URLs:
-------------------------------------
  Local: http://localhost:3000
```

伺服器啟動在 3000 通訊埠,在網頁瀏覽器網址列輸入 http://localhost:
3000,就可以看到 DAPP 應用。

因為合約部署在本地的 Ganache 網路,因此需要把瀏覽器的 MetaMask 外
掛程式連接到 Ganache 網路,只有網路一致 DAPP 才可以讀取到網路上
的合約資料。我們在 5.5.2 節介紹過如何切換到以太坊的 Ropsten 網路,
方法類似,不過 Ganache 網路是屬於自訂的網路,因此在網路列表下選
擇 Custom RPC,然後使用 http://127.0.0.1:7545 作為 RPC URL 增加一個
網路。如果 MetaMask 中沒有 Ganache 中的帳號,可以從 Ganache 中獲
取一個私密金鑰,使用 MetaMask 的帳號匯入功能匯入 Ganache 內的帳
號。

9.4.11 部署到公網伺服器

現在的 DAPP 僅可以透過 localhost 在本地存取,現實中,我們需要在
DAPP.mydoname.com 域名下存取 DAPP,並且域名已經指向一台在公網
可以存取的伺服器。

接下來以 Nginx(一個高性能的 HTTP 和反向代理 Web 伺服器)Web 伺
服器為例,介紹如何進行 DAPP 部署。

在 Nginx 上加入新的網站,如果是 Linux 系統,通常是在路徑 /etc/nginx/
sites-enabled/ 中增加新的網站設定檔,如 DAPP.conf,內容如下:

```
server {
  listen 80;
  server_name DAPP.mydoname.com;
  root /home/www/DAPP;

  location / {
    root /home/www/DAPP;
    index index.html ;
  }
```

以上程式設定了網站的根目錄：/home/www/DAPP，首頁為 index.html，然後把 src 及 build/contracts 目錄下的檔案複製到網站的根目錄，即 home/www/DAPP。根目錄包含以下檔案：

```
├────Election.json
├────Migrations.json
├────css
│    ├────bootstrap.min.css
│    └────bootstrap.min.css.map
├────fonts
├────index.html
└────js
     ├────app.js
     ├────bootstrap.min.js
     ├────jquery.min.js
     ├────truffle-contract.js
     └────web3.min.js
```

之後在瀏覽器裡就可以透過 DAPP.mydoname.com 來存取 DAPP。

9.5 使用 Vue.js 開發眾籌 DAPP

9.5.1 Vue.js 簡介

Vue.js 是一套在前端開發中廣泛採用的用於建構使用者介面的漸進式 JavaScript 框架。Vue.js 透過回應的資料綁定和組合的視圖元件讓介面開發變得非常簡單。

除 JavaScript 框架之外，Vue.js 還提供了一個配套的命令列工具 Vue CLI，通常稱之為腳手架工具，用來進行專案管理，用來實現比如快速開始零設定原型開發、安裝外掛程式庫等功能。

Vue CLI 可以透過以下命令安裝：

```
> npm install -g @vue/cli
```

運行以下命令來創建一個新專案 crowdfunding：

```
> vue create crowdfunding
```

命令會生成一個專案目錄（稍後我們使用這個目錄開發本案例），並安裝好對應的依賴函數庫，生成的主要檔案有：

```
├──package.json
├──public
│   ├──index.html
└──src
    ├──App.vue
    ├──assets
    │   └──logo.png
    ├──components
    │   ├──CrowdFund.vue
    │   └──HelloWorld.vue
    └──main.js
```

簡單介紹一下 Vue.js 生成的檔案,更多的使用介紹可參考 Vue.js 官方文件。

index.html 是入口檔案,裡面定義了一個 div 標籤:

```
<div id="app"></div>
```

在 main.js 中,會把 APP.vue 的元件內容繪製到 id 為 app 的 div 標籤內:

```
new Vue({
  render: h => h(App),
}).$mount('#app')
```

APP.vue 元件又引用了 Hello.vue 元件,而 Hello.vue 元件的內容則是圖 9-6 的頁面標籤。

創建完成後進入目錄,就可以運行專案,命令如下:

```
> cd crowdfunding
> npm run serve(或yarn serve)
```

此時會在 8080 通訊埠下啟動一個 Web 服務,在瀏覽器中輸入 URL: http://localhost: 8080,就可以打開如圖 9-6 所示的介面。

圖 9-6 Vue.js 預設啟動介面截圖

9.5.2 眾籌需求分析

要完成一個專案,應該先進行需求分析,假設有這樣一個場景:我準備寫作一本區塊鏈技術的圖書,但是不確定有多少人願意購買這本書。於是,我發起一個眾籌,如果在一個月內,能籌集到 10 個 ETH,我就進行寫作,並給參與的讀者每人贈送一本書,如果未能籌到足夠的資金,我就不進行寫作,之前參與眾籌的讀者可以取回之前投入的資金。

同時,為了讓讀者積極參與,我設定了一個階梯價格,初始時,參與眾籌的價格非常低(0.02 ETH),每籌集滿 1 個 ETH 時,價格上漲0.002ETH。

讀者不妨先停一下想想,如果自己接到這樣一個需求,應該如何實現。眾籌案例完整的程式我已經上傳到 GitHub:https://github.com/xilibi2003/crowdfunding,供大家參考。

從以上需求可以歸納出合約三個對外動作(函數):

(1)匯款進合約,可透過實現合約的回覆函數來實現。
(2)讀者贖回匯款,這個函數僅在眾籌未及格之後,由讀者本人呼叫生效。
(3)創作者提取資金,這個函數需要在眾籌及格之後,由創作者呼叫。

除此之外,進一步梳理邏輯,我們發現還需要保存一些狀態變數以及增加對應的邏輯:

(1)記錄使用者眾籌的金額,可以使用一個 mapping 類型來保存。
(2)記錄當前眾籌的價格,價格可以使用一個 uint 類型來保存(還需要一個函數來控制價格逐步上漲)。
(3)記錄合約眾籌的截止時間,用 uint 類型來保存截止時間戳記,可以在建構函數中使用當前時間加上 30 天作為截止時間。

（4）記錄合約眾籌的收益者（即創作者），用 address 類型記錄，在建構
　　 函數中記錄合約創建者就是創作者。

（5）記錄當前眾籌狀態（是否已經關閉），如果眾籌及格（創作者提取資
　　 金時應及時關閉狀態）之後，就需要阻止使用者參與。

9.5.3 實現眾籌合約

進入 crowdfunding 目錄（前面我們使用 Vue.js 創建了這個目錄），使用
truffle init 進行一次 Truffle 專案初始化：

```
> truffle init
```

初始化完成後，會在目前的目錄下生成 truffle-config.js 設定檔及 contracts
migrations 資料夾等內容，Truffle 專案初始化完成之後，就可以在專案下
使用 truffle compile 來編譯合約以及用 truffle migrate 來部署合約。

在 contracts 目錄下創建一個合約檔案 Crowdfunding.sol：

```
pragma solidity >=0.4.21 <0.7.0;
contract Crowdfunding {
    // 創作者
    address public author;
    // 參與金額
    mapping(address => uint) public joined;
    // 眾籌目標
    uint constant Target = 10 ether;
    // 眾籌截止時間
    uint public endTime;
    // 記錄當前眾籌價格
    uint public price   = 0.02 ether ;
    // 作者提取資金之後，關閉眾籌
    bool public closed = false;
    // 部署合約時呼叫，初始化作者以及眾籌結束時間
```

```
constructor() public {
    author = msg.sender;
    endTime = now + 30 days;
}
// 更新價格，這是一個內建函數
function updatePrice() internal {
    uint rise = address(this).balance / 1 ether * 0.002 ether;
    price = 0.02 ether + rise;
}
// 使用者向合約轉帳時觸發的回呼函數
receive() external payable {
    require(now < endTime && !closed  , "眾籌已結束");
    require(joined[msg.sender] == 0 , "你已經參與過眾籌");
    require (msg.value >= price, "出價太低了");
    joined[msg.sender] = msg.value;
    updatePrice();
}
// 作者提取資金
function withdrawFund() external {
    require(msg.sender == author, "你不是作者");
    require(address(this).balance >= Target, "未達到眾籌目標");
    closed = true;
    msg.sender.transfer(address(this).balance);
}
// 讀者贖回資金
function withdraw() external {
    require(now > endTime, "還未到眾籌結束時間");
    require(!closed, "眾籌及格，眾籌資金已提取");
    require(Target > address(this).balance, "眾籌及格，你沒法提取資金");
    msg.sender.transfer(joined[msg.sender]);
}
}
```

程式的說明可參照註釋，合約程式中使用到了 Solidity 中的一些基礎知識：

（1）ether：這是貨幣單位，在第 4 章介紹過。

（2）days：這是時間單位，1 days 對應 1 天的秒數。

（3）now：這是一個 Solidity 的內建屬性，用於獲取當前的時間戳記，單位是秒。

（4）require：在第 6 章的錯誤處理部分介紹過，如果條件不滿足回覆交易。

（5）address.transfer(value)：對某一個地址進行轉帳。

9.5.4 合約部署

在 migrations 下創建一個部署指令稿 2_crowfunding.js，和投票合約類似，程式如下：

```
const crowd = artifacts.require("Crowdfunding");
module.exports = function(deployer) {
  deployer.deploy(crowd);
};
```

在 truffe-config.js 設定要部署的網路，同時確保對應的網路節點程式是開啟狀態，方法和投票合約案例中一樣，然後就可以用命令 truffle migrate 進行部署。

9.5.5 眾籌 Web 介面實現

Vue.js 創建專案時，預設會有一個 HelloWorld.vue，我們新寫一個自己的元件 CrowdFund.vue，並把 App.vue 中對 HelloWorld.vue 的引用替換掉。

App.vue 修改為：

```
<template>
  <div id="app">
    <CrowdFund/>
  </div>
</template>

<script>
import CrowdFund from './components/CrowdFund.vue'

export default {
  name: 'app',
  components: {
    CrowdFund
  }
}
</script>
```

然後在 CrowdFund.vue 裡完成眾籌介面及對應邏輯，眾籌介面需要顯示以下幾個部分：

（1）當前眾籌到的金額。

（2）眾籌的截止時間。

（3）當前眾籌的價格，參與眾籌按鈕。

（4）如果是已經參與，顯示其參與的價格以及贖回按鈕。

（5）如果是創作者，顯示一個提取資金按鈕。

因為 Vue.js 具有很好的資料綁定及條件繪製特性，因此前端程式寫起來會比上一個案例更簡單，可以直接在 HTML 範本中使用從合約中獲取資料的變數，Vue.js 在繪製時變數替換為對應的資料，程式如下：

```
<template>
<div class="content">
```

```html
<h3>新書眾籌</h3>
<span>以最低的價格獲取我的新書</span>

<!-- 眾籌的整體狀態-->
<div class="status">
  <div v-if="!closed">已眾籌資金：<b>{{ total }} ETH </b></div>
  <div v-if="closed"> 眾籌已完成</div>
  <div>眾籌截止時間：{{ endDate }}</div>
</div>

<!-- 當讀者參與過，顯示以下div  -->
<div v-if="joined" class="card-bkg">
  <div class="award-des">
    <span> 參與價格</span>
    <b> {{ joinPrice }} ETH </b>
  </div>

  <button :disabled="closed" @click="withdraw">贖回</button>
</div>

<!-- 當讀者未參與，顯示以下div  -->
<div v-if="!joined" class="card-bkg">
  <div class="award-des">
    <span> 當前眾籌價格</span>
    <b> {{ price }} ETH </b>
  </div>

  <button :disabled="closed" @click="join">參與眾籌</button>
</div>

<!--  如果是創作者，顯示-->
<div v-if="isAuthor">
  <button :disabled="closed" @click="withdrawFund"> 提取資金</button>
</div>
```

```
</div>
</template>
```

程式中使用 Vue.js 的特性包含：

（1）使用 v-if 進行條件繪製，例如 v-if="joined" 表示當 joined 變數為 true
　　時，才繪製該標籤。

（2）使用 {{ 變數 }} 進行資料綁定，例如：{{price}} ETH ，
　　price 會用其真實的值進行繪製，並且當 price 變數的值更新時，標籤
　　才會自動更新。

（3）使用 @click 指令來監聽事件，@click 實際上是 v-on:click 的縮寫，
　　例如 @click="join" 表示當標籤點擊時，會呼叫 join() 函數。

（4）使用 :disabled 綁定一個屬性，這實際是 v-bind:disabled，屬性的值來
　　自一個變數。

如果讀者對 Vue.js 不了解，可以先在網上閱讀 Vue.js 的官方教學，再來
閱讀本節。

9.5.6　與眾籌合約互動

接下來編寫 JavaScript 邏輯部分，前端介面與合約進行互動時，需要用到
truffle-contract 及 web3，因為 Vue.js 本身也是透過 npm 進行套件管理，
因此可以直接透過 npm 進行安裝，命令如下：

```
npm install --save truffle-contract web3
```

在 CrowdFund 元件中，我們用幾個變數保存從合約獲取的值，再加上對
應的初始化，這樣元件邏輯的主體框架程式就出來了：

```
<script>
export default {
  name: 'CrowdFund',
```

```
// 定義上一節HTML範本中使用的變數
data() {
  return {
    price: null,
    total: 0,
    closed: true,
    joinPrice: null,
    joined: false,
    endDate: "null",
    isAuthor: true,
  }
},

// 當前Vue元件被創建時回呼的hook函數
async created() {
  //  初始化web3及帳號
  await this.initWeb3Account()
  //  初始化合約實例
  await this.initContract()
  //  獲取合約的狀態資訊
  await this.getCrowdInfo()
},

methods: {
  // 3個函數待實現
  async initWeb3Account() {}
  async initContract() {}
  async getCrowdInfo() {}
  }
}
</script>
```

以上程式透過 data() 定義好了 HTML 範本中使用的變數，當 Vue 元件被
創建時透過回呼的 created() 函數來進行初始化工作（這裡使用了 async/
await 來簡化非同步呼叫），在 created() 函數中呼叫了三個函數：

- initWeb3Account()
- initContract()
- getCrowdInfo()

我們接下來依次實現三個函數。initWeb3Account() 用來完成 web3 及帳號初始化，程式和投票案例基本類似，程式如下：

```
import Web3 from "web3";
async initWeb3Account() {
  if (window.ethereum) {
    this.provider = window.ethereum;
    try {
      await window.ethereum.enable();
    } catch (error) {
      //   console.log("User denied account access");
    }
  } else if (window.web3) {
    this.provider = window.web3.currentProvider;
  } else {
    this.provider = new Web3.providers.HttpProvider
("http://127.0.0.1:7545");
  }
  this.web3 = new Web3(this.provider);
  this.web3.eth.getAccounts().then(accs  => {
    this.account = accs[0]
  })
}
```

這段程式完成了 this.provider、this.web3、this.account 三個變數的設定值，在後面的程式中會被用到。

initContract() 初始化合約實例如下：

```
import contract from "truffle-contract";
import crowd from '../../build/contracts/Crowdfunding.json';
```

```
async initContract() {
  const crowdContract = contract(crowd)
  crowdContract.setProvider(this.provider)
  this.crowdFund = await crowdContract.deployed()
}
```

第 2 行的 Crowdfunding.json 是 Truffle 編譯部署輸出的建構檔案，同樣注意，正式產品中應該使用壓縮後的檔案。this.crowdFund 變數就是部署的眾籌合約 JavaScript 實例，之後就可以透過 this.crowdFund 來呼叫合約的函數，獲取相關變數的值，在 getCrowdInfo() 函數完成這一步：

```
async getCrowdInfo() {

  // 獲取合約的餘額
  this.web3.eth.getBalance(this.crowdFund.address).then(
    r => {
      this.total = this.web3.utils.fromWei(r)
    }
  )

  // 獲取讀者的參與金額
  this.crowdFund.joined(this.account).then(
    r => {
      if (r > 0) {
        this.joined = true
        this.joinPrice = this.web3.utils.fromWei(r)
      }
    }
  )

  // 獲取合約的關閉狀態
  this.crowdFund.closed().then(
    r => this.closed = r
  )
```

```
  // 獲取當前的眾籌價格
  this.crowdFund.price().then(
    r => this.price = this.web3.utils.fromWei(r)
  )

  // 獲取眾籌截止時間
  this.crowdFund.endTime().then(r => {
    var endTime = new Date(r * 1000)
    // 把時間戳記轉化為本地時間
    this.endDate = endTime.toLocaleDateString().replace(/\//g, "-") + " "
+ endTime.toTimeString().substr(0, 8);
  })

  // 獲取眾籌創作者地址
  this.crowdFund.author().then(r => {
    if (this.account == r) {
      this.isAuthor = true
    } else {
      this.isAuthor = false
    }
  })

}
```

解釋程式中使用到的幾個技術點。

（1）合約實例 this.crowdFund 呼叫的函數 joined()、closed()、price() 是由合約中 public 類型的狀態變數對應自動生成的存取器函數。可以回顧本書 6.2.8 節。

（2）程式中使用的 this.web3.eth.getBalance() 和 this.web3.utils.fromWei() 是 web3.js 中定義的函數，分別用來獲取餘額及把單位從 wei 轉化為 ether。

至此，完成 DAPP 狀態資料的獲取，接下來開始處理 3 個點擊動作（即 HTML 範本中 @click 觸發的函數）：

（1）讀者參與眾籌的 join() 函數；
（2）讀者贖回的 withdraw() 函數；
（3）創作者提取資金的 withdrawFund() 函數。

join() 函數實際上是由讀者帳號向眾籌合約帳號發起一筆轉帳，透過 web3.eth.sendTransaction 完成，程式如下：

```
join() {
  this.web3.eth.sendTransaction({
    from: this.account,
    to: this.crowdFund.address,
    value: this.web3.utils.toWei(this.price)
  }).then(() =>
    this.getCrowdInfo()
  )
}
```

讀者進行轉帳時，就會觸發合約的接收函數。

如果眾籌未及格，讀者可以點擊贖回按鈕，對應的 withdraw() 函數實現如下：

```
withdraw() {
  this.crowdFund.withdraw({
    from: this.account
  }).then(() => {
    this.getCrowdInfo()
  })
}
```

如果眾籌及格，創作者提取資金 withdrawFund() 函數實現如下：

```
withdrawFund() {
  this.crowdFund.withdrawFund({
    from: this.account
  }).then(() => {
    this.getCrowdInfo()
  })
}
```

到這裡眾籌案例就全部完成了，完整的程式參考網址：https://github.com/ xilibi2003/crowdfunding。

9.5.7 DAPP 運行

在專案的目錄下，輸入以下命令：

```
> npm run serve（或yarn serve）
```

在瀏覽器網址列輸入網址：http://localhost:8080，效果如圖 9-7（1）所示。

圖 9-7（1） 第一次參與眾籌的介面

如果已經參與過眾籌，介面如圖 9-7（2）所示。

新書眾籌

以最低的價格獲取我的新書

已眾籌資金：**0.02 ETH**
眾籌截止時間：2020-1-18 22:46:20

參與價格
0.02 ETH   贖回

提取資金

圖 9-7（2）　以前參與過眾籌的介面

因為我還有一個創作者的身份，因此圖 9-7（2）還顯示一個「提取資金」按鈕。

在運行 DAPP 時，要確保 MetaMask 連結的網路和合約部署的網路（此例中使用的是 development 網路）一致，這樣 DAPP 才能正確地透過 web3 獲取合約的資料。

9.5.8　DAPP 發佈

Vue 內建一個用來建構前端頁面的命令，我們只需要簡單輸入以下命令：

```
> npm run build（或yarn build）
```

它就會在 dist 目錄下，建構出用於發佈的完整的前端程式，其檔案如下：

```
dist
├──css
│   └──app.40b6ecb0.css
├──favicon.ico
├──index.html
└──js
```

```
├──app.5b2f814c.js
├──app.5b2f814c.js.map
├──chunk-vendors.787aba35.js
└──chunk-vendors.787aba35.js.map
```

index.html 就是 DAPP 前端入口檔案,把 dist 目錄下的所有檔案拷貝到公網伺服器即可。

9.6 後台監聽合約事件

在上面的眾籌案例中,每個參與者可以看到自己的參與狀態,創作者卻沒有辦法查看所有參與者,有兩個辦法可以實現查看所有參與者:

(1)加入一個狀態變數:address[] joinAccounts,這是一個陣列,用來記錄所有參與者的地址,每當有新的參與者進來時,往陣列中加入參與者地址。

(2)透過觸發事件把參與者地址記錄到日誌中,然後啟動一個服務程式監聽事件,當事件觸發時,把參與者地址記錄到資料庫中,並提供一個後端服務,把資料庫中的參與者清單返回給前端。

兩種方法各有優缺點:方法 1 的 gas 消耗會遠高於方法 2,優點是不需要額外引入伺服器;方法 2 則相反,使用事件的方法 2 其實還有一個好處,就是可以即時監聽到事件的變化(通常對應著鏈上狀態的變化),這在一些場合非常有用。

本節將主要介紹方法 2,看看如何透過後台服務,監聽事件的變化,本例中我們將使用 Node.js 及 Express 框架作為後台服務(讀者也可以選用其他技術堆疊作為後台服務,技術原理一樣)。

9.6.1 Node.js 及 Express 簡介

Node.js 就是運行在服務端的 JavaScript。Node.js 是一個以 Google 為基礎的 V8 引擎建立的服務端 JavaScript 運行環境，速度快，性能好。

Express 是一個簡潔而靈活的 node.js Web 應用框架，提供了一系列強大特性幫助創建各種 Web 應用。

下面透過編寫一個簡單的 Hello World 程式，來看看如何使用 Express。在眾籌專案目錄下新建一個資料夾 server，進入此目錄並將其作為後端專案工作目錄，命令如下：

```
> mkdir server
> cd server
> npm init
```

然後透過 npm init 命令進行初始化，npm init 會創建一個 package.json 檔案進行套件管理，同時還會要求我們輸入幾個參數，例如此應用的名稱和版本，命令效果如下：

```
> npm init
This utility will walk you through creating a package.json file.
It only covers the most common items, and tries to guess sensible defaults.

See `npm help json` for definitive documentation on these fields
and exactly what they do.

Use `npm install <pkg>` afterwards to install a package and
save it as a dependency in the package.json file.

Press ^C at any time to quit.
package name: (server) server
version: (1.0.0)
description: 眾籌監聽後台demon
entry point: (index.js)
```

```
test command:
git repository:
keywords:
author:
license: (ISC)
About to write to /User/xxx/crowdfunding/server/package.json:

{
  "name": "server",
  "version": "1.0.0",
  "description": "眾籌監聽後台demon",
  "main": "index.js",
  "scripts": {
    "test": "echo \"Error: no test specified\" && exit 1"
  },
  "author": "",
  "license": "ISC"
}

Is this OK? (yes) yes
```

大部分直接按「確認」鍵接受預設設定即可,這個時候,就可以看到在
server 目錄下產生了一個 package.json 檔案,繼續安裝 Express,命令如
下:

```
npm install express --save
```

到此,環境安裝就完成了,新建一個檔案 index.js,編寫一段服務端的程
式 HelloWorld,程式如下:

```
const express = require('express')
const app = express()

app.get('/', (req, res) => res.send('Hello World!'))
```

```
app.listen(3000, () => console.log('Start Server, listening on port
3000!'))
```

上面程式中，引入了 express 模組，它在後台常駐運行，並監聽 3000 通訊埠，當用戶端發起請求後，回應 "Hello World!" 字串，透過以下命令啟動服務：

```
> node index.js
Start Server, listening on port 3000!
```

啟動後，在瀏覽器造訪網址：http://localhost:3000，就可以看到 Hello World!，如圖 9-8 所示。

圖 9-8　存取 Express 截圖

9.6.2 常駐服務監聽合約事件

Express 會啟動一個常駐在後台的服務，對剛剛編寫的 index.js 進行修改，加入 web3.js 相關程式以實現監聽合約事件。

不過我們需要先在 Crowdfunding 合約中加入一個事件：

```
event Join(address indexed, uint price);
```

然後在接收函數中觸發這個事件：

```
emit Join(msg.sender, msg.value);
```

修改合約後，使用 truffle migrate --reset 命令重新編譯部署（或使用 truffle migrate -f2 指定第 2 個部署指令稿編譯）。

回到後端，在 server 目錄下安裝 web3：

```
npm install web3 --save
```

然後修改 index.js，在 index.js 中加入監聽 Join 事件程式，程式如下：

```
// express 啟動程式
...
// 引入web函數庫
var Web3 = require('web3');
// 使用WebSocket協定連接節點
let web3 = new Web3(new Web3.providers.WebsocketProvider('ws://
localhost:7545'));


// 獲取合約實例
var Crowdfunding = require('../build/contracts/Crowdfunding.json');
const crowdFund = new web3.eth.Contract(
  Crowdfunding.abi,
  Crowdfunding.networks[5777].address
);


//  監聽Join加速事件
crowdFund.events.Join(function(error, event) {
  if (error) {
    console.log(error);
  }

  // 列印出交易hash及區塊號
  console.log("交易hash:" + event.transactionHash);
  console.log("區塊高度:" + event.blockNumber);

  // 獲得監聽到的資料
```

```
  console.log("參與地址:" + event.returnValues.user);
  console.log("參與金額:" + event.returnValues.price);
});
```

除以上註釋外,對以上程式關鍵點進行以下介紹。

- 在初始化 web3 時,使用了 WebsocketProvider,透過 WebSocket 通訊協定與節點通訊,如果是使用 Geth 節點,需要使用選項 --ws 開啟服務,開發使用的 Ganache 預設開啟了 WebSocket 服務。

  補充說明:由於 HTTP 協定只能單向通訊,通訊只能由用戶端發起,用戶端透過 " 輪詢 "(週期性地查詢狀態)伺服器獲取狀態的更新,而 WebSocket 支援雙向通行,服務端可以主動向用戶端推送資訊,用戶端也可以主動向伺服器發送資訊(注意:Express 服務在與節點程式通訊時,節點是服務端,Express 服務是用戶端)。

- 獲取合約實例時,使用的合約的 ABI 及合約地址參數,均是透過 Truffle 編譯部署生成的建構檔案 Crowdfunding.json 獲取。

- 透過 Web3 合約實例後,可以透過 myContract.events.EventName() 函數傳入一個回呼函數監聽事件的變化。更多的監聽事件可以查看文件: https://learnblockchain.cn/docs/web3.js/web3-eth-contract.html#events。

重新開機後台服務:

```
> node index.js
Start Server, listening on port 3000!
```

另開一個命令列主控台視窗,啟動前端:

```
> npm run serve(或yarn serve)
```

在瀏覽器網址列中輸入:http://localhost:8080/,進入前端頁面,點擊「參與眾籌」,切換到後端的命令列主控台視窗,可以看到列印出四筆日誌記錄:

```
> node index.js
```

```
Start Server, listening on port 3000!
交易hash:0x6c1c5172eae236e9c1f535e...5d45d45254a2435b1cd3891e83635
區塊高度:58
參與地址:0x132f44857fe61526...6b4109A198ea...
參與金額:20000000000000000
```

為了方便管理，接下來把監聽到的資料寫入資料庫裡。

9.6.3 MySQL 資料庫環境準備

這裡以 MySQL 資料庫為例介紹（讀者也可以根據自己的喜好選用其他的資料庫，比如 PostgreSQL 資料庫）。

第一步，安裝 MySQL 伺服器，進入 MySQL 官方網站下載頁面，選擇對應版本進行下載（或根據安裝指引命令列安裝），如圖 9-9 所示。

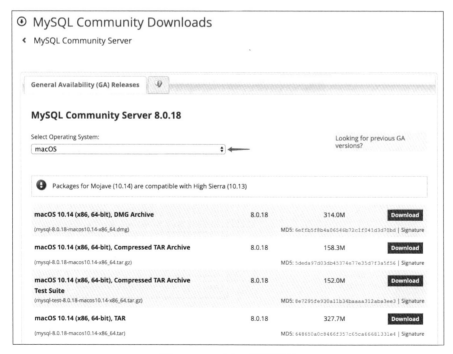

圖 9-9 MySQL 下載頁面

MySQL 在不同平台下的安裝提示略有差別，一般會預設提供一個預設的使用者 root，用於登入 MySQL 伺服器，在安裝過程中提示我們設定 root 密碼（如果沒有提示，可以在 MySQL 日誌中找到預設密碼）。

如果覺得自己安裝 MySQL 有些吃力，也可以選擇整合式開發環境，如 Linux 平台的 LAMP、Windows 平台的 WAMP 以及 Mac 平台的 MAMP，它們有更友善的圖形介面來管理伺服器。使用 Mac 電腦安裝完 MAMP 之後，效果如圖 9-10 所示，截圖右上角的綠點表示 MySQL 伺服器已啟動。

圖 9-10　MAMP 運行截圖

透過「啟動」頁面可以查看 MySQL 伺服器的資訊，如圖 9-11 所示。

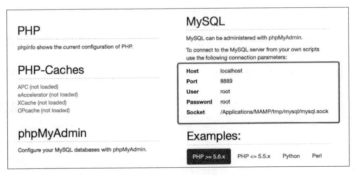

圖 9-11　MySQL 通訊埠、登入名稱及密碼

9.6.4 創建資料庫及表

有了前面連接資料庫的資訊，就可以透過 MySQL 的用戶端連接上 MySQL 伺服器，MySQL 用戶端有很多選擇，可以選擇命令列方式，例如：

```
mysql -S /Applications/MAMP/tmp/mysql/mysql.sock -u root -proot
```

也可以選擇 MySQL 官方的用戶端 MySQL Workbench[3]，如圖 9-12 所示。

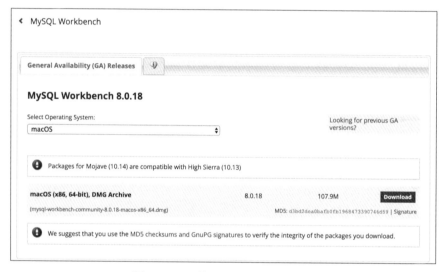

圖 9-12　下載 MySQL Workbench

筆者自己使用的是 Sequel Pro（Mac 平台），各種用戶端連接伺服器的方式都類似，需要填寫如圖 9-13 所示的幾個資訊。

3　MySQL Workbench 可以在 https://dev.mysql.com/downloads/workbench/ 選擇自己的版本下載。

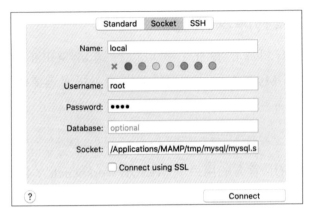

圖 9-13　連接 MySQL 伺服器

連接上 MySQL 伺服器，使用以下命令創建資料庫和表來儲存眾籌資料。

```
CREATE DATABASE crowdfund;
use crowdfund;

CREATE TABLE joins(
  id INT UNIQUE AUTO_INCREMENT,
  address VARCHAR(42) UNIQUE,
  price FLOAT NOT NULL,
  tx VARCHAR(66) NOT NULL,
  block_no INT NOT NULL,
  created_at datetime,
  PRIMARY KEY (id)
);
```

以上 MySQL 程式可以複製到 MySQL 用戶端中執行，它創建名為 crowdfund 的資料庫，並在資料庫中創建 joins 表，joins 表用來儲存使用者參與眾籌的資訊，包含的列有：主鍵 id、地址 address、價格 price、交易 hash、區塊號 blockNo。

9.6.5 監聽資料入庫

先安裝 node-mysql 驅動[4]，它提供在 Node.js 程式裡連接 MySQL 伺服器的介面，安裝命令如下：

```
> cd server
> npm install mysql --save
```

在 inde.js 中引入 mysql，並加入一個插入資料庫函數，程式如下：

```
var mysql  = require('mysql');
// 定義資料插入資料庫函數
function insertJoins(address, price, tx, blockNo) {

// 連接資料庫 (注意請使用自己的mysql連接資訊)
  var connection = mysql.createConnection({
    host     : 'localhost',
    user     : 'root',
    password : 'root',
    port     : '8889',
    database : 'crowdfund'
  });

  connection.connect();
  // 建構插入敘述
  const query = `INSERT into joins (
      address,
      price,
      tx,
      block_no,
      created_at
  ) Values (?,?,?,?,NOW())`;
  const params = [address, price, tx, blockNo];
```

4　參見 https://github.com/mysqljs/mysql。

```
// 執行插入操作
connection.query(query, params, function (error, results) {
  if (error) throw error;
});

connection.end();
}
```

並在上面監聽列印日誌的後面呼叫 insertJoins() 函數插入資料庫,呼叫程式如下:

```
insertJoins(event.returnValues.user,
// 把以wei為單位的價格轉為以ether為單位的價格
  web3.utils.fromWei(event.returnValues.price),
  event.transactionHash,
  event.blockNumber )
```

使用 node 重新開機服務:

```
node index.js
```

在 DAPP 前端頁面點擊「參與眾籌」後(如果當前帳號參與過,就切換不同的帳號參與眾籌),如果一切正常,就可以在資料庫查詢到對應的眾籌記錄,使用 SQL 敘述 select * from joins,如圖 9-14 所示。

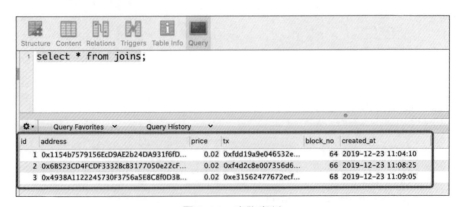

圖 9-14 查詢資料

在圖 9-14 中,顯示已經有 3 個使用者參與了眾籌。

9.6.6 為前端提供眾籌記錄

透過讀取資料庫的資料,並在 Express 加入一個路由,接受前端請求後返回讀取到的資料,在 index.js 先加入一個 getJoins() 函數來讀取資料庫資料:

```javascript
// 透過一個回呼函數把結果返回
function getJoins(callback) {
// 獲取資料庫連結
  var connection = getConn();
  connection.connect();

// 查詢SQL
  const query = `SELECT address, price from joins`;
  const params = [];
    // 查詢資料庫
  connection.query(query, params, (err, rows)=>{
     if(err){
        return callback(err);
     }
     console.log(`result=>`, rows);
     callback(rows);
  });

  connection.end();
}
```

getJoins() 和 insertJoins() 都需要獲取資料庫連結,為了程式重複使用,抽象出 getConn() 函數:

```javascript
// 使用自己的mysql連接資訊
function getConn() {
  return mysql.createConnection({
```

```
  host     : 'localhost',
  user     : 'root',
  password : 'root',
  port     : '8889',
  database : 'crowdfund'
});
}
```

加入一個新的路由 /joins，程式如下：

```
app.get('/joins', (req, res) => {
  getJoins( rows=> {
    //  設定允許跨域存取
    res.set({'Access-Control-Allow-Origin': '*'})
    .send(rows)
  });
})
```

使用 node index.js，重新啟動 index.js，瀏覽器存取：http://localhost:3000/
joins，將返回參與眾籌使用者的 JSON 陣列：

```
[
  {
    "address": "0x...b7579156EcD9A...",
    "price": 0.02
  },
  {
    "address": "0x...D4FCDF3332BcB31770...",
    "price": 0.02
  },
  {
    "address": "0x...45730F3756a5E8C8f0D3B...",
    "price": 0.02
  }
]
```

接下來前端元件就可以透過 Ajax 請求造訪 http://localhost:3000/joins 介面獲取眾籌使用者清單，前端可以使用 Axios（它是一個以 promise 為基礎的 HTTP 函數庫）來發起 HTTP 請求，在專案根目錄下透過 npm 命令來安裝 Axios：

```
> npm install axios
```

修改前端 CrowdFund.vue，加入獲取眾籌清單的 getJoins() 函數：

```
import axios from 'axios'
...
    // 獲取眾籌列表
    getJoins() {
      axios.get('http://localhost:3000/joins')
        .then(response => {
          this.joinList = response.data
        })
        .catch(function (error) { // Ajax請求失敗處理
          console.log(error);
        });
    }
```

以上程式把 Axios 獲取到的眾籌清單設定值給 joinList 變數，在 HTML 範本中加入 joinList 的繪製：

```
<!--  如果是創作者，則顯示-->
  <div class="box" v-if="isAuthor">
    <div >
      <p v-bind:key="item" v-for="item in joinList" >
        <label> 地址：{{ item.address }} </label>
        金額：<b> {{ item.price }} </b>
      </p>
    </div>
    <button :disabled="closed" @click="withdrawFund">提取資金</button>
  </div>
```

再次用 yarn serve 啟動前端應用，瀏覽器網址列輸入：http://localhost: 8080，在 MetaMask 中切換到創作者帳號，可以看到輸出的眾籌列表，效果如圖 9-15 所示。

圖 9-15　展示眾籌列表

到這裡，我們就完成在 9.6 節開頭所設的目標——創作者查看所有參與使用者，我們也簡單作一個小結，在眾籌 DAPP 案例中，我們透過 Vue.js 開發應用前端，使用 Node.js 後端監控合約事件，並且將一些核心資料用中心化資料庫進行了快取。其實這就囊括所有在 DAPP 開發中涉及的內容。

限於篇幅有限，本節對於 Vue.js、Node.js 以及資料庫 MySQL 的使用說明僅是拋磚引玉，沒有深入介紹，如果讀者不熟悉相關基礎知識，可以進一步閱讀相關材料。書中展示的案例程式略有刪減，完整程式請查看 GitHub 程式庫：https://github.com/xilibi2003/crowdfunding。

9.7 DAPP 去中心化儲存

前面實現的 DAPP，不管是投票還是眾籌，都透過智慧合約實現了規則的透明、執行時期的去中心化（假設部署在主網，並公開驗證了原始程式），細心的讀者也許會發現一個問題，使用者參與互動的前端頁面是來自中心化的 Web 伺服器，以致我們的去中心化不那麼純粹。

這是當前 HTTP 協定的規則決定的，簡單來講，當我們在瀏覽器裡輸入一個 URL 後，總是會先找到這個 URL（域名）對應的伺服器 IP 位址（DNS 域名解析），然後請求伺服器，並把伺服器的回應在瀏覽器中繪製。

如果中心化伺服器對顯示內容有完全的控制權，那麼內容就有被篡改或刪除的風險。

9.7.1 IPFS 協定

IPFS（InterPlanetary File System，星際檔案系統）是一種根據內容可定址、版本化、點對點的分散式儲存、傳輸協定。

我們知道，在現在的網路服務裡，內容是以位置（IP）定址為基礎的，就是說在尋找內容的時候，需要先找到內容所在的伺服器（根據 IP），然後再到伺服器上尋找對應的內容。而在 IPFS 的網路裡是根據內容定址，每一個上傳到 IPFS 上面去的檔案、資料夾，都是以 Qm 為開頭字母的雜湊值，無須知道檔案儲存在哪裡，透過雜湊值就能夠找到這個檔案，這種方式叫內容定址。

IPFS 的目標取代 HTTP，為我們建構一個更好的去中心化的 Web，如果 IPFS 能夠得到普及，存取內容就按照以下的方式：

```
ipfs://Qme2qNy61yLj9hzDm4VN6HDEkCmksycgSEM33k4eHCgaVu
ipns://mydoname.io
```

不過當前的瀏覽器都無法支持 ipfs:// 檔案 hash 存取內容，目前依靠瀏覽器外掛程式 ipfs 伴侶 [5]，透過一個閘道存取內容。

IPFS 的幾個特點：

（1）當知道一個檔案的雜湊值之後，可以確保檔案不被修改，即可以確保存取的檔案是沒有被篡改的。因為根據雜湊的特點，哪怕原始檔案有一丁點的更改，對應的雜湊值也會完全不同。

（2）（理論上）如果 IPFS 得以普及，節點數達到一定規模，內容將永久保存，就算部分節點離線，也不會影響檔案的讀取。

（3）由於 IPFS 是一個統一的網路，只要檔案在網路中被儲存過，除了必要的容錯備份，檔案不會被重複儲存，比較現有網際網路的資訊孤島，各中心之間不共用資料，資料不得不重複儲存，IPFS 一定意義上節省了空間，使得整個網路頻寬的消耗更低，網路更加高效。

（4）相對於中心化儲存容易遭受 DDOS 攻擊，IPFS 採用分散式儲存網路，檔案被儲存在不同的網路節點，天然避免了 DDOS 攻擊，同時，一個檔案可以同時從多個節點下載，通訊的效率也會更高。

IPNS

在 IPFS 中，一個檔案的雜湊值完全取決於其內容，修改它的內容，其對應的雜湊值也會發生改變。這樣有一個優點是保證檔案的不可篡改，提高資料的安全性。但同時我們在開發應用（如 DAPP）時，經常需要更新內容發佈新版本，如果每次都讓使用者在瀏覽器中輸入不同的 IPFS 地址來存取更新後內容的網頁，這個體驗就會非常糟糕。

5　IPFS 伴侶外掛程式：https://github.com/ipfs-shipyard/ipfs-companion。

IPFS 提供了一個解決方案 IPNS（Inter-Planetary Naming System），它提供了一個被私密金鑰限定的 IPNS 雜湊 ID（通常是 PeerID），用來指向具體 IPFS 檔案雜湊，當有新的內容更新時，就可以更新 IPNS 雜湊 ID 的指向。

為了方便讀者了解，作一個類比，和 DNS 類似，DNS 記錄了域名指向的 IP 位址，如果伺服器更改，我們可以更改 DNS 域名指向，保證域名指向最新的伺服器。IPNS 則是用一個雜湊 ID 指向一個真實內容檔案的雜湊，檔案更新時就可以更改雜湊 ID 的指向，當然更新指向需要有雜湊 ID 對應的私密金鑰。

9.7.2 IPFS 安裝

要使用 IPFS，第一步肯定是先把 IPFS 安裝好，IPFS 在 Mac OSX、Linux 及 Window 平台均有提供，可以透過連結 https://dist.ipfs.io/#go-ipfs 下載對應平台可執行檔的壓縮檔。

對於 Mac OS X 及 Linux 平台，使用以下命令進行安裝：

```
$ tar xvfz go-ipfs.tar.gz
$ cd go-ipfs
$ sudo ./install.sh
```

上面先使用 tar 對壓縮檔進行解壓，然後執行 install.sh 進行安裝，安裝指令稿 install.sh 其實就是把可執行檔 ipfs 移動到 $PATH 目錄下。安裝完成之後，可以在命令列終端敲入 ipfs 試試看，如果顯示一堆命令説明，則説明 IPFS 安裝成功。

在 Windows 平台也是類似的，把 ipfs.exe 移動到環境變數 %PATH% 指定的目錄下。

9.7.3 IPFS 初始化

安裝完成之後，使用 IPFS 的第一步，是對 IPFS 進行初始化，使用 ipfs init 進行初始化：

```
> ipfs init
initializing ipfs node at /Users/Emmett/.ipfs
generating 2048-bit RSA keypair...done
peer identity: QmYM36s4ut2TiufVvVUABSVWmx8VvmDU7xKUiVeswBuTva
to get started, enter:

ipfs cat /ipfs/QmS4ustL54uo8FzR9455qaxZwuMiUhyvMcX9Ba8nUH4uVv/readme
```

上面是執行命令及對應輸出，在執行 ipfs init 進行初始化時，會執行以下動作：

- 生成一個金鑰對並產生對應的節點身份 id，在上面 ipfs init 命令輸出的內容提示：peer identity 後面的雜湊值。節點的身份 id 用來標識和連接一個節點，每個節點的身份 id 是獨一無二的，因此大家看到的提示也會和這裡的不一樣。

- 在當前使用者的家目錄下產生一個 .ipfs 的隱藏目錄，這個目錄稱之為函數庫（repository）目錄，IPFS 所有相關的資料都會放在這個目錄下。舉例來説，同步檔案資料區塊放在 .ipfs/blocks 目錄，金鑰放在 .ipfs/keystore 目錄，IPFS 設定檔為 .ipfs/config。

9.7.4 上傳檔案到 IPFS

先創建一個 tinyxiong.txt 檔案，可以使用命令列方式創建：

```
> echo "Tiny熊：深入淺出區塊鏈技術社區發起人，登鏈學院院長" >> tinyxiong.txt
```

IPFS 使用 add 命令來增加內容到節點，命令如下：

```
> ipfs add tinyxiong.txt
added QmcPwAPCWkwi5pHqxmPPwgS9vMEx7okvaX2tYkCSxeg5kj tinyxiong.txt
 74 B / 74 B [==================================]100%
```

當它把檔案增加到節點時，會為檔案生成唯一的雜湊：QmcPwAPCWkwi
5pHqxmPPwgS9vMEx7okvaX2tYkCSxeg5kj，可以使用 ipfs cat 查看檔案的
內容：

```
> ipfs cat QmcPwAPCWkwi5pHqxmPPwgS9vMEx7okvaX2tYkCSxeg5kj
Tiny熊：深入淺出區塊鏈技術社區發起人，登鏈學院院長
```

注意：此時檔案僅是在本地的 IPFS 節點中，如果需要把檔案同步到網
路，就需要開啟 daemon 服務，使用命令：

```
> ipfs daemon
Initializing daemon...
go-ipfs version: 0.4.22-
Repo version: 7
System version: amd64/darwin
Golang version: go1.12.7
Swarm listening on /ip4/127.0.0.1/tcp/4001
Swarm listening on /ip4/192.168.2.13/tcp/4001
Swarm listening on /ip6/::1/tcp/4001
Swarm listening on /p2p-circuit
Swarm announcing /ip4/127.0.0.1/tcp/4001
Swarm announcing /ip4/192.168.2.13/tcp/4001
Swarm announcing /ip6/::1/tcp/4001
API server listening on /ip4/127.0.0.1/tcp/5001
WebUI: http://127.0.0.1:5001/webui
Gateway (readonly) server listening on /ip4/127.0.0.1/tcp/8080
Daemon is ready
```

開啟 daemon 之後，它就會嘗試連接其他的節點，同步資料，透過以下命令可以獲得它所連接節點的資訊：

```
> ipfs swarm peers
/ip4/104.248.240.207/tcp/4001/ipfs/QmYhbZDN1j5ZGwGzdNZGgAtoUSt9tSwbUvhn
71CgyfCyyL
/ip4/139.99.203.209/tcp/4001/ipfs/QmaUAaUauTfes3pGa9EnkrcsdQhT6DAR3HeF4Y
1TfKGm72
/ip4/140.123.97.118/tcp/4001/ipfs/QmQDLDU81cCdG9fuLr9QnvrtLEXXXGQNv14sDZ
FLfTuuCU
/ip4/147.75.45.187/tcp/4001/ipfs/QmSPz3WfZ1xCq6PCFQj3xFHAPBRUudbogcDPSMt
wkQzxGC
/ip4/147.75.70.221/tcp/4001/ipfs/Qme8g49gm3q4Acp7xWBKg3nAa9fxZ1YmyDJdy
GgoG6LsXh
...
```

同時，在本地還會開啟兩個服務：API 服務及 Web 閘道服務。

Web 閘道服務預設在 8080 通訊埠，由於當前瀏覽器還不支持透過 IPFS 協定（ipfs://）來存取檔案，如果我們要在瀏覽器裡存取檔案的話，就需要借助於 IPFS 提供的閘道服務，由瀏覽器先存取閘道，閘道去獲取 IPFS 網路上的檔案。剛剛上傳的檔案可以透過這個連結存取：http://127.0.0.1:8080/ipfs/QmcPwAPCWkwi5pHqxmPPwgS9vMEx7okvaX2tYkCSxeg5kj，瀏覽器存取後的結果如圖 9-16 所示。

圖 9-16　IPFS 網管存取截圖

IPFS 也提供了官方的閘道服務：https://ipfs.io/，因此也可以透過 https://ipfs.io/ipfs/QmcPwAPCWkwi5pHqxmPPwgS9vMEx7okvaX2tYkCSxeg5kj 來存取剛剛上傳到 ipfs 的檔案。

Infura 也提供了 IPFS 閘道服務，透過 https://ipfs.infura.io/ipfs/QmcPwA
PCWkwi5pHqxmPPwgS9vMEx7okvaX2tYkCSxeg5kj 也同樣可以存取到
tinyxiong.txt。

API 服務配套了一個 IPFS Web 版的管理主控台，可以透過 http://
localhost:5001/webui 進行存取，透過這個主控台增加檔案、查看節點連
接情況等，如圖 9-17 所示。

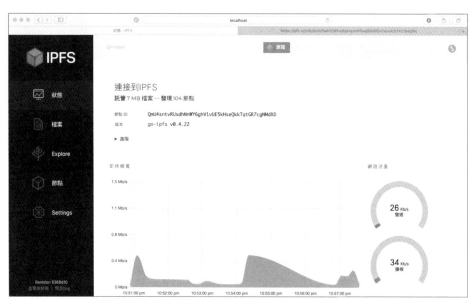

圖 9-17　IPFS 管理主控台介面

9.7.5 上傳目錄到 IPFS

我們先創建一個資料夾 upchain，並把之前的 tinyxiong.txt 放進目錄：

```
> mkdir upchain
> mv tinyxiong.txt  upchain
```

上傳目錄到 IPFS 需要在使用 add 命令時加上 -r，範例如下：

```
> ipfs add -r upchain
added QmcPwAPCWkwi5pHqxmPPwgS9vMEx7okvaX2tYkCSxeg5kj upchain/tinyxiong.txt
added QmcbnUuTyuqGErHtbdpn6Tmr5zXJzBHN4Vs26LsiEv1fo7 upchain
 74 B / 74 B [===============================] 100.00%
```

在上傳資料夾時，資料夾也會生成一個對應的雜湊，可以透過雜湊後接檔案名稱來進行存取，例如：

```
> ipfs cat QmcbnUuTyuqGErHtbdpn6Tmr5zXJzBHN4Vs26LsiEv1fo7/tinyxiong.txt
Tiny熊：深入淺出區塊鏈技術社區發起人，登鏈學院院長
```

在瀏覽器網址列可以輸入：http://127.0.0.1:8080/ipfs/QmcbnUuTyuqGERHtbdpn6Tmr5zXJzBHN4Vs26LsiEv1fo7/tinyxiong.txt 來存取檔案。

透過上傳目錄的方式，我們可以把 DAPP 前端的整個目錄上傳到 IPFS，實現前端的去中心化。不過，如果頁面不是使用相對路徑引用 css、js 等檔案的話，透過 IPFS 存取 index.html 時，頁面主控台會提示一些 404 錯誤，找不到對應的引用檔案，有興趣的讀者可以自己嘗試一下，下面要介紹的 Embark 框架組成了 IPFS，就可以解決這個問題。

9.8 Embark 框架

9.8.1 Embark 概述

和前面介紹的 Truffle 類似，Embark 也是一個功能強大的 DAPP 開發框架，它可以幫助開發者快速建構和部署 DAPP。Embark 不單可以與以太坊區塊鏈通訊，還整合了 IPFS/Swarm 去中心化儲存和 Whisper 網路通訊功能。

Embark 有以下特點：

- 合約自動部署，Embark 啟動後會監聽合約的更改，並自動部署。
- 提供命令列工具，比如可直接與合約互動等。
- 提供了非常方便的 Debug 和測試工具。
- 整合去中心化儲存 IPFS 等，可以方便地把 DAPP 部署到 IPFS 等網路上，實現完全的去中心化。
- 方便使用 Whisper 協定實現點對點的資訊通訊。
- 提供狀態面板（dashboard）及 Cockpit 輔助應用程式，方便查看合約資訊、帳號資訊、交易狀態等，甚至進行程式修改及偵錯。

9.8.2 Embark 安裝

Embark 安裝前需要先安裝 Geth、IPFS，在 Geth 安裝及 IPFS 安裝完之後，透過 NPM 安裝 Embark：

```
> npm -g install embark
```

可以透過查看軟體版本來驗證安裝是否正確：

```
> geth version
> ipfs --version
> embark --version
```

9.9 Embark 重新定義投票 DAPP

9.9.1 創建 Embark 專案

Embark 提供 new 命令創建新專案，命令如下：

```
> embark new <YourDAPPName>
```

主控台輸入 embark new embark-election 命令後，會利用範本創建一個名為 embark-election 的專案，並安裝好對應的依賴函數庫，以下是 embark new embark-election 的運行輸出：

```
> embark new embark-election
Initializing Embark template...
Installing packages...
Init complete

App ready at embark-election
```

來看一下 embark 專案的檔案結構。

9.9.2 Embark 專案結構

進入 embark-election 之後，可以看到專案下主要包含了以下檔案：

```
├──app
│    └──css/
│    └──js/
│    │    └──index.js
│    └──index.html
├──contracts/
├──config
│    ├──blockchain.js
│    └──contracts.js
│    └──storage.js
│    └──communication.js
│    └──webserver.js
└──test/
└──dist/
└──embark.json
```

- app：DAPP 的前端程式放在這個目錄下，前端程式可以使用自己喜歡的框架來編寫，如 Vue、Angular、React 等。

- contracts：智慧合約的原始程式碼放在這個目錄下，Embark 啟動後，預設會追蹤資料夾下合約檔案的變化，自動編譯部署合約。
- config：包含了不同模組的設定。
  - blockchain.js：連接區塊鏈的網路設定，如 rpc 地址、通訊埠、帳號等。
  - contracts.js：設定 DAPP 連接及部署合約參數等。
  - storage.js：設定分散式儲存元件（如 IPFS）及對應連接參數。
  - communication.js：設定通訊協定（如 Whisper）及對應連接參數。
  - webserver.js：設定啟動 DAPP 的 Web 服務，如服務地址和通訊埠。config 下的每個設定檔都有預設設定。
- test：合約測試指令稿放在這個目錄下，支援使用 Solidity 和 JavaScript 編寫測試使用案例。
- dist：DAPP 建構後，所有需要部署的檔案都放置在這個目錄內。
- embark.json：Embark 專案本身的設定，比如可以更改專案的目錄結構、編譯器版本等。

9.9.3 編寫合約及部署

在專案的 contracts 目錄下新建一個合約檔案 Election.sol，在前面第 4 節，已經編寫過這個程式，可以直接複製過來。

Embark 合約部署的設定在 config/contracts.js，在 deploy 欄位加入 Election 合約：

```
deploy: {
  Election: {
  }
}
```

現在運行 embark run，Embark 會自動編譯及部署 Election.sol 到 config/blockchain.js 設定的 development 網路。因為 embark run 等值 embark run development（最後一個參數表示對應的網路）。

blockchain.js 中的 development 網路是使用 ganache-cli 啟動的網路，其設定如下：

```
development: {
  client: 'ganache-cli',
  clientConfig: {
    miningMode: 'dev'
  }
}
```

Embark 啟動後，Election.sol 合約的部署日誌會在 Embark 的 DashBoard 和 Cockpit 中看到，類似下面的內容：

```
deploying Election with 351122 gas at the price of 1 Wei, estimated cost:
351122 Wei (txHash: 0x9da4dfb951149...d5c306dcabf300a4)
Election deployed at 0x10C257c76Cd3Dc35cA2618c6137658bFD1fFCcfA using
346374 gas (txHash: 0x9da4dfb951149ea4...d5c306dcabf300a4)
finished deploying contracts
```

9.9.4 Embark DashBoard

Embark 框架提供的 DashBoard 和 Cockpit，是兩個非常強大的開發者工具，圖 9-18 所示是 DashBoard 的介面截圖。

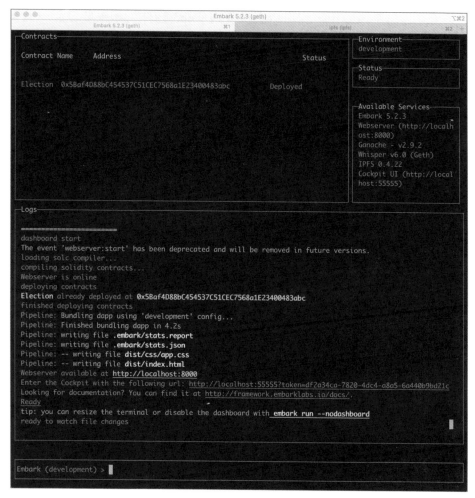

圖 9-18　DashBoard 的介面截圖

在這個面板中可以看到合約的部署狀態、部署地址、當前連接的網路、服務的狀態以及 Embark 運行日誌,在 DashBoard 最下方還有一個互動式主控台,在這個主控台可以直接使用 Web3 API,並且可以直接使用合約名呼叫合約方法,例如呼叫 candidatesCount 獲得候選人數量:

```
Embark (developmeng) > Election.methods.candidatesCount().call()
```

結果會在日誌區域輸出。也可以直接使用 web3 物件，如果要發起一個轉帳，可以輸入以下命令：

```
Embark (developmeng) >web3.eth.sendTransaction({to: "0x...", value:
web3.utils.toWei("20") })
```

交易式主控台也可以直接透過命令 embark console 進入。

9.9.5 Embark Cockpit

Cockpit 比 DashBoard 更為強大，它集合了 DashBoard、區塊鏈瀏覽器、程式編輯 IDE（包含程式的編輯、編譯運行及偵錯）以及一些常用工具集。

DashBoard 的日誌裡提供了一個連結用來進入 Cockpit，注意查看一下日誌：

```
Enter the Cockpit with the following url: http://localhost:55555?token=
f15105c9-c345-4f63-84ef-a5dffac2890c
```

URL 中的 token 是以安全考慮為基礎的，防止其他人透過 Cockpit 存取到我們的 Embark 處理程序，也可以透過在主控台中輸入 token 命令來獲得 token 的值。

進入 Cockpit，頂部的 5 個選單──Dashboard、Deployment、Explorer、Editor、Utils，分別對應 5 個功能，我們看看區塊鏈瀏覽器 Explorer（見圖 9-19）及程式編輯器的介面（見圖 9-20）。

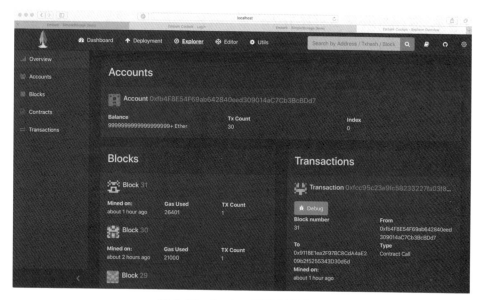

圖 9-19　Cockpit 區塊鏈瀏覽器

圖 9-20　Cockpit 程式編輯器

在 Cockpit 中對程式的更改可直接保存到本地檔案系統，非常方便。

9.9.6 Embark Artifacts

合約已經部署接下來需要編寫前端與合約互動。Embark 提供了一個 EmbarkJS 的 JavaScript 函數庫，來幫助開發者和合約進行互動。

在使用 web3.js 時，跟合約互動需要知道合約的 ABI 及地址，以創建 JS 環境中對應的合約物件，一般程式是這樣的：

```
// 需要ABI及地址創建物件
var myContract = new web3.eth.Contract([...ABI...], '0xde0B295...
f4cb697BAe');
```

Embark 在編譯部署後，每個合約會生成一個對應的元件 Artifact（可以在 embarkArtifacts/contracts/ 目錄下找到這些檔案），我們可以直接使用 Artifact 生成的合約物件呼叫合約。

一個元件通常會包含合約的 ABI、部署地址、啟動程式及其他的設定資料。

查看一下 Election.sol 對應的元件 Election.js 程式就更容易了解上面這句話：

```
import EmbarkJS from '../embarkjs';

let ElectionJSONConfig = {"contract_name":"Election","address":"0x....",
"code":"...", ... ,"abiDefinition":[...]};

let Election = new EmbarkJS.Blockchain.Contract(ElectionJSONConfig);

export default Election;
```

Election.js 最後一行匯出了一個與合約名稱相同的 JavaScript 物件，接下來我們看看怎麼使用這個物件。

9.9.7 前端 index.html

在使用 embark new embark-election 創建專案時，前端 app/ 目錄下生成了一個 index.html：

```html
<html>
  <head>
    <title>Embark</title>
    <link rel="stylesheet" href="css/app.css">
    <script src="js/app.js"></script>
  </head>
  <body>
    <h3>Welcome to Embark!</h3>
  </body>
</html>
```

這裡有一個地方需要注意一下，第 4.5 行引入了 css/app.css 和 js/app.js，而其實 app/ 下並沒有這兩個檔案，這兩個檔案其實是按照 embark.json 設定的規則生成的。

embark.json 關於前端的設定如下：

```json
"app": {
  "css/app.css": ["app/css/**"],
  "js/app.js": ["app/js/index.js"],
  "images/": ["app/images/**"],
  "index.html": "app/index.html"
},
```

"css/app.css": ["app/css/**"] 表示所有在 app/css/ 目錄下的檔案會被壓縮到 dist 目錄下的 css/app.css，app/js/index.js 則會編譯為 js/app.js，其他的設定類似。

embark 以這個方式來統一引用 css 及 js 程式檔案，應該就是為了在 IPFS 之類的去中心化儲存上存取起來更方便，在 IPFS 上傳整個目錄時，只能以相對路徑去存取資源。

接下來修改前端部分的程式，主要是在 index.html 的 body 加入一個 table
標籤用來顯示候選人，以及加入一個投票框，範例程式以下（節選）：

```
<table class="table">
  <thead>
    <tr>
      <th scope="col">#</th>
      <th scope="col">候選人</th>
      <th scope="col">得票數</th>
    </tr>
  </thead>
  <tbody id="candidatesResults">
  </tbody>
</table>
<div class="form-group">
<label for="candidatesSelect">選擇候選人</label>
<select class="form-control" id="candidatesSelect">
</select>
</div>
```

我們使用了 bootstrap 前端樣式庫，把檔案拷貝到 app/css 目錄下，接下來
看關鍵的一步：前端如何與合約互動。

9.9.8 使用 Artifacts 與合約互動

EmbarkJS 連接 Web3

創建專案時生成的 app/js/index.js 產生了以下程式：

```
import EmbarkJS from 'Embark/EmbarkJS';

EmbarkJS.onReady((err) => {
  // You can execute contract calls after the connection
});
```

這段程式裡，EmbarkJS 為我們準備了一個 onReady 回呼函數，這是因為 EmbarkJS 會自動幫我們完成與 web3 節點的連接與初始化，當這些就緒後會回呼用在 onReady 註冊的函數上，前端就可以和鏈進行互動了。

大家也許會好奇，EmbarkJS 怎麼知道我們需要連接那個節點呢？其實在 config/contracts.js 中有一個 DAPPConnection 設定項目：

```
DAPPConnection: [
  "$EMBARK",
  "$WEB3",  // 使用瀏覽器注入的web3,如MetaMask等
  "ws://localhost:8546",
  "http://localhost:8545"
],
```

$EMBARK 是 Embark 在 DAPP 和節點之間實現的代理，使用 $EMBARK 有幾個好處：

（1）可以在 config/blockchain.js 設定與 DAPP 互動的帳號 accounts。

（2）可以更友善地看到交易記錄。

EmbarkJS 會從上到下依次嘗試 DAPPConnection 提供的連結，如果有一個可以連結上，就會停止嘗試。

獲取合約資料繪製介面

當 EmbarkJS 環境準備好後，在 onReady 回呼函數中，就可以使用元件 Election.js 獲取合約資料，如獲取呼叫合約進而獲得候選人數量：

```
import EmbarkJS from 'Embark/EmbarkJS';
import Election from '../../embarkArtifacts/contracts/Election.js';

EmbarkJS.onReady((err) => {
    Election.methods.candidatesCount().call().then(count => console.log
(" candidatesCount: " + count);
    );
});
```

程式中直接使用元件匯出的 Election 物件，呼叫合約方法為 Election.
methods.candidatesCount().call()，呼叫合約方法與 web3.js 一致。

了解完如何與合約互動，接下來繪製介面就簡單了，我們把程式整理下，
分別定義 3 個函數：App.getAccount()、App.render()、App.onVote() 來獲
取當前帳號（需要用來判斷哪些帳號投過票）、介面繪製、處理投票。

```
EmbarkJS.onReady((err) => {
  App.getAccount();
  App.render();
  App.onVote();
});
```

App.getAccount() 的實現如下：

```
import "./jquery.min.js"

var App = {
  account: null,

  getAccount: function() {
    web3.eth.getCoinbase(function(err, account) {
      if (err === null) {
        App.account = account;
        console.log(account);
        $("#accountAddress").html("Your Account: " + account);
      }
    })
  },
}
```

在程式中，我們直接使用了 web3 物件，就是因為 EmbarkJS 幫我們進行
了 web3 的初始化。另外，我們引入 jquery.min.js 來進行 UI 介面的繪製。

App.render() 的實現（主幹）如下：

```javascript
render: function () {
    Election.methods.candidatesCount().call().then(
      candidatesCount =>
      {
        var candidatesResults = $("#candidatesResults");
        var candidatesSelect = $('#candidatesSelect');

        for (var i = 1; i <= candidatesCount; i++) {
          Election.methods.candidates(i).call().then(function(candidate) {

              var id = candidate[0];
              var name = candidate[1];
              var voteCount = candidate[2];

              // Render candidate Result
              var candidateTemplate = "<tr><th>" + id + "</th><td>" + name
 + "</td><td>" + voteCount + "</td></tr>";
              candidatesResults.append(candidateTemplate);

              // Render candidate ballot option
              var candidateOption = "<option value='" + id + "' >" + name +
"</ option>";
              candidatesSelect.append(candidateOption);
          });
        }
      });
  }
```

App.onVote() 的實現（主幹）如下：

```javascript
  onVote: function() {
    $("#vote").click(function(e){
      var candidateId = $('#candidatesSelect').val();
      Election.methods.vote(candidateId).send()
```

```
    .then(function(result) {
      App.render();
    }).catch(function(err) {
      console.error(err);
    });
  });
}
```

9.9.9 Embark 部署

使用 embark run 時，Embark 會為我們啟動一個 Geth 或 ganache-cli 的本地網路部署合約，以及在 8000 通訊埠上啟用一個本機伺服器來部署前端應用，我們在瀏覽器輸入 http://localhost:8000/ 就可以看到 DAPP 介面，如圖 9-21 所示。

圖 9-21　DAPP 介面

當我們的 DAPP 在測試環境透過後，就可以部署到以太坊的主網。

利用 Infura 部署合約

要部署到主網，需要在 blockchain.js 中增加一個主網網路，這裡以測試網 Ropsten 網路為例：

```
ropsten: {
    endpoint: "https://ropsten.infura.io/v3/d3fe47c...4f",
    accounts: [
      {
        mnemonic: " 你的助記詞",
        hdpath: "m/44'/60'/0'/0/",
        numAddresses: "1"
      }
    ]
  }
```

如果我們沒有自己的主網節點，可以使用 endpoint 來指向外部節點，最常用的就是 Infura。

增加好設定之後，使用 build 命令來建構主網發佈版本：

```
> embark build ropsten   # 最後是網路參數
```

所有的檔案生成在 dist 目錄下，把它們部署到線上伺服器就完成了部署。

DAPP 部署到 IPFS

由於 Embark 整合了 IPFS 服務，可以直接使用 embark upload 命令把 DAPP 部署到 IPFS，如使用 embark upload ropsten 命令：

```
> embark upload ropsten

ipfs process started
loading solc compiler...
compiling solidity contracts...
deploying contracts
Election already deployed at 0x9352fF41...
finished deploying contracts
√ Pipeline: Finished bundling DAPP in 16s

...
```

```
deploying to ipfs!
=== adding dist/ to ipfs
"/usr/local/bin/ipfs" add -r dist/
...
added Qmag282nZorArjnANi1iU6KUVvpkKS1q9N4faWypQVyKuT dist/contracts/
Election.json
added QmYUaCPwvJWiueRXFSTTv8vdedWWzRhRdn8RMw35e7k67u dist/css/app.css
added QmcSQ39mFCafJWU2zbyGtvDxSqfMkzz9qaiVWT8An4iwEP dist/index.html
added QmP5ZzDzVMDoxGasvqw1KwqyiN7DZHWD62pLUzYP8xHNrB dist/js/app.js
added QmbrdYsmvT31dFHsbj1YyFgRFYHv7efKBfYEUDi4E8FEqu dist/contracts
added QmUTu9K5TwZQsiQuH1146ncgFUfCSZfyDUTv86oDkqoiem dist/css
added QmNvk7qMTpwjFeJvjNj7MkkkuqFDhu3NYvyE2F8JuMDi6H dist/js
added QmQWecdHKjXUpKCvEV4JWveEo2QqMaeEVs6UN4k7nbU6e1 dist

=== DAPP available at http://localhost:8080/ipfs/QmQWecdHKjXUpKCvEV4JWve
Eo2QqMaeEVs6UN4k7nbU6e1/
=== DAPP available at https://ipfs.infura.io/ipfs/QmQWecdHKjXUpKCvEV4JWve
Eo2QqMaeEVs6UN4k7nbU6e1/
```

embark upload 的日誌會輸出具體上傳了哪些內容，上傳完成之後，主控台會提示我們可以透過多個 IPFS 閘道存取 DAPP，例如本地的 IPFS 閘道可以使用連結：http://localhost:8080/ipfs/QmQWecdHKjXUpKCv EV4JWveEo2QqMaeEVs6UN4k7nbU6e1/，顯示的內容和之前用 http://localhost:8000 存取的內容一樣。

部署之後，就可以透過 IPFS 網路來存取 DAPP。

以太坊錢包開發

數位錢包是我們和區塊鏈世界互動的媒介，這一章，我們來探索實現一個簡單的錢包。開頭部分會先介紹錢包的理論知識，後面帶大家一起來實現一個 Web 版本的錢包。

10.1 數位錢包基礎

我們早就接受了「錢包是用來存錢的」這個概念，然而，區塊鏈中的錢包卻有一點點不一樣，錢包是用來「管」錢（數位資產）的，而非存錢的，這是怎麼回事呢？

鏈上的數位資產都會對應到一個帳號地址上，只有擁有帳號的鑰匙（私密金鑰）才可以對資產進行消費（用私密金鑰對消費交易進行簽名）。私密金鑰和地址的關係如圖 10-1 所示。

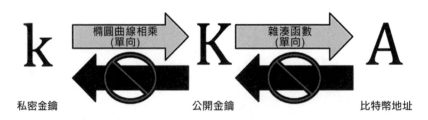

圖 10-1　私密金鑰、公開金鑰及地址關係

> 提示：在第 4 章，我們也介紹過帳號的概念，不過在第 4 章使用的詞是帳
> 戶，本章更多使用的是帳號，它們其實並沒有嚴格的區分，在第 4 章我們偏
> 重介紹其在系統內的形式，本章中我們偏重介紹其地址形式：0xea674...ec8，
> 看上去就是一串號碼，因此用帳號。

一句話概括就是：私密金鑰透過橢圓曲線生成公開金鑰，公開金鑰透過
雜湊函數生成地址，這兩個過程都是單向的。

實際上，數位錢包是一個管理私密金鑰的工具，例如生成一個新私密金
鑰（即創建帳號）、加密儲存私密金鑰、用私密金鑰簽名等。錢包並不保
存數位資產，所有的數位資產都儲存在鏈上。

私密金鑰

錢包的功能都是基本圍繞著私密金鑰的，私密金鑰是一個 32 位元組的
數，生成一個私密金鑰本質上是在 1 到 2^{256} 之間隨機選一個數字。因此生
成金鑰的第一步，也是最重要的一步，是要找到足夠安全的隨機來源。
密碼學認為，隨機應該是不可預測及不可重複的，比如可以擲硬幣 256
次，用紙和筆記錄正反面並轉為 0 和 1，隨機得到的 256 位元二進位數字
字可作為錢包的私密金鑰。

從程式設計的角度來看，一般是透過在一個密碼學安全的隨機來源（不建
議大家自己去寫一個隨機數）中取出一長串隨機位元組，對其使用 SHA256
雜湊演算法進行運算，這樣就可以方便地產生一個 256 位元的數字。

10.2 錢包相關提案

錢包實際上也是一個私密金鑰的容器。一般來說為了更進一步地保護隱私，一個人會有很多帳號的需求，那麼就有一堆私密金鑰需要維護管理，加大了錢包及持有人的負擔（舉例來說，每個私密金鑰都是完全隨機的，備份私密金鑰就會特別麻煩），比特幣社區因此提出了一系列改進提案（Bitcoin Improvement Proposal，簡稱 BIP，如 BIP32 表示第 32個改進提案）來方便及規範錢包管理私密金鑰，以太坊也繼承了這些提案，因此不要奇怪為什麼要介紹比特幣提案。

10.2.1 BIP32 分層推導

最早期的比特幣錢包其實就是一堆相互毫無關係的私密金鑰，還有一個暱稱：Just a Bunch Of Keys（一堆私密金鑰）。BIP32 提案[1]為了解決這種混亂，提出一個辦法，它根據一個隨機數種子透過分層確定性推導的方式得到 n 個私密金鑰。這樣，在保存的時候，只需要保存一個種子就可以推導出私密金鑰，如圖 10-2 所示。

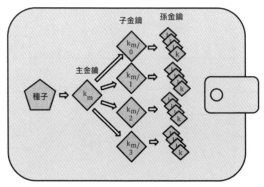

圖 10-2　BIP32 推導圖（1）

1　參見 https://github.com/bitcoin/bips/blob/master/bip-0032.mediawiki。

圖 10-2 中的孫金鑰可以用來簽發交易，BIP32 提案的全稱是 Hierarchical Deterministic Wallets，也就是我們所説的 HD 錢包。

BIP32 分層推導的過程是這樣的：第一步，利用隨機方式選擇一個根種子，再用雜湊計算推導出主金鑰，如圖 10-3 所示。

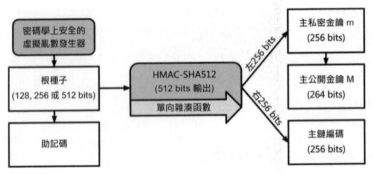

圖 10-3　BIP32 推導圖（2）

根種子透過 HMAC-SHA512 演算法雜湊計算後的結果分為兩部分，一邊的 256 用來作為主私密金鑰 (m)，另一邊的 256 作為主鏈編碼（a master chain code）。接著是第二步，用生成的金鑰（由私密金鑰或公開金鑰）及主鏈編碼再加上一個索引號，將作為 HMAC-SHA512 演算法的輸入繼續衍生出下一層的私密金鑰及鏈編碼，如圖 10-4 所示。

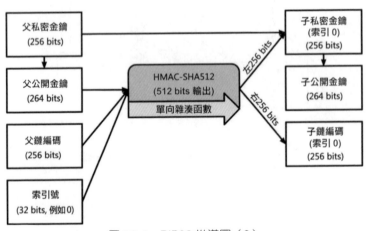

圖 10-4　BIP32 推導圖（3）

衍生推導的方案其實有兩個：一個是用父公開金鑰推導，一個是用父私密金鑰推導（被稱作強化衍生方程式）。同時，為了區分這兩種不同的衍生推導方案，在索引號上也進行了區分，索引號小於 2^{31} 用於正常衍生，而 2^{31} 到 2^{32}-1 之間用於強化衍生，為了方便表示，索引號 i'，表示 2^{31}+i。

因此增加索引（水平擴充）及透過子金鑰向下一層（深度擴充）可以無限生成私密金鑰。

並且這個推導過程具備確定性及單向性的特點：確定性是指相同的輸入，總是有相同的輸出；單向性是指子金鑰不能推導出同層級的兄弟金鑰，也不能推出父金鑰。如果沒有子鏈編碼也不能推導出孫金鑰。

現在我們已經對分層推導有了初步的認識，一句話概括 BIP32 就是：分層推導方案主要為了避免管理一堆私密金鑰的麻煩。

10.2.2 金鑰路徑及 BIP44

透過 BIP32 分層（樹狀結構）推導出來的金鑰，通常用路徑來表示，每個等級之間用斜線 "/" 來分隔，由主私密金鑰衍生出的私密金鑰起始以 "m" 開頭。因此，第一個主私密金鑰生成的子私密金鑰是 m/0。第一個公開金鑰是 M/0。第一個子金鑰的子金鑰就是 m/0/1，依此類推。

BIP44 則是為這個路徑約定了一個規範的含義（也擴充了對多幣種的支持），BIP44 指定了包含 5 個預先定義樹狀層級的結構：

```
m/purpose'/coin'/account'/change/address_index
```

- purpose：Purpose 是固定的，值為 44（或 0x8000002C），即當前提案的編號。
- Coin：代表幣種，0 代表比特幣，1 代表比特幣測試鏈，60 代表以太坊[2]。

2　BIP44 幣種列表：https://github.com/satoshilabs/slips/blob/master/slip-0044.md。

- Account：代表這個幣的帳號編號，從 0 開始。
- Change：常數 0 用於外部可見地址（如收款地址），常數 1 用於內部（如找零地址）。
- address_index：地址索引，從 0 開始，代表生成第幾個地址，官方建議每個 account 下的 address_index 不要超過 20。

以太坊錢包也遵循 BIP44 標準，使用的路徑是 m/44'/60'/a'/0/n。

a 表示帳號（通常為 0），n 是生成的第 n 個地址，60 是在 SLIP44 提案[3] 中確定的以太坊的編碼。

所以我們要開發以太坊錢包同樣需要比較特幣的錢包提案 —— BIP32、BIP39 有所了解。

一句話概括 BIP44 就是：給 BIP32 的分層路徑定義規範。

10.2.3 BIP39

BIP32 提案可以讓我們保存一個隨機數種子（通常用 16 進位數表示），而非一堆金鑰，確實方便一些，不過使用者備份它時依舊要小心翼翼，千萬不能抄錯一個字母。此時使用 BIP39[4] 就方便很多，它用助記詞的方式生成種子，這樣使用者只需要記住 12（或 24）個單字，然後讓單字序列透過 PBKDF2 與 HMAC-SHA512 函數，進而創建出隨機種子作為 BIP32 的種子。

可以簡單作一個比較，下面哪一個種子備份起來更友善：

```
//隨機數種子
090ABCB3A6e1400e9345bC60c78a8BE7
```

---

3 參見 https://github.com/satoshilabs/slips/blob/master/slip-0044.md 。

4 參見 https://github.com/bitcoin/bips/blob/master/bip-0039.mediawiki 。

```
//助記詞種子
candy maple cake sugar pudding cream honey rich smooth crumble sweet treat
```

使用助記詞作為種子其實包含兩個部分：生成助記詞以及用助記詞推導
出隨機種子。下面分析這整個過程。

10.2.4 生成助記詞

生成助記詞的過程是這樣的：先生成一個 128 位元的隨機數，再加上隨
機數驗證碼佔 4 位元，得到 132 位元的數，然後按每 11 位元做切分，這
樣就有了 12 個二進位數字，然後用每個數去查 BIP39 定義的單詞表 [5]，這
樣就得到 12 個助記詞，這個過程如圖 10-5 所示。

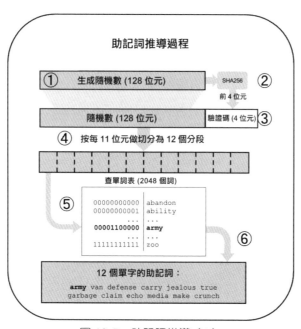

圖 10-5　助記詞推導（1）

5　BIP39 定義的單詞表：https://github.com/bitcoin/bips/blob/master/bip-0039/bip-0039-
　　wordlists.md。

下面是使用 BIP39 生成助記詞的一段程式：

```
var bip39 = require('bip39')
// 生成助記詞
var mnemonic = bip39.generateMnemonic()
console.log(mnemonic)
```

10.2.5　用助記詞推導出種子

這個過程使用金鑰伸展（Key stretching）函數，這個函數被用來增強弱金鑰的安全性，PBKDF2 是常用的金鑰伸展演算法中的一種。PBKDF2 的基本原理是透過一個偽隨機函數（例如 HMAC 函數），把助記詞明文和鹽作為輸入參數，然後進行重複運算最終生成一個更長的（512 位元）金鑰種子。這個種子再建構出一個確定性錢包並衍生出它的金鑰。

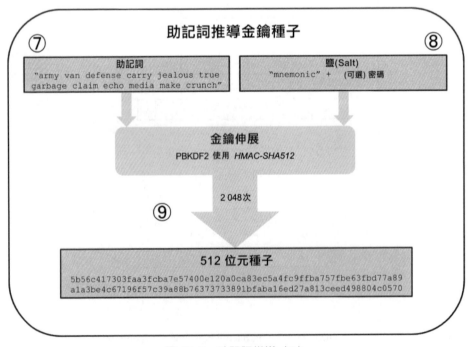

圖 10-6　助記詞推導（2）

金鑰伸展函數需要兩個參數：助記詞和鹽。鹽由常數字字串 "mnemonic" 及一個可選的密碼組成，可以用來增加暴力破解的難度。注意使用不同密碼，伸展函數就可以在使用同一個助記詞的情況下產生許多個不同的種子，這個過程如圖 10-6 所示。

密碼可以作為附加的安全因數來保護種子，即使助記詞的備份被竊取，也可以保證錢包的安全（這要求密碼有足夠的複雜度和長度），不過從另外一方面來說，如果我們忘記密碼，那麼將無法恢復我們的數位資產。

下面是一段 JavaScript 程式，完整地表示帳號推導過程：

```
var hdkey = require('ethereumjs-wallet/hdkey')
var util = require('ethereumjs-util')

var seed = bip39.mnemonicToSeed(mnemonic, "pwd");
var hdWallet = hdkey.fromMasterSeed(seed);

var key1 = hdWallet.derivePath("m/44'/60'/0'/0/0");
console.log("私密金鑰："+util.bufferToHex(key1._hdkey._privateKey));

var address1 = util.pubToAddress(key1._hdkey._publicKey, true);
console.log("地址："+util.bufferToHex(address1));
console.log("校正碼地址："+ util.toChecksumAddress(address1.
toString('hex')));
```

校正碼地址是 EIP-55[6] 中定義的對大小寫有要求的一種地址形式。

一句話概括 BIP39 就是：透過定義助記詞讓種子的備份更加友善。

6　EIP-55 校驗和地址：https://learnblockchain.cn/docs/eips/eip-55.html。

10.3 錢包功能

了解完前面關於錢包的基礎理論之後，我們進入開發部分，開發一個去中心化的數位錢包。去中心化錢包指的是帳號金鑰的管理、交易的簽名都是在用戶端完成，即私密金鑰的資訊都是在使用者手中，錢包的開發者（專案方）接觸不到私密金鑰的資訊。

┃ 對應地，如果私密金鑰保存在專案方的伺服器中，則稱為中心化錢包。

梳理一下錢包通常包含的功能：

- 帳號管理（主要是私密金鑰的管理），如創建帳號、帳號匯入匯出。
- 帳號資訊展示：如以太幣餘額、Token（代幣）餘額。
- 轉帳功能：發送以太幣及發送 Token（代幣）。

接下來，我們會逐一介紹如何實現這些功能，我們選擇了以 ethers.js[7] 函數庫為基礎來開發這款錢包。ethers.js 和 web3.js 一樣，也是一套和以太坊區塊鏈進行互動的函數庫，選擇 ethers.js 的原因是，ethers.js 對帳號相關的提案進行了實現。

錢包的完整程式上傳在作者的 Github，程式地址：https://github.com/xilibi2003/EthWebWallet。

┃ 本章我們開發的是一個 Web 錢包，不過對於一般使用者而言，使用最多的是行動端（Android 及 iOS）的錢包，選擇以 Web 錢包為案例，是想在盡可能少的技術路線依賴下，把錢包原理及相關技術點介紹清楚。如果讀者需要實現一個行動端錢包，作者開放原始碼了一個頗受歡迎的 Android 版錢包可供參考，地址為：https://github.com/xilibi2003/Upchain-wallet。

7　ethers.js 中文文件：https://learnblockchain.cn/docs/ethers.js/。

10.4 創建錢包帳號

透過前面的介紹，我們知道創建帳號可以有兩種方式。

- 方式一：隨機生成一個 32 位元組的數當成私密金鑰。
- 方式二：透過助記詞進行確定性推導得出私密金鑰。

10.4.1 隨機數為私密金鑰創建帳號

即方式一，可以使用 ethers.utils.randomBytes 生成一個隨機數，然後使用這個隨機數來創建錢包，程式如下：

```
var privateKey = ethers.utils.randomBytes(32);
var wallet = new ethers.Wallet(privateKey);
console.log("帳號地址: " + wallet.address);
```

上面程式的 wallet 是 ethers 中的錢包物件，它除了有程式中出現的 .address 屬性之外，還有如獲取餘額、發送交易等方法，我們在後面會作進一步介紹。

ethers.utils.randomBytes 生成的是一個位元組陣列，如果想用十六進位數顯示，需要轉化為 BigNumber[8]，程式如下：

```
let keyNumber = ethers.utils.bigNumberify(privateKey);
console.log(randomNumber._hex);
```

現在我們結合介面（如圖 10-7 所示），完整地實現透過載入私密金鑰創建帳號。

8　一個在 JavaScript 處理大數的資料結構，用來解決原生 JavaScript 處理大數時存在精度問題。

圖 10-7　載入私密金鑰 UI

HTML 介面程式如下：

```
...
<table>
    <tr>
        <th>私密金鑰:</th>
        <td><input type="text" placeholder="(private key)" id="select-
privatekey" /></td>
    </tr>
    <tr>
        <td> </td>
        <td>
            <div id="select-submit-privatekey" class="submit">載入私密金鑰
</div>
        </td>
    </tr>
</table>
...
```

以上程式在 table 表格中定義一個輸入框和按鈕，對應的 JavaScript 邏輯
程式如下：

```
// 使用jQuery獲取兩個UI標籤
var inputPrivatekey = $('#select-privatekey');
var submit = $('#select-submit-privatekey');

// 生成一個預設的私密金鑰
let randomNumber = ethers.utils.bigNumberify(ethers.utils.randomBytes
(32));
inputPrivatekey.val(randomNumber._hex);
```

```
// 點擊"載入私密金鑰"時，創建對應的錢包
submit.click(function() {
    var privateKey = inputPrivatekey.val();
    if (privateKey.substring(0, 2) !== '0x') { privateKey = '0x' +
privateKey; }
    var wallet = new ethers.Wallet(privateKey));

});
```

在以上程式中，我們會為使用者預設生成一個隨機的私密金鑰，但是使用者依舊可以在輸入框填入一個已有帳號的私密金鑰，此時 ethers.js 會匯入對應的帳號。

10.4.2 助記詞創建帳號

前面已經介紹過助記詞的推導過程，透過助記詞創建帳號是目前最主流的方式。

我們需要先生成一個隨機數，然後用亂數產生助記詞，最後用助記詞創建錢包帳號，關鍵程式如下：

```
var rand = ethers.utils.randomBytes(16);

// 生成助記詞
var mnemonic = ethers.utils.HDNode.entropyToMnemonic(rand);

var path = "m/44'/60'/0'/0/0";

// 透過助記詞創建錢包
ethers.Wallet.fromMnemonic(mnemonic,path);
```

結合介面來實現透過助記詞的方式創建錢包帳號，效果如圖 10-8 所示，支援使用者輸入助記詞及路徑。

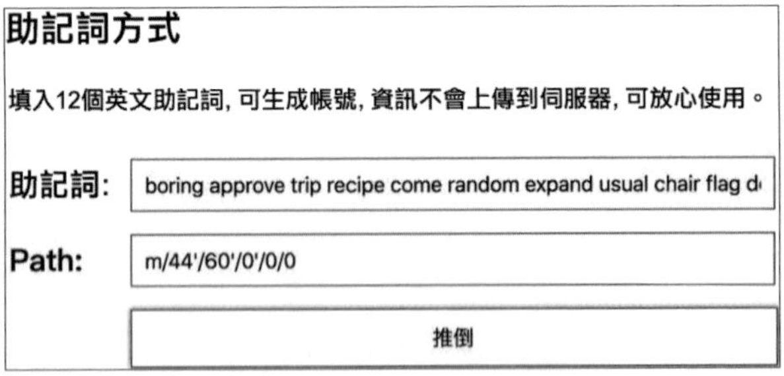

圖 10-8 載入助記詞 UI

介面的 HTML 程式以下（程式中定義了兩個輸入框和一個按鈕）：

```
<table>
    <tr>
        <th>助記詞:</th>
        <td><input type="text" placeholder="(mnemonic phrase)" id=
"select-mnemonic-phrase" /></td>
    </tr>
    <tr>
        <th>Path:</th>
        <td><input type="text" placeholder="(path)" id="select-mnemonic-
path" value="m/44'/60'/0'/0/0" /></td>
    </tr>
    <tr>
        <td> </td>
        <td>
            <div id="select-submit-mnemonic" class="submit">推倒</div>
        </td>
    </tr>
</table>
```

對應的邏輯程式（JavaScript）如下：

```
var inputPhrase = $('#select-mnemonic-phrase');
var inputPath = $('#select-mnemonic-path');
var submit = $('#select-submit-mnemonic');
```

```
// 預設生成助記詞
var mnemonic = ethers.utils.HDNode.entropyToMnemonic(ethers.utils.
randomBytes(16));
inputPhrase.val(mnemonic);

submit.click(function() {
// 檢查助記詞是否有效
   if (!ethers.utils.HDNode.isValidMnemonic(inputPhrase.val())) {
       return;
   }

// 透過助記詞創建錢包物件
   var wallet = ethers.Wallet.fromMnemonic(inputPhrase.val(), inputPath.
val());
});
```

同樣，使用者可以提供一個保存好的助記詞來匯入其錢包。

其實，ethers.js 也提供了其他的方式創建帳號，例如直接創建一個隨機錢包：

```
ethers.Wallet.createRandom();
```

以及接下來 10.5 節的透過 keystore 檔案來創建帳號。

10.5 匯入帳號

一個錢包除了自身可以創建帳號，還應當可以匯入其他錢包創建的帳號，前面 10.4 節我們使用私密金鑰及助記詞來創建帳號，如果是使用已有的私密金鑰及助記詞，這其實也是帳號匯入的過程。

第 4 章我們還提到過以太坊用戶端 Geth，Geth 也可以創建錢包，實際用過 Geth 的同學會知道，在創建錢包時需要輸入一個密碼，這個密碼並不是私密金鑰，而是用來加密私密金鑰。Geth 在創建帳號時會生成一個名為 keystore 的 JSON 檔案，這個檔案通常在同步區塊資料的目錄下的 keystore 資料夾（如：~/.ethereum/keystore）中，keystore 檔案儲存著加密後的私密金鑰資訊。一個功能完整的錢包，應該需要支援匯入 keystore 檔案加密的帳號。

在介紹如何匯入 keystore 檔案之前，有必要先了解 keystore 檔案的作用及原理。

10.5.1 keystore 檔案

我們已經知道，私密金鑰其實就代表一個帳號，最簡單的保管帳號的方式就是直接把私密金鑰保存起來，如果私密金鑰檔案被人盜取，我們的數位資產將被洗劫一空。

keystore 檔案就是一種以加密的方式儲存金鑰的檔案，發起交易的時候，錢包得先從 keystore 檔案中透過輸入密碼得到私密金鑰，然後進行簽名交易。這樣做之後就會安全得多，因為只有駭客同時盜取 keystore 檔案和密碼才能盜取我們的數位資產，相比明文私密金鑰，這會大大提高安全性。

以太坊使用對稱加密演算法來加密私密金鑰生成 keystore 檔案，因此對稱加密金鑰（其實也是發起交易時進行解密的金鑰）的選擇就非常關鍵，這個金鑰是使用 KDF 演算法推導衍生而出的。

KDF 生成金鑰

KDF（key derivation functions）金鑰衍生演算法，它的作用是透過一個密碼衍生出一個或多個金鑰，即從使用者密碼生成加密私密金鑰用的金鑰。

其實 10.2.5 節介紹的助記詞推導種子的 PBKDF2 演算法就是一種 KDF 演算法，其原理是加入一個隨機數作為鹽以及增加雜湊疊代次數以增加複雜度。

而在 keystore 中用的是 Scrypt 演算法 [9]，用一個公式來表示的話，衍生的 Key 生成方程式為：

```
DK = Scrypt(salt, dk_len, n, r, p)
```

其中的 salt 是一段隨機的鹽，dk_len 是輸出的雜湊值的長度。n 是 CPU/Memory 負擔值，負擔值越高，計算就越困難。r 表示區塊大小，p 表示平行度。

> 順帶說一句：萊特幣（Litecoin）就使用 Scrypt 作為它的 POW 演算法。

實際使用中，還會給 Scrypt 運算輸入一個使用者密碼，可以用圖 10-9 來表示這個過程。

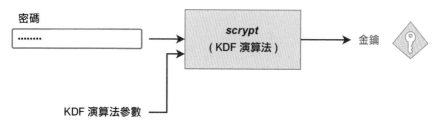

圖 10-9　keystore 對稱加密金鑰的生成過程

對稱加密私密金鑰

上面用 KDF 演算法生成了一個金鑰，在生成 keystore 檔案時，就是使用這個金鑰來進行對稱加密，keystore 目前的版本中選擇的對稱加密演算法

9　Scrypt 演算法參見：https://tools.ietf.org/html/rfc7914。

是 aes-128-ctr，加密後，生成的 keystore 檔案的內容如下：

```
{
    "address":"856e604698f79cef417aab...",
    "crypto":{
        "cipher":"aes-128-ctr",
        "ciphertext":"13a3ad2135bef1ff228e399dfc8d7757eb4bb1a81d1b31....",
        "cipherparams":{
            "iv":"92e7468e8625653f85322fb3c..."
        },
        "kdf":"scrypt",
        "kdfparams":{
            "dklen":32,
            "n":262144,
            "p":1,
            "r":8,
            "salt":"3ca198ce53513ce01bd651aee54b16b6a...."
        },
        "mac":"10423d837830594c18a91097d09b7f2316..."
    },
    "id":"5346bac5-0a6f-4ac6-baba-e2f3ad464f3f",
    "version":3
}
```

解釋一下各個欄位，其中最關鍵的資訊是 crypto 欄位。

- crypto：金鑰推導演算法相關設定。
  - cipher：用於加密以太坊私密金鑰的對稱加密演算法。上述檔案用的是 aes-128-ctr 加密演算法。
  - cipherparams：aes-128-ctr 加密演算法需要的參數。aes-128-ctr 加密演算法需要用到一個參數來初始化向量 iv。
  - ciphertext：加密演算法輸出的加密，也是將來解密時需要的輸入內容。
  - kdf：指定使用哪一個演算法，這裡使用的是 scrypt 演算法。

- kdfparams：Scrypt 函數需要的參數。
- mac：用來驗證密碼的正確性，下面一個小節單獨分析。
- address：表示帳號地址。
- version：keystore 檔案的版本編號。
- id：uuid（通用唯一辨識碼）編號。

我們來完整梳理一下 keystore 檔案的產生過程：

（1）使用 Scrypt 演算法（根據密碼和對應的參數）生成金鑰；
（2）使用上一步生成的金鑰，加上帳號私密金鑰、參數進行對稱加密；
（3）把相關的參數和輸出的加密保存為 JSON 格式的檔案。

keystore 還原出私密金鑰

當我們在使用 keystore 檔案來還原私密金鑰時，依然是使用 KDF 生成一個金鑰，然後用金鑰對 keystore 檔案中的加密 ciphertext 進行解密，其過程如圖 10-10 所示。

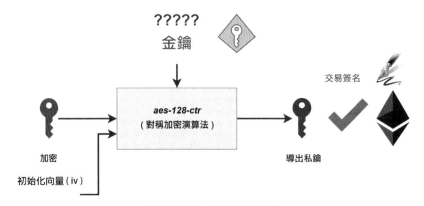

圖 10-10　還原私密金鑰

在對稱加密演算法中，加密和解密其實是一樣的，只不過加密的輸出是解密的輸入。細心的讀者會發現，無論使用什麼金鑰（即使使用錯誤的密碼衍生出來的金鑰）來進行解密，都會生成一個私密金鑰，那麼要怎麼確認解密出來的私密金鑰是之前保存的？

這就是 keystore 檔案中 mac 欄位的作用。mac 值是 KDF 輸出和 ciphertext
加密進行 SHA3-256 運算的結果：

```
mac = sha3(DK[16:32], ciphertext)
```

顯然，密碼不同，KDF 輸出就會不同，計算的 mac 值也會不同，因此可
以透過比對 mac 值是否相同來檢驗密碼的正確性。檢驗過程如圖 10-11
所示。

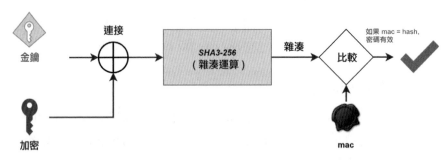

圖 10-11　驗證私密金鑰

因此解密出私密金鑰的流程如圖 10-12 所示。

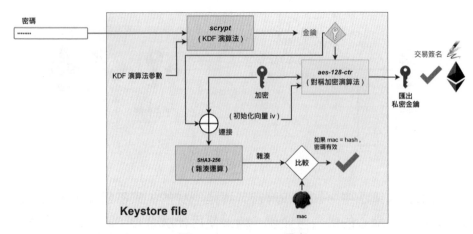

圖 10-12　keystore 解密

透過對 keystrore 原理的介紹，我們更能了解它的作用，接下來繼續完成透過 keystrore 檔案實現匯入帳號。

10.5.2 匯出和匯入 keystore

ethers.js 直接提供了載入 keystore JSON 檔案來創建錢包物件以及加密生成 keystore 檔案的方法，程式如下：

```
// 匯入keystore json
ethers.Wallet.fromEncryptedJson(json, password, [progressCallback]).
then(function(wallet) {
      // wallet
});

// 使用錢包物件匯出keystore json
wallet.encrypt(pwd, [progressCallback].then(function(json) {
    // 保存json
});
```

結合介面來完整地實現 keystore 檔案的匯出及匯入，先實現匯出功能，UI 介面如圖 10-13 所示。

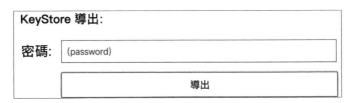

圖 10-13　錢包 UI- 匯出 keystore

HTML 程式如下：

```
<h3>KeyStore 匯出:</h3>
<table>
    <tr>
        <th>密碼:</th>
```

```
        <td><input type="text" placeholder="(password)" id=
"save-keystore-file-pwd" /></td>
      </tr>

      <tr>
        <td> </td>
        <td>
            <div id="save-keystore" class="submit">匯出</div>
        </td>
      </tr>
  </table>
```

上面主要定義了一個密碼輸入框和一個匯出按鈕，點擊「匯出」按鈕
後，邏輯處理程式如下：

```
// 點擊"匯出"按鈕，執行exportKeystore函數
 $('#save-keystore').click(exportKeystore);

 exportKeystore: function() {
   // 獲取密碼
   var pwd = $('#save-keystore-file-pwd');

   wallet.encrypt(pwd.val()).then(function(json) {
     var blob = new Blob([json], {type: "text/plain;charset=utf-8"});

     // 使用FileSaver.js進行檔案保存
     saveAs(blob, "keystore.json");

   });
 }
```

FileSaver.js[10] 是可以用來在頁面保存檔案的函數庫。

---

10 參見 https://github.com/eligrey/FileSaver.js。

再來看看如何實現匯入 keystore 檔案，UI 介面如圖 10-14 所示。

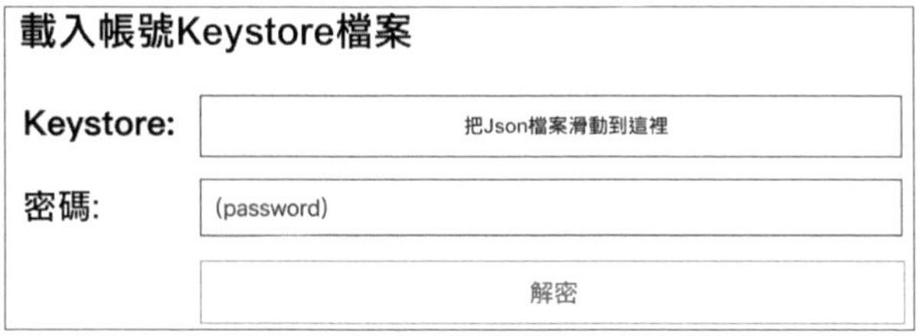

圖 10-14　錢包 UI- 載入 keystore

HTML 程式如下：

```
<h2>載入帳號keystore檔案</h2>
<table>
    <tr>
        <th>Keystore:</th>
        <td><div class="file" id="select-wallet-drop">把JSON檔案滑動到這裡
</div><input type="file" id="select-wallet-file" /></td>
    </tr>
    <tr>
        <th>密碼:</th>
        <td><input type="password" placeholder="(password)" id="select-
wallet-password" /></td>
    </tr>
    <tr>
        <td> </td>
        <td>
            <div id="select-submit-wallet" class="submit disable">解密
</div>
        </td>
    </tr>
</table>
```

上面主要定義了一個檔案輸入框、一個密碼輸入框以及一個「解密」按
鈕，因此處理邏輯包含兩部分：一是讀取檔案，二是解析載入帳號，關
鍵程式如下：

```
// 使用FileReader讀取檔案
var fileReader = new FileReader();
 fileReader.onload = function(e) {
   var json = e.target.result;

   // 從JSON中載入
   ethers.Wallet.fromEncryptedJson(json, password).then(function(wallet) {
   }，function(error) {
   });
 };
fileReader.readAsText(inputFile.files[0]);
```

10.6 獲取錢包餘額

前面 10.4 節、10.5 節介紹創建（或匯入）錢包帳號的過程都是離線的，也就是說不需要依賴以太坊網路即可創建錢包帳號，但如果想獲取錢包帳號的餘額、交易記錄以及發起交易，就需要讓錢包連上以太坊的網路。

10.6.1 連接以太坊網路

在以太坊中，供使用者連接到區塊鏈網路的節點被稱作節點提供者（Provider），可以把它了解為是網路連接的抽象，在連接區塊鏈網路時就需要指定一個節點提供者，ethers.js 整合多種封裝以方便連線不同的節點，下面舉幾個例子。

- Web3Provider：使用由 MetaMask 等錢包注入頁面的 Provider。
- EtherscanProvider 和 InfuraProvider：如果沒有自己的節點，可以使用 Etherscan 及 Infura 的 Provider，它們都是以太坊的基礎設施服務提供者。
- JsonRpcProvider 和 IpcProvider：如果有自己的節點可以使用，可以連接主網、測試網路、私有網路或 Ganache，這也是本章使用的方式。

使用錢包連接 Provider 的方法如下：

```
// 連接本地的Geth節點，8545是Geth的通訊埠
var provider = new ethers.providers.JsonRpcProvider
("http://127.0.0.1:8545");

var activeWallet = wallet.connect(App.provider);
```

wallet 為匯入或創建帳號時生成的錢包物件，而 activeWallet 將在後面 10.6 節、10.7 節、10.8 節中被用來請求餘額以及發送交易。

啟動 Geth 的需要注意，需要使用 --rpc --rpccorsdomain 開啟 RPC 通訊及跨域。

其實 ethers.js 還提供了一種預設的 Provider，它的背後對應著多個節點服務，透過指定參數，就可以連接到對應的節點，用法如下：

```
letdefaultProvider = ethers.getDefaultProvider('ropsten',[options]);
```

getDefaultProvider 的第一個參數 network 網路名稱，設定值有 rinkeby、ropsten、kovan 等，第二個參數可以指定節點服務商的標識，如 infura 的 projectID。關於 Provider 的更多用法，可以參考 ethers.js 文件。

10.6.2 查詢餘額

連接到以太坊網路之後，就可以向網路請求餘額，為了方便顯示交易的情況，這裡順帶獲取了帳號交易數量 Nonce，ether.js 中對應的 API 如下：

```
activeWallet.getBalance().then(function(balance) {
});

activeWallet.getTransactionCount().then(function(transactionCount) {
});
```

activeWallet 是連接了 Provider 的錢包物件，我們要實現的功能是透過錢包物件呼叫對應的 API，獲取餘額及交易數量後顯示到介面中，顯示效果如圖 10-15 所示。

錢包詳情:

地址:	0x627306090abaB3A6e1400e9345bC60c78a8BEf57
餘額:	99.999605447999979
Nonce:	6
	刷新

圖 10-15　錢包詳情介面

HTML 介面程式如下：

```
<h3>錢包詳情:</h3>
<table>
    <tr><th>地址:</th>
        <td>
            <input type="text" readonly="readonly" class="readonly"
id="wallet-address" value="" /></div>
        </td>
    </tr>
    <tr><th>餘額:</th>
        <td>
            <input type="text" readonly="readonly" class="readonly"
id="wallet-balance" value="0.0" /></div>
        </td>
    </tr>
    <tr><th>Nonce:</th>
        <td>
            <input type="text" readonly="readonly" class="readonly"
id="wallet-transaction-count" value="0" /></div>
        </td>
    </tr>
```

```
    <tr><td> </td>
        <td>
            <div id="wallet-submit-refresh" class="submit">刷新</div>
        </td>
    </tr>
</table>
```

JavaScript 處理的邏輯就是獲取資訊之後，填充對應的控制項，程式如下：

```
var inputBalance = $('#wallet-balance');
var inputTransactionCount = $('#wallet-transaction-count');

$("#wallet-submit-refresh").click(function() {

// 獲取餘額時，包含當前正在打包的區塊
    activeWallet.getBalance('pending').then(function(balance) {
        // 單位轉換：wei -> ether
        inputBalance.val(ethers.utils.formatEther(balance, { commify:
true }));
    }, function(error) {
    });

    activeWallet.getTransactionCount('pending').then(function
(transactionCount) {
        inputTransactionCount.val(transactionCount);
    }, function(error) {
    });
});

// 模擬一次點擊獲取資料
$("#wallet-submit-refresh").click();
```

在上述程式中，使用 getBalance() 獲取到的金額是以 wei 為單位的金額，而我們通常說的以太幣一般是指以 ether 為單位，因此在顯示時，我們對金額作了單位轉換。

10.7 發送交易

發送交易是錢包中最常用的功能，在 ether.js 發送交易只需要呼叫錢包物件的 sendTransaction() 函數，不過為了方便讀者在其他平台實現它，這裡還是探究一下發送交易的細節。發送一個交易其實包含三個動作：

- 構造交易
- 交易簽名
- 發送交易

前面兩步，構造交易及交易簽名是可以在離線的狀態下進行的，這樣可以降低帳號私密金鑰及助記詞失竊風險，提高安全性。

10.7.1 構造交易

發送交易的第一步是構造交易結構，我們先來看看一個交易長什麼樣子：

```
const txParams = {
  nonce: '0x00',
  gasPrice: '0x09184e72a000',
  gasLimit: '0x2710',
  to: '0x0000000000000000000000000000000000000000',
  value: '0x00',
  data: '0x7f7465737432000000000000000000000000000000000000000000000000
0000600057',
  // EIP 155 chainId - mainnet: 1, ropsten: 3
  chainId: 3
}
```

發起交易的時候，就需要填充每一個欄位，建構這樣一個交易結構。

- to：轉帳的目標，即向哪一個地址轉帳。
- value：轉帳的金額。

- data：交易時附加的訊息，如果是對合約地址發起交易，這會轉化為對合約函數的執行，可參考前面介紹的 ABI 編碼。
- nonce：交易序號。
- chainId：鏈 id，用來區分不同的鏈（分叉鏈），id 可在 EIP-155[11] 查詢。

> 補充：nonce 和 chainId 有一個重要的作用就是防止重放攻擊（一個交易被執行多次），如果沒有 nonce 的活，收款人可能把這筆簽名過的交易再次進行廣播，沒有 chainId 的話，以太坊上的交易可以拿到其他以太坊鏈（如以太坊經典 ETC）上再次進行廣播。

- gasLimit：和 gasPrice 一起，用來控制給礦工打包交易的費用。gasLimit 用來設定交易的預期工作量，如果實際交易運算工作量超出指定的 gasLimit，則交易會觸發 *out-of-gas* 錯誤。一個普通轉帳的交易，工作量是固定的，gasLimit 為 21000，而執行合約的 gasLimit，取決於合約運算的複雜度，通常與鏈互動的函數庫（如 web3.js、ethers.js 等）都會提供測算 gasLimit 的 API。
- gasPrice：指定交易發起者願意為單位工作量支付的費用，幾個參數的設定比較固定，gasPrice 則需要依賴網路的阻塞情況來設定。因為礦工是按照 gasPrice 對交易排序後再打包的，gasPrice 越高，就排在越靠前，越快被打包，因此如果出價過低，會導致交易遲遲不能打包確認。在 web3 和 ethers.js 中，提供了 getGasPrice() 方法用來獲取最近幾個歷史區塊 gasPrice 的中位數，可以作為設定 gasPrice 的參考值，如果是正式產品，還可以使用第三方提供預測 gasPrice 的介面，（例如使用 https://ethgasstation.info/index.php），第三方服務通常還會參考當前交易池內的交易數量及價格，可參考性更強一些。

---

11 參見 https://learnblockchain.cn/docs/eips/eip-155.html。

10.7.2 交易簽名

在建構交易之後，就是用私密金鑰對其簽名，程式如下：

```
const tx = new EthereumTx(txParams)
tx.sign(privateKey)
const serializedTx = tx.serialize()
```

程式使用了 ethereumjs-tx 函數庫 [12] 來實現簽名。

10.7.3 發送交易

然後就是發送交易，使用 web3.js 完成簽名的程式如下：

```
web3.eth.sendRawTransaction(serializedTx, function (err, transactionHash) {
    console.log(err);
    console.log(transactionHash);
});
```

透過前面三步完成了交易構造、簽名及發送的過程，不過 ethers.js 提供了非常簡潔的 API 來完成這三步操作，我們以 ethers.js 為基礎來實現發送交易並不需要這麼麻煩。

10.7.4 Ethers.js 發送交易

Ethers.js 發送交易只需要呼叫 Wallet 物件的 sendTransaction() 函數，因為錢包物件在創建的時候，已經可以獲得私密金鑰相關資訊，所以它可以自動幫我們完成簽名。

12　參見 https://github.com/ethereumjs/ethereumjs-tx。

發送交易的程式如下：

```
activeWallet.sendTransaction({
        to: targetAddress,
        value: amountWei,
        gasPrice: activeWallet.provider.getGasPrice(),
        gasLimit: 21000,
    }).then(function(tx) {
    });
```

來看看發送交易的 UI 介面，如圖 10-16 所示。

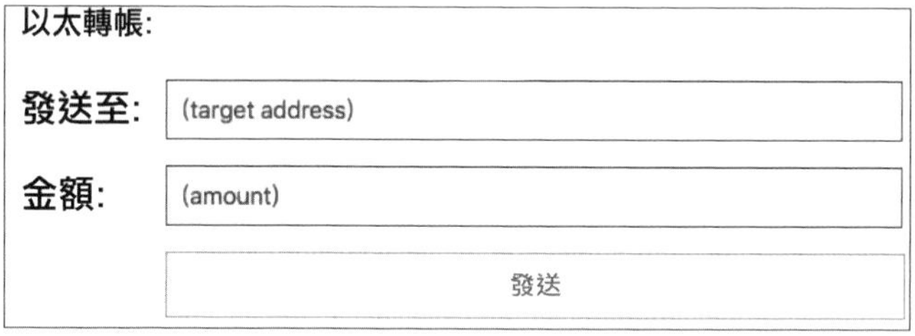

圖 10-16　以太幣轉帳介面

介面的 HTML 程式如下：

```
<h3>以太轉帳:</h3>
<table>
    <tr> <th>發送至:</th>
        <td><input type="text" placeholder="(target address)" id="wallet-
send-target-address" /></td>
    </tr>
    <tr> <th>金額:</th>
        <td><input type="text" placeholder="(amount)" id="wallet-send-
amount" /></td>
    </tr>
    <tr> <td> </td>
        <td>
            <div id="wallet-submit-send" class="submit disable">發送
</div>
```

```
        </td>
    </tr>
</table>
```

上述程式定義了兩個文字輸入框用來輸入轉帳的目標地址和轉帳金額，以及一個「發送」按鈕用來觸發轉帳，JavaScript 邏輯部分的關鍵程式如下：

```
    var inputTargetAddress = $('#wallet-send-target-address');
    var inputAmount = $('#wallet-send-amount');
    var submit = $('#wallet-submit-send');

    submit.click(function() {
    // 得到一個checksum地址
        var targetAddress = ethers.utils.getAddress(inputTargetAddress.
val());
    // ether -> wei
        var amountWei = ethers.utils.parseEther(inputAmount.val());
        activeWallet.sendTransaction({
            to: targetAddress,
            value: amountWei,
            // gasPrice: activeWallet.provider.getGasPrice(), (可用預設值)
            // gasLimit: 21000,
        }).then(function(tx) {
            console.log(tx);
        });
    })
```

在發起轉帳交易時，我們應該對使用者輸入的目標地址做一個檢查，防止使用者輸入錯誤，我們這裡使用 getAddress() 得到一個區分大小寫的地址。轉帳交易的金額需要以 wei 為單位，因此程式使用 parseEther() 做了一個單位轉換，gasLimit 和 gasPrice 可以省略，這是會自動測量 gasLimit，並使用 getGasPrice() 作為預設值。

10.8 交易 ERC20 代幣

第 8 章智慧合約案例介紹了如何創建 ERC20 代幣，這一節介紹在錢包中交易 ERC20 代幣。

錢包中發送 ERC20 代幣需要呼叫 ERC20 合約的 transfer() 函數，獲取代幣餘額呼叫的是 ERC20 合約的 balanceOf() 函數，呼叫合約的函數需要知道合約的 ABI 介面資訊。符合 ERC20 標準介面的合約，其 ABI 資訊都是一樣的。

10.8.1 構造合約物件

呼叫合約函數需要先構造合約物件，ethers.js 構造合約物件需要提供三個參數（ABI、合約地址及 Provider）給 ethers.Contract 建構函數，程式如下：

```
var abi = [...];
var addr = "0x...";
var contract = new ethers.Contract(address, abi, provider);
```

然後就可以使用 contract 物件來呼叫 Token 合約的函數。

10.8.2 獲取代幣餘額

結合使用者互動介面來實現獲取代幣餘額，介面如圖 10-17 所示。

圖 10-17　錢包 UI-Token 餘額

在 HTML 裡，定義的標籤如下：

```
<tr>
 <th>TT Token:</th>
 <td>
     <input type="text" readonly="readonly" class="readonly"
id="wallet-token-balance" value="0.0" /></div>
 </td>
</tr>
```

對應的邏輯程式也很簡單：

```
var tokenBalance = $('#wallet-token-balance');
// 直接呼叫合約方法
contract.balanceOf(activeWallet.address).then(function(balance){
    tokenBalance.val(balance);
});
```

在合約內部，餘額是以 decimals 為基礎來進行內部儲存的（可回顧本書第 8 章），呼叫 balanceOf() 獲取的餘額需要根據小數點位數進行轉換，例如代幣的 decimals 是 4，獲取的餘額是 12000，則需要轉為 1.2 顯示。

10.8.3 轉移代幣

轉移代幣介面和 10.7 節的轉帳介面基本上是一樣的，如圖 10-18 所示。

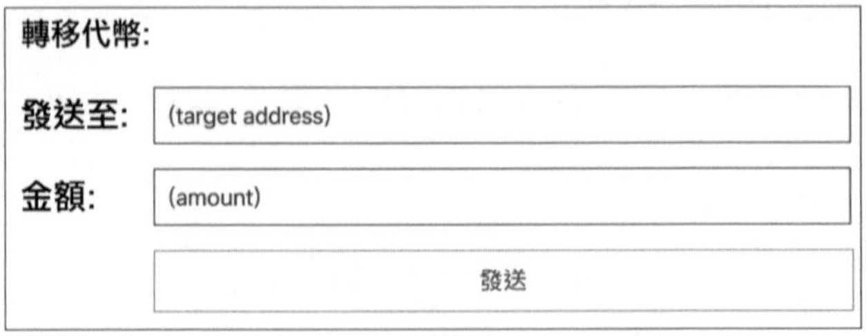

轉移代幣:

發送至:	(target address)
金額:	(amount)
	發送

圖 10-18　錢包 UI-Token 轉移

介面的 HTML 程式如下：

```
<h3>轉移代幣:</h3>
<table>
    <tr>
        <th>發送至:</th>
        <td><input type="text" placeholder="(target address)" id="wallet-
token-send-target-address" /></td>
    </tr>
    <tr>
        <th>金額:</th>
        <td><input type="text" placeholder="(amount)" id="wallet-token-
send-amount" /></td>
    </tr>
    <tr>
        <td> </td>
        <td>
            <div id="wallet-token-submit-send" class="submit disable">
發送</div>
        </td>
    </tr>
</table>
```

上面定義了兩個文字輸入框和一個「發送」按鈕，在邏輯處理部分，轉移代幣需要發起一個交易以呼叫合約的 transfer() 方法，不像以太幣轉帳 gas 是固定的，代幣轉帳在不同的合約中消耗的 gas 是不一樣的，我們這裡演示如何測量 gas。

處理發送邏輯的關鍵程式如下：

```
var inputTargetAddress = $('#wallet-token-send-target-address');
var inputAmount = $('#wallet-token-send-amount');
var submit = $('#wallet-token-submit-send');

var targetAddress = ethers.utils.getAddress(inputTargetAddress.val());
```

```
var amount = inputAmount.val();

submit.click(function() {
// 先計算transfer需要的gas消耗量，預設值，非必須
    contract.estimate.transfer(targetAddress, amount)
      .then(function(gas) {

          // 必須連結一個錢包物件
          let contractWithSigner = contract.connect(activeWallet);

          // 發起交易，前面兩個參數是函數的參數，第三個是交易參數
          contractWithSigner.transfer(targetAddress, amount, {
            gasLimit: gas,
            gasPrice: ethers.utils.parseUnits("10", "gwei"),
          }).then(function(tx) {
              console.log(tx);
              // 刷新上面的Token餘額，重置輸入框
          });
      });
}
```

上述有一個地方要注意，在合約呼叫 transfer() 之前，需要連結錢包物件，因為發起交易的時候需要用它來進行簽名。所有會更改區塊鏈資料的函數都需要連結錢包物件，如果是呼叫視圖函數（例如呼叫 balanceOf()）則只需要連接 Provider（我們在構造合約物件時已經將它傳入）。程式中使用了 ethers.js 的 Contract 提供了 contract.estimate. 合約方法 () 來測量合約方法需要的 gasLimit，測量 gasLimit 其實不是必須的，ethers.js 在發起交易的時候，其實總是先進行測量。

恭喜你，你已經掌握了如何實現以太坊錢包的大部分基礎知識。